建筑设计与构造

（第2版）

主　编　陈文建　季秋媛

副主编　何培斌　付盛忠　陈新伟

参　编　王　娇　黄晓兰　汪静然
　　　　罗　雪　高　露　张嫒琳

北京理工大学出版社
BEIJING INSTITUTE OF TECHNOLOGY PRESS

内 容 提 要

本书共分为三篇，第一篇为民用建筑设计，包括绪论、建筑工程设计概论、建筑平面设计、建筑剖面设计、建筑体型与立面设计、建筑防火与安全疏散、建筑节能；第二篇为民用建筑构造，包括民用建筑构造概述、基础与地下室、楼地层、墙体、门窗与遮阳设施、屋顶、楼梯与电梯、变形缝；第三篇为工业建筑简介。本书以实用为主，理论联系实际，突出了新材料、新技术、新方法的运用，在编写时兼顾了不同地区的建筑特点，采用了现行最新规范、规程和标准。

本书可作为高等院校土木工程类相关专业的教材和教学参考用书，也可供从事土建专业设计和施工的人员以及成人教育的师生参考。

图书在版编目（CIP）数据

建筑设计与构造 / 陈文建，季秋媛主编.—2版.—北京：北京理工大学出版社，2019.1
ISBN 978-7-5682-5706-0

Ⅰ.①建… Ⅱ.①陈… ②季… Ⅲ.①建筑设计-高等学校-教材 ②建筑构造-高等学校-教材　Ⅳ.①TU2

中国版本图书馆CIP数据核字(2018)第119918号

出版发行 / 北京理工大学出版社有限责任公司	
社　　址 / 北京市海淀区中关村南大街5号	
邮　　编 / 100081	
电　　话 / （010）68914775（总编室）	
（010）82562903（教材售后服务热线）	
（010）68948351（其他图书服务热线）	
网　　址 / http://www.bitpress.com.cn	
经　　销 / 全国各地新华书店	
印　　刷 / 北京紫瑞利印刷有限公司	
开　　本 / 787毫米×1092毫米　1/16	
印　　张 / 17	责任编辑 / 钟　博
字　　数 / 413千字	文案编辑 / 钟　博
版　　次 / 2019年1月第2版　2019年1月第1次印刷	责任校对 / 周瑞红
定　　价 / 72.00元	责任印制 / 边心超

第2版前言

建筑设计与构造是研究建筑设计的思路和房屋构造组成、构造原理及构造方法的一门课程，是建筑类各专业的主要专业课，是一门与生产实践密切结合的学科，在建筑类专业的教学体系当中占有十分重要的地位。该课程不仅能帮助学生掌握房屋的构造组成、构造原理和构造方法，还能为学生认识建筑、了解建筑提供重要途径。它不仅是学好其他专业课程的基础，也是学生今后工作能力考核和专业技能考核的重要组成部分。只有掌握了本课程的主要内容，并有机地运用其他专业知识，才能熟练地掌握常见房屋建筑的构造方法，更加准确地理解设计意图，进行合理施工和预算。

本书从最基础的内容进行阐述，包括民用建筑设计、民用建筑构造和工业建筑简介三个部分的内容。其中，民用建筑设计重点阐述了民用建筑设计的基本知识，主要内容包括建筑工程设计概论、建筑平面设计、建筑剖面设计、建筑体型与立面设计、建筑防火与安全疏散、建筑节能；民用建筑构造部分重点阐述了房屋建筑的构造特点和组成，主要内容包括民用建筑构造概述、基础与地下室、楼地层、墙体、门窗与遮阳设施、屋顶、楼梯与电梯、变形缝等；工业建筑简介部分仅简单介绍了工业建筑的相关基础知识。

本书严格依据现行国家标准规范编写而成，在内容选取上，以"理论够用、注重实践"为原则，力求简明扼要、通俗易懂，不仅编入了学生将来从事建设行业工作必须掌握的基础知识及原理，还插入了大量的示意图片，使阐述内容更加直观明了，具有较强的实用性。此外，本书的编写还倡导实践性，注重可行性，注意淡化细节，强调对学生综合思维能力的培养，既考虑到了教学内容的相互关联性和体系的完整性，又考虑到了教学实践的需要，能较好地促进"教"与"学"的良好互动。

本书由陈文建和季秋媛担任主编，由何培斌、付盛忠、陈新伟担任副主编，王娇、黄晓兰、汪静然、罗雪、高露、张媛琳参与了本书部分章节的编写工作。具体编写分工为：第1、2、3、4章由陈文建编写，第5章由黄晓兰编写，第6、8章由季秋媛编写，第7章由陈新伟编写，第9章由付盛忠编写，第10、11章由何培斌编写，第12章由王娇编写，第13章由罗雪编写，第14章由高露编写，第15章由汪静然编写，第16章由张媛琳编写。

在本书的编写过程中，国内一些高等院校的老师为我们提出了很多宝贵建议，使教材体系和内容更符合教学需要。在此，特向他们表示诚挚的感谢。由于编者水平有限，书中若有不妥和疏漏之处，恳请广大读者批评指正。

编　者

第1版前言

建筑设计与构造是研究建筑设计的思路和建筑构造组成、构造原理及构造方法的一门课程，是建筑类各专业的主要专业课，是一门与生产实践密切结合的学科，在建筑类专业的教学体系中占有十分重要的地位。该课程不仅能帮助学生掌握建筑的构造组成、构造原理和构造方法，还能为学生认识建筑、了解建筑提供重要途径。它不仅是学好其他专业课程的基础，也是学生今后工作能力考核和专业技能考核的重要组成部分。只有掌握了本课程的主要内容，并有机地运用其他专业知识，才能熟练地掌握常用房屋建筑的构造方法，更加准确地理解设计意图，进行合理施工和预算。

全书从最基础的内容入手进行阐述，包括民用建筑设计、民用建筑构造和工业建筑简介三部分。其中，民用建筑设计重点阐述了民用建筑设计的基本知识，主要内容包括建筑工程设计概论、建筑平面设计、建筑剖面设计、建筑体型与立面设计、建筑防火与安全疏散、建筑节能；民用建筑构造部分重点阐述了房屋建筑的构造特点和组成，主要内容包括民用建筑构造概述、基础与地下室、楼地层、墙体、门窗与遮阳设施、屋顶、楼梯与电梯、变形缝；工业建筑简介部分仅简单介绍了工业建筑的相关基础知识。

本书严格依据现行国家标准规范编写而成，在内容选取上，以"理论够用、注重实践"为原则，力求简明扼要、通俗易懂，不仅编入了学生将来从事建设工作必须掌握的基础知识及原理，还插入了大量的示意图，使教材内容更加直观明了，具有较强的实用性。此外，本书的编写还倡导实践性，注重可行性，注意淡化细节，强调对学生综合思维能力的培养，既考虑到了教学内容的相互关联性和体系的完整性，又考虑到了教学实践的需要，能较好地促进"教"与"学"的良好互动。

在本书的编写过程中，一些高等院校的老师为我们提出了很多宝贵建议，使本书体系和内容更符合教学需要。在此，特向他们表示诚挚的谢意。由于编者水平有限，书中若有不妥和疏漏之处，恳请广大读者批评指正。

编　者

目 录

第一篇 民用建筑设计

第1章 绪 论

本章要点

本章主要介绍建筑的基本构成要素、建筑的分类、建筑的分级和未来建筑发展的趋势。

1.1 建筑的基本构成要素

建筑是建筑物和构筑物的总称。建筑物是供人们在其内进行生产、生活或其他活动的房屋（或场所）。构筑物是只为满足某一特定的功能而建造的，人们一般不直接在其内进行活动的场所。建筑的基本构成要素是建筑功能、建筑的物质技术条件和建筑形象。

1.1.1 建筑功能

建筑功能是指建筑在物质方面和精神方面的具体使用要求，也是人们建造房屋的目的。不同的功能要求促使不同建筑类型出现，如影剧院要求良好的视听环境，火车站要求人流线路流畅，工厂则要求符合产品的工艺流程等。建筑不仅要满足人们的使用功能要求，而且还要为人们创造一个舒适的卫生环境。因此，建筑应具有良好的朝向以及通风、采光、隔热、隔声、保温、防潮等性能。

1.1.2 建筑的物质技术条件

建筑的物质技术条件是实现建筑功能的物质基础和技术手段。物质基础包括建筑材料与制品、建筑设备和施工机具等。技术条件包括建筑设计理论、工程计算理论、建筑施工技术和管理理论等。建筑不可能脱离建筑技术而存在，如19世纪中叶以前的几千年间，建筑材料一直以砖、瓦、石材和木材为主，所以古代建筑的跨度和高度都受到限制；19世纪中叶到20世纪初，钢材、水泥相继出现，为大力发展高层建筑和大跨度建筑创造了物质技术条件。可以说，高度发展的建筑技术是现代建筑的一个重要标志。

1.1.3 建筑形象

建筑形象是建筑体型、立面式样、建筑色彩、材料质感、细部装饰等的综合反映。建筑形象并不单纯是一个美观的问题，它还应该反映时代的生产力水平、文化生活水平、社会精神面貌以及民族特点和地方特色等。

构成建筑的三个要素彼此之间是辩证统一的关系，不能分割，但又有主次之分。建筑功能是主导因素，它对建筑的物质技术条件和建筑形象起决定作用；建筑的物质技术条件是实现建筑功能的手段，它对建筑功能起制约或促进作用；建筑形象则是建筑功能、技术和艺术内容的综合表现。在优秀的建筑作品中，这三者是辩证统一的。

1.2 建筑的分类

1.2.1 按使用性质分类

建筑物的使用性质又被称为功能要求，具体分为以下几种类型。

1. 民用建筑

民用建筑是指供人们工作、学习、生活、居住等的建筑。

（1）居住建筑。如住宅、单身宿舍、招待所等。

（2）公共建筑。如办公、科教、文体、商业、医疗、邮电、广播、交通和其他建筑等。

2. 工业建筑

工业建筑是指各类生产用房和为生产服务的附属用房。

（1）单层工业厂房。这类厂房主要用于重工业类的生产企业。

（2）多层工业厂房。这类厂房主要用于轻工业类的生产企业。

（3）层次混合的工业厂房。这类厂房主要用于化工类的生产企业。

3. 农业建筑

农业建筑是指各类供农业生产使用的房屋，如种子库、拖拉机站等。

1.2.2 按结构类型分类

结构类型是以承重构件的选用材料与制作方式、传力方法的不同而划分，一般分为以下几种：

（1）砌体结构。这种结构的竖向承重构件是墙体，水平承重构件为钢筋混凝土楼板及屋面板。这种结构一般用于多层建筑中。

（2）框架结构。这种结构的承重部分是由钢筋混凝土或钢材制作的梁、板、柱形成的骨架，墙体只起围护和分隔作用。这种结构可以用于多层和高层建筑中。

（3）钢筋混凝土板墙结构。这种结构的竖向承重构件和水平承重构件均采用钢筋混凝土制作，施工时可以在现场浇筑或在加工厂预制、现场吊装。这种结构可以用于多层和高层建筑中。

（4）特种结构。这种结构又称为空间结构。它包括悬索、网架、拱、壳体等结构形式。这种结构多用于大跨度的公共建筑中。

1.2.3　按建筑层数或总高度分类

建筑层数是房屋实际层数的控制指标，但多与建筑总高度共同考虑。

（1）住宅建筑的1～3层为低层；4～6层为多层；7～9层为中高层；10层及以上为高层。

（2）公共建筑及综合性建筑总高度超过24 m为高层，不超过24 m为多层。

（3）建筑总高度超过100 m时，不论其是住宅或公共建筑均为超高层。

（4）联合国经济事务部于1974年针对当时世界高层建筑的发展情况，把高层建筑划分为以下四种类型：

1）低高层建筑：层数为9～16层，建筑总高度为50 m以下。

2）中高层建筑：层数为17～25层，建筑总高度为50～75 m。

3）高高层建筑：层数为26～40层，建筑总高度可达100 m。

4）超高层建筑：层数为40层以上，建筑总高度在100 m以上。

注：建筑高度按下列方法确定：

①在重点文物保护单位和重要风景区附近的建筑物，其高度是指建筑物的最高点，包括电梯间、楼梯间、水箱、烟囱等。

②在上述①所指地区以外的一般地区，其建筑高度平顶房屋按女儿墙高度计算；坡顶房屋按屋檐和屋脊的平均高度计算。屋顶上的附属物，如电梯间、楼梯间、水箱、烟囱等，其总面积不超过屋顶面积的20%，高度不超过4 m的不计入建筑高度之内。

③消防要求的建筑物高度为建筑物室外地面到其屋顶平面或檐口的高度。

1.2.4　按施工方法分类

施工方法是指建筑房屋所采用的方法，它分为以下几类：

（1）现浇、现砌式。这种施工方法是指主要构件均在施工现场砌筑（如砖墙等）或浇筑（如钢筋混凝土构件等）。

（2）预制、装配式。这种施工方法是指主要构件在加工厂预制，在施工现场装配。

（3）部分现浇现砌、部分装配式。这种施工方法是指一部分构件在现场浇筑或砌筑（大多为竖向构件），一部分构件为预制吊装（大多为水平构件）。

1.3　建筑的分级

建筑物的等级包括耐久等级、耐火等级和工程等级三大部分。

1.3.1　按耐久等级划分

建筑物耐久等级的指标是使用年限。使用年限的长短是依据建筑物的性质决定的。影响建筑寿命长短的主要因素是结构构件的选材和结构体系。

耐久等级一般分为五级，其具体划分方法见表1-1。

表 1-1　按耐久性规定的建筑物等级

建筑物等级	建筑物性质	耐久年限
一	具有历史性、纪念性、代表性的重要建筑物，如纪念馆、博物馆等	100 年以上
二	重要的公共建筑物，如一级行政机关办公楼、大城市火车站、大剧院等	50 年以上
三	比较重要的公共建筑和居住建筑，如医院、高等院校、工业厂房等	40～50 年
四	普通的建筑物，如文教、交通、居住建筑及一般性厂房等	15～40 年
五	简易建筑和使用年限在 15 年以下的临时建筑	15 年以下

在《民用建筑设计通则》（GB 50352—2005）中对民用建筑的使用年限也作了规定，见表 1-2。

表 1-2　民用建筑的使用年限

类别	设计使用年限/年	适用范围
1	5	临时性建筑
2	25	易于替换结构构件的建筑
3	50	普通建筑物和构筑物
4	100	纪念性建筑和特别重要的建筑

1.3.2　按耐火等级划分

1. 建筑构件的燃烧性能

（1）不燃烧性材料。不燃烧性材料是指用非燃烧材料做成的建筑构件，如天然石材、人工石材、金属材料等。

（2）可燃烧性材料。可燃烧性材料是指用容易燃烧的材料做成的建筑构件，如木材、纸板、胶合板等。

（3）难燃烧性材料。难燃烧性材料是指用不易燃烧的材料做成的建筑构件，或者用燃烧材料做成，但用非燃烧材料作为保护层的构件，如沥青混凝土构件、木板条抹灰等。

2. 建筑构件的耐火极限

所谓耐火极限，是指任一建筑构件在规定的耐火试验条件下，从受到火的作用时起，到失去支持能力或完整性被破坏或失去隔火作用时为止的这段时间，用小时表示。只要以下三个条件中任意一个条件出现，就可以确定达到其耐火极限。

（1）失去支持能力。失去支持能力是指构件在火焰或高温作用下，由于构件材质性能的变化，其承载能力和刚度降低，承受不了原设计的荷载而被破坏。例如，受火作用后的钢筋混凝土梁失去支承能力，钢柱失稳破坏；非承重构件自身解体或垮塌等，均属于失去支持能力。

（2）完整性被破坏。完整性被破坏是指薄壁分隔构件在火中高温作用下，发生爆裂或局部塌落，形成穿透裂缝或孔洞，火焰穿过构件，使其背面可燃物燃烧起火。例如，受火作用后的板条抹灰墙，内部可燃板条先行自燃，一定时间后，背火面的抹灰层龟裂脱落，引起燃烧；预应力钢筋混凝土楼板使钢筋失去预应力，发生炸裂，出现孔洞，使火苗蹿到上层房间，实际情况中这类火灾数量相当多。

（3）失去隔火作用。失去隔火作用是指具有分隔作用的构件，背火面任一点的温度达到 220 ℃时，构件失去隔火作用。例如，一些燃点较低的可燃物（纤维系列的棉花、纸张、化纤品等）烤焦后导致起火。

多层建筑的耐火等级分为四级，其划分方法见表1-3。

表1-3　不同耐火等级建筑构件的燃烧性能和相应耐火极限　　　　　　h

构件名称		耐火等级			
		一级	二级	三级	四级
墙	防火墙	不燃性 3.00	不燃性 3.00	不燃性 3.00	不燃性 3.00
	承重墙	不燃性 3.00	不燃性 2.50	不燃性 2.00	难燃性 0.50
	非承重外墙	不燃性 1.00	不燃性 1.00	不燃性 0.50	可燃性
	楼梯间和前室的墙 电梯井的墙 住宅建筑单元之间的墙和分户墙	不燃性 2.00	不燃性 2.00	不燃性 1.50	难燃性 0.50
	疏散走道两侧的隔墙	不燃性 1.00	不燃性 1.00	不燃性 0.50	难燃性 0.25
	房间隔墙	不燃性 0.75	不燃性 0.50	难燃性 0.50	难燃性 0.25
柱		不燃性 3.00	不燃性 2.50	不燃性 2.00	难燃性 0.50
梁		不燃性 2.00	不燃性 1.50	不燃性 1.00	难燃性 0.50
楼板		不燃性 1.50	不燃性 1.00	不燃性 0.50	可燃性
屋顶承重构件		不燃性 1.50	不燃性 1.00	可燃性 0.50	可燃性
疏散楼梯		不燃性 1.50	不燃性 1.00	不燃性 0.50	可燃性
吊顶（包括吊顶格栅）		不燃性 0.25	难燃性 0.25	难燃性 0.15	可燃性

注：1. 除《建筑设计防火规范》（GB 50016—2014）另有规定外，以木柱承重且墙体采用不燃材料的建筑，其耐火等级应按四级确定。
　　2. 住宅建筑构件的耐火极限和燃烧性能可按现行国家标准《住宅建筑规范》（GB 50368—2005）的规定执行。

一个建筑物的耐火等级属于几级，取决于该建筑物的层数、长度和面积。《建筑设计防火规范》（GB 50016—2014）中作出了详细的规定。

1.3.3　按工程等级划分

建筑物的工程等级以其复杂程度为依据，共分六级。

1. 特级

工程主要特征：

（1）列为国家重点项目或以国际性活动为主的特高级大型公共建筑。

（2）有全国性历史意义或技术要求特别复杂的中小型公共建筑。

（3）30 层以上建筑。

（4）高大空间有声、光等特殊要求的建筑物。

工程范围举例：国宾馆、人民大会堂、国际会议中心、国际体育中心、鸟巢、水立方、国际贸易中心、国际大型航空港、国际综合俱乐部、重要历史纪念建筑、国家级图书馆、博物馆、美术馆、剧院、音乐厅、三级以上人防工程。

2. 一级

工程主要特征：

（1）高级大型公共建筑。

（2）有地区性历史意义或技术要求复杂的中小型公共建筑。

（3）16 层以上 29 层以下或超过 50 m 高的公共建筑。

工程范围举例：高级宾馆、旅游宾馆、高级招待所、别墅、省级展览馆、博物馆、图书馆、科学试验研究楼（包括高等院校）、高级会堂、高级俱乐部、300 床位以上（含 300床位）医院、疗养院、医疗技术楼、大型门诊楼、大中型体育馆、室内游泳馆、室内滑冰馆、大城市火车站、航运站、候机楼、摄影棚、邮电通信楼、综合商业大楼、高级餐厅、四级人防、五级平战结合人防工程等。

3. 二级

工程主要特征：

（1）中高级、大中型公共建筑。

（2）技术要求较高的中小型建筑。

（3）16 层以上 29 层以下住宅。

工程范围举例：大专院校教学楼、档案楼、礼堂、电影院、部省级机关办公楼、300 床位以下（不含 300 床位）医院、疗养院、地市级图书馆、文化馆、少年宫、俱乐部、排演厅、报告厅、风雨操场、大中城市汽车客运站、中等城市火车站、邮电局、多层综合商场、高级住宅等。

4. 三级

工程主要特征：

（1）中级、中型公共建筑。

（2）7 层以上（含 7 层）15 层以下有电梯的住宅或框架结构的建筑。

工程范围举例：重点中学、中等专业学校教学楼、试验楼、电教楼，社会旅馆，饭馆，招待所，浴室，邮电所，门诊所，百货楼，托儿所，幼儿园，综合服务楼，一、二层商场，多层食堂，小型车站等。

5. 四级

工程主要特征：

（1）一般中小型公共建筑。

（2）7 层以下无电梯的住宅、宿舍及砖混建筑。

工程范围举例：一般办公楼、中小学教学楼、单层食堂、单层汽车库、消防车库、消防站、蔬菜门市部、粮站、杂货店、阅览室、理发室、水冲式公共厕所等。

6. 五级

工程主要特征：一、二层单功能，一般小跨度结构建筑。

工程范围举例：一、二层单功能，一般小跨度结构建筑。

1.4 建筑发展的趋势

1.4.1 建筑与环境

20 世纪 50 年代至 60 年代出现了一系列的环境污染事件，人们开始从"大自然的报复"

中觉醒。1998年7月18日，联合国环境规划署负责人指出："十大环境祸患威胁人类。"其中：

（1）土壤遭到破坏。110个国家，承载10亿人口的可耕地的肥沃程度正在降低。

（2）能源浪费。除发达国家外，发展中国家能源消费仍在继续增加。1990—2001年亚洲和太平洋地区的能源消费增加1倍，拉丁美洲能源消费增加30％～77％。

（3）森林面积减少。在过去数百年中，温带国家和地区失去了大部分的森林，1980—1990年世界上1.5亿公顷森林（占全球森林总面积的12％）消失。

（4）淡水资源受到威胁。据估计，21世纪初开始，世界上将有1/4的地方长期缺水。

（5）沿海地带被污染。沿海地区受到了巨大的人口压力，全世界有60％的人口拥挤在沿海100 km内的地带，生态失去平衡。

以上主要是与建筑环境直接相关的问题，也是关系建筑业发展方向的重大问题。现代建筑的设计要与环境紧密结合起来，充分利用环境，创造环境，使建筑恰如其分的成为环境的一部分。

根据《民用建筑设计通则》（GB 50352—2005）的规定，建筑与环境的关系应符合下列要求：

（1）建筑基地应选择在无地质灾害或洪水淹没等危险的安全地段；

（2）建筑总体布局应结合当地的自然与地理环境特征，不应破坏自然生态环境；

（3）建筑物周围应具有能获得日照、天然采光、自然通风等的卫生条件；

（4）建筑物周围环境的空气、土壤、水体等不应对人体构成的危害，确保卫生、安全的环境；

（5）对建筑物使用过程中产生的垃圾、废气、废水等废弃物应进行处理，并应对噪声、眩光等进行有效的控制，不应引起公害；

（6）建筑整体造型与色彩处理应与周围环境协调；

（7）建筑基地应做绿化、美化环境设计，完善室外环境设施。

1.4.2　建筑与城市

据联合国《世界城市化前景：2011年修订版》预计，到2050年，尼日利亚城市人口预计增加2亿，将使该国当前总人口数增长逾一倍；印度城市人口将增加4.97亿，使现有总人口数增加逾40％；印度尼西亚城市人口将增加到9 200万，将使当前总人口数增加38％；美国城市人口将增加1.03亿，使该国总人口数增加1/3；而中国总人口数将增加1/4，其中城市人口增加3.41亿。联合国表示，目前，全球70亿人口中有半数生活在城市中。现在城市消耗3/4的世界能源，生成3/4的世界污染。联合国在声明中表示："城市是移民化、全球化、经济发展、社会不公、环境污染以及气候变化等各种压力最为直接的感受者。"

城市化急剧发展，已经不能就建筑论建筑，迫切需要用城市的观念来从事建筑活动，即强调城市规划和建筑综合，从单个建筑到建筑群的规划建设，到城市与乡村规划的结合、融合，以至区域的协调发展。探索适应新的社会组织方式的城市与乡村的建筑形态，将是21世纪最引人注目的课题。

1.4.3　建筑与科学技术

科学技术进步是推动经济发展和社会进步的积极因素，也是建筑发展的动力和达到建筑实用目的的主要手段，以及创造新的形式的活跃因素。正因为建筑技术上的提高，人类祖先由天然的穴居，得以伐木垒土，营建宫室……直到现代建筑。当今以计算机为代表的新兴技术直接、间接地对建筑发展产生影响，人类正在向信息社会、生物遗传、外太空探索等诸多新领域发展，这些科学技术上的变革，都将深刻地影响到人类的生活方式、社会组织结构和思想价值观念，同时也必将带来建筑技术和艺术形式上的深刻变革。

1.4.4 建筑与文化艺术

建筑是人类智慧和力量的表现形式，同时也是人类文化艺术成就的综合表现形式。例如，中国传统建筑也存在着与不同历史时期的社会文化相适应的艺术风格。

文化是经济和技术进步的真正量度；文化是科学和技术发展的方向；文化是历史的积淀，存留于城市和建筑中，融会在每个人的生活之中。文化对城市的建造、人们的观念和行为起着无形的巨大作用，决定着生活的各个层面，是建筑之魂。21 世纪是文化的世纪，只有文化的发展，才能进一步带动经济的发展和社会的进步。人文精神的复萌应当被看作是当代建筑发展的主要趋势之一。

综上所述，21 世纪建筑发展应遵循以下五项原则：

（1）生态观。正视生态的困境，加强生态意识。

（2）经济观。人居环境建设与经济发展良性互动。

（3）科技观。正视科学技术的发展，推动经济发展和社会繁荣。

（4）社会观。关怀最广大的人民群众，重视社会发展的整体利益。

（5）文化观。在上述前提下，进一步推动文化和艺术的发展。

进入 21 世纪，现代的科学技术将全人类推向了资讯时代，世界文明正以前所未有的广阔领域和越来越快的速度互相交流与融合，建筑领域也同样进行着日新月异的变革。所以要求未来的建筑师更加放眼世界，从更广阔的知识领域和视野去了解人类文明的发生与发展，建设好我们的家园。

1.5 相关专业名词

为了学好民用建筑的有关内容，了解其内在关系，必须了解下列有关的专业名词：

（1）横向：指建筑物的宽度方向。

（2）纵向：指建筑物的长度方向。

（3）横向轴线：沿建筑物宽度方向设置的轴线。用以确定墙体、柱、梁、基础的位置。其编号方法采用阿拉伯数字注写在轴线圆内。

（4）纵向轴线：沿建筑物长度方向设置的轴线。用以确定墙体、柱、梁、基础的位置。其编号方法采用大写拉丁字母注写在轴线圆内。但 I、O、Z 不用作轴线编号。

（5）开间：两条横向定位轴线的间距。

（6）进深：两条纵向定位轴线的间距。

（7）层高：指该层的地坪或楼板面到上层楼板面的距离，即该层房间的净高加上楼板层的结构厚度（包括梁高）。

（8）净高：指房间内地坪或楼板面到顶棚或其他凸出于顶棚之下的构件底面之间的距离。

（9）总高度：指室外地坪至檐口顶部的总高度。

（10）建筑面积：单位为 m^2，指建筑物外包尺寸的乘积再乘以层数。它由使用面积、交通面积和结构面积组成。

（11）使用面积：指主要使用房间和辅助使用房间的净面积。

（12）交通面积：指走道、楼梯间等交通联系设施的净面积。

（13）结构面积：指墙体、柱子所占的面积。

➤ 本章小结

1. 建筑的基本构成要素是建筑功能、建筑的物质技术条件和建筑形象；它们三者之间是辩证统一的关系。

2. 建筑的分类：按使用性质分为民用建筑、工业建筑和农业建筑；按结构类型分为砌体结构、框架结构、钢筋混凝土板墙结构、特种结构；按建筑层数或总高度分为低层、多层、中高层、高层；按施工方法分为现浇、现砌式，预制、装配式和部分现浇现砌、部分装配式。

3. 建筑物的等级包括耐久等级、耐火等级和工程等级三大部分。

4. 21 世纪建筑发展的趋势主要包括建筑与环境、建筑与城市、建筑与科学技术、建筑与文化艺术等的发展趋势。21 世纪建筑发展应遵循的原则是生态观、经济观、科技观、社会观、文化观。

➤ 复习思考题

1. 建筑的基本构成要素有哪些？

2. 建筑物包括哪几种类型？

3. 建筑物等级怎样划分？

4. 什么是开间、进深、层高、净高？

第 2 章　建筑工程设计概论

本章要点

本章主要介绍建筑工程设计内容、设计前的准备工作、设计阶段的划分及各阶段的任务和设计主要依据。

2.1　建筑工程设计的内容

建筑工程设计是指设计一个建筑物或建筑群所要做的全部工作，包括建筑设计、结构设计、设备设计三个方面的内容。

2.1.1　建筑设计

建筑设计是在总体规划的前提下，根据任务书的要求，综合考虑基地环境、使用功能、结构施工、材料设备、建筑经济及建筑艺术等问题，着重解决建筑物内部各种使用功能和使用空间的合理安排，建筑物与周围环境、各种外部条件的协调配合，内部和外表的艺术效果，各个细部的构造方式等，创造出既符合科学性又具有艺术性的生产和生活环境。

建筑设计在整个工程设计中起着主导和先行的作用，建筑设计包括总体设计和单体设计两个方面，一般由建筑师来完成。

2.1.2　结构设计

结构设计主要是根据建筑设计选择切实可行的结构方案，进行结构计算、构件设计、结构布置及构造设计等。一般由结构师来完成。

2.1.3　设备设计

设备设计主要包括给水排水、电气照明、采暖通风、动力等方面的设计，由有关工程师配合建筑师来完成。

2.2　建筑工程设计的程序

2.2.1　设计前的准备工作

1. 落实设计任务

（1）掌握必要的批文。建设单位必须具有以下批文才可向设计单位办理委托设计手续。

①主管部门的批文。上级主管部门对建设项目的批准文件，包括建设项目的使用要求、建筑面积、单方造价和总投资等。

②城市建设部门同意设计的批文。为了加强城市的管理及进行统一规划，一切设计都必须事先得到城市建设部门的批准。批文必须明确指出用地范围（常用红色线画定），以及有关规划、环境及个体建筑的要求。

（2）熟悉设计任务书。设计任务书是经上级主管部门批准提供给设计单位进行设计的依据性文件，一般包括以下内容：

①建设项目总的要求、用途、规模及一般说明。

②建设项目的组成、单项工程的面积、房间组成、面积分配及使用要求。

③建设项目的投资及单方造价、土建设备及室外工程的投资分配。

④建设基地大小、形状、地形，原有建筑及道路现状，并附地形测量图。

⑤供电、供水、采暖及空调等设备方面的要求，并附有水源、电源的使用许可文件。

⑥设计期限及项目建设进度计划安排要求。

2. 调查研究、收集资料

除设计任务书提供的资料外，还应当收集必要的设计资料和原始数据，如建设地区的气象、水文地质资料；基地环境及城市规划要求；施工技术条件及建筑材料供应情况；与设计项目有关的定额指标及已建成的同类型建筑的资料；当地文化传统、生活习惯及风土人情等。

2.2.2　设计阶段的划分

建筑设计过程按工程复杂程度、规模大小及审批要求，划分为不同的设计阶段。一般分为两阶段设计或三阶段设计。

两阶段设计是指初步设计和施工图设计两个阶段，一般的工程多采用两阶段设计。对于大型民用建筑工程或技术复杂的项目，采用三阶段设计，即初步设计、技术设计和施工图设计。

1. 初步设计阶段

初步设计的内容一般包括设计说明书、设计图纸、主要设备材料表和工程概算四部分，具体的图纸和文件有：

（1）设计总说明：包括设计指导思想及主要依据，设计意图及方案特点，建筑结构方案及构造特点，建筑材料及装修标准，主要技术经济指标以及结构、设备等系统的说明。

（2）建筑总平面图：常用比例为 1：500、1：1 000，应标示用地范围，建筑物位置、大小、层数及设计标高，道路及绿化布置，技术经济指标。

（3）各层平面图、剖面图及建筑物的主要立面图：常用比例为 1：100、1：200，应标示建筑物各主要控制尺寸，如总尺寸、开间、进深、层高等，同时应标示标高，门窗位置，室内固定设备及有特殊要求的厅、室的具体布置，立面处理，结构方案及材料选用等。

（4）工程概算书：包括建筑物投资估算、主要材料用量及单位消耗量。

（5）大型民用建筑及其他重要工程，必要时可绘制透视图、鸟瞰图或制作模型。

2. 技术设计阶段

技术设计阶段的主要任务是在初步设计的基础上进一步解决各种技术问题。技术设计的图纸和文件与初步设计大致相同，但更详细些。具体内容包括：整个建筑物和各个局部的具体做法，各部分确切的尺寸关系，内外装修的设计，结构方案的计算和具体内容、各种构造和用料的确定，各种设备系统的设计和计算，各技术工种之间各种矛盾的合理解决，设计概算的编制等。

3. 施工图设计阶段

施工图设计是建筑设计的最后阶段，是提交施工单位进行施工的设计文件。施工图设计的主要任务是满足施工要求，解决施工中的技术措施、用料及具体做法。施工图设计的内容包括建筑、结构、水电、采暖通风等工种的设计图纸、工程说明书，结构及设备计算书和预算书。具体图纸和文件有：

（1）建筑总平面图：与初步设计基本相同。

（2）建筑物各层平面图、剖面图、立面图：比例为1：50、1：100、1：200。除表达初步设计或技术设计内容以外，还应详细标出门窗洞口、墙段尺寸及必要的细部尺寸、详图索引。

（3）建筑构造详图：应详细标示各部分构件关系、材料尺寸及做法、必要的文字说明。根据节点需要，比例可分别选用1：20、1：10、1：5、1：2、1：1等。

（4）各工种相应配套的施工图纸：如基础平面图、结构布置图、钢筋混凝土构件详图、水电平面图及系统图、建筑防雷接地平面图等。

（5）设计说明书：包括施工图设计依据、设计规模、面积、标高定位、用料说明等。

（6）结构和设备计算书。

（7）工程概算书。

2.3　建筑工程设计的依据

建筑工程设计的依据是做好建筑工程设计的关键，是满足使用功能、体现以人为本的原则，同时，又是良好室内外空间环境、合理的技术经济指标的基础，这些依据主要有使用功能和自然条件两方面的因素。

2.3.1　使用功能

1. 人体尺度及人体活动的空间尺度

人体尺度及人体活动所占的空间尺度是确定民用建筑内部各种空间尺度的主要依据。图 2-1 为中等身材男子的人体基本尺度，图 2-2 为人体基本动作尺度。

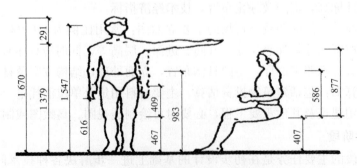

图 2-1　中等身材男子的人体基本尺度

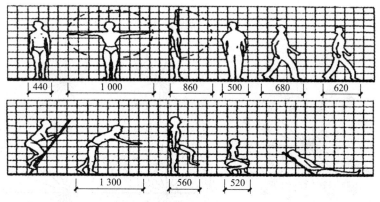

图 2-2　人体基本动作尺度

2. 家具、设备尺寸和使用它们所需的活动空间

房间内家具、设备的尺寸，以及人们使用它们所需活动空间是确定房间内部使用面积的重要依据。图 2-3 为部分常用家具尺寸。

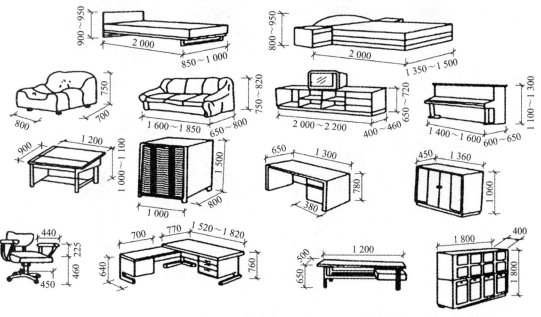

图 2-3　部分常用家具尺寸

2.3.2　自然条件

1. 气象条件

建设地区的温度、湿度、日照、雨雪、风向、风速等是建筑设计的重要依据。

风向频率玫瑰图，即风玫瑰图，是根据某一地区多年统计的平均各个方向吹风次数的百分数值，并按一定比例绘制，一般多用 8 个或 16 个罗盘方位表示。风向频率玫瑰图上所表示的风向，指从外面吹向地区中心。图 2-4 为我国部分城市的风向频率玫瑰图，图中实线部分表示全年风向频率，虚线部分表示夏季风向频率。

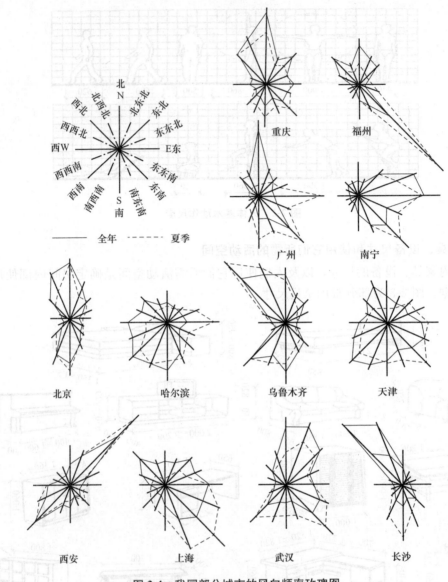

图 2-4　我国部分城市的风向频率玫瑰图

2. 地形、地质及地震烈度

基地的地形、地质及地震烈度直接影响到房屋的平面空间组织、结构选型、建筑构造处理及建筑体型设计等。

地震烈度简称烈度，即地震发生时，在波及范围内一定地点地面振动的激烈程度（或解释为地震影响和破坏的程度）。地面振动的强弱直接影响到人感觉的强弱、器物反应的程度、房屋的损坏或破坏程度、地面景观的变化情况等。因此，烈度的鉴定主要依靠对上述几个方面的宏观考察和定性描述。从概念上讲，地震烈度同地震震级有严格的区别，不可互相混淆。震级代表地震本身的大小和强弱，它由震源发出的地震波能量决定，对于同一次地震只应有一个震级数值。烈度在同一次地震中是因地而异的，它受当地各种自然和人为条件的影响。对震级相同的地震来说，如果震源越浅，震中距越短，则烈度一般就越高。同样，当地的地质构造是否稳定、土壤结构是否坚实、房屋和其他构筑物是否坚固耐震，对于当地的烈度高或低有着直接的关系（影响地震烈度的五个要素为震级、震源深度、震中距、地质结构、建筑物）。一次地震中，人们往往强调震中（或称极震区）的烈度。为了在实际工作中评定烈度的高低，有必要制定一个统一的评定标准。这个标准称为地震烈度表。在世界各国通常使用的有几种不同的烈度表。西方国家比较通行的是改进的麦加利地震烈度表，简称 M. M. 烈度表，从Ⅰ度到Ⅻ度共分 12 个烈度等级。日本将无感定为 0 度，有感则分为Ⅰ至Ⅶ度，共 8 个等级。我国按 12 个烈度等级划分烈度。

在建筑设计中，烈度在 6 度以下时，地震对建筑物影响较小，一般可不考虑抗震措施。9 度以上地区，地震破坏力很大，一般应尽量避免在该地区建筑房屋。

抗震设计的原则、抗震设防的基本思想、现行抗震设计规范适用于抗震设防烈度为 6、7、8、9 度地区建筑工程的抗震设计、隔震、消能减震设计。抗震设防是以现有的科技水平和经济条件为前提的。我国规范抗震设防的基本思想和原则是以"三个水准"为抗震设防目标。简单地说，是"小震不坏、中震可修、大震不倒"。"三个水准"的抗震设防目标是：当遭受低于本地区抗震设防烈度的多遇地震影响时，建筑物一般不受损坏或不需修理仍可继续使用；当遭受相当于本地区抗震设防烈度的地震影响时，可能损坏，经一般修理或不需修理仍可继续使用；当遭受高于本地区抗震设防烈度预估的罕遇地震影响时，不会倒塌或发生危及生命的严重破坏。

3. 水文条件

水文条件是指地下水水位的高低及地下水的性质。水文条件直接影响到建筑物的基础及地下室。

2.3.3 技术要求

设计标准化是实现建筑工业化的前提。为此，建筑设计应采用建筑模数协调统一标准。为了建筑设计、构件生产以及施工等方面的尺寸协调，从而提高建筑工业化的水平，降低造价并提高建筑设计和建造的质量和速度，建筑设计应采用国家规定的《建筑模数协调标准》（GB/T 50002—2013）。

建筑模数是选定的标准尺度单位，作为建筑物、建筑构配件、建筑制品以及有关设备尺寸相互间协调的基础。根据国家制定的《建筑模数协调标准》（GB/T 50002—2013），我国采用的基本模数 1M＝100 mm，同时由于建筑设计中建筑部位、构件尺寸、构造节点以及断面、缝隙等尺寸的不同要求，还分别采用分模数和扩大模数。

（1）分模数 1/2M（50 mm）、1/5M（20 mm）、1/10M（10 mm）适用于成材的厚度、直径、缝隙、构造的细小尺寸以及建筑制品的公偏差等。

（2）基本模数 1M 和扩大模数 3M（300 mm）、6M（600 mm）等适用于门窗洞口、构配件、建筑制品及建筑物的跨度（进深）、柱距（开间）和层高的尺寸等。

（3）扩大模数 12M（1 200 mm）、30M（3 000 mm）、60M（6 000 mm）等适用于大型建筑物的跨度（进深）、柱距（开间）、层高及构配件的尺寸等。

除此以外，建筑设计应遵照国家制定的标准、规范以及各地或国家各部委颁发的标准执行。

➤ 本章小结

1. 建筑工程设计是指设计一个建筑物或建筑群所要做的全部工作，包括建筑设计、结构设计、设备设计三个方面的内容；建筑设计由建筑师完成，结构设计由结构师完成，建筑师是龙头，常处于主导地位。

2. 建筑设计是有一定程序和要求的工作，因此建筑设计必须按照其设计程序和设计要求做好设计的全过程工作，对收集资料、初步设计、技术设计、施工图设计等几个阶段应根据工程规模大小、难易程度而定。

3. 建筑设计的依据主要有使用功能和自然条件两方面的因素。

4. 基地的地形、地质及地震烈度直接影响到房屋的平面空间组织、结构选型、建筑构造处理及建筑体型设计等。

5. 建筑模数是选定的标准尺度单位，作为建筑物、建筑构配件、建筑制品以及有关设备尺寸相互间协调的基础；它包括基本模数、分模数和扩大模数。

➤ 复习思考题

1. 建筑设计分为哪几个阶段？
2. 建筑设计有什么要求？
3. 建筑设计的依据有哪些？
4. 建筑设计的内容是什么？
5. 什么是风玫瑰图？
6. 什么是地震烈度？
7. 抗震设计的原则是什么？
8. 什么是建筑模数？简述建筑模数协调统一标准的作用。

第3章 建筑平面设计

本章要点

本章主要介绍建筑平面设计包含的内容，使用功能房间的平面设计要求及方法，各房间的功能组织与平面组合设计方法，以及建筑平面组合与场地环境关系的处理。

3.1 建筑平面设计概述

3.1.1 建筑平面的形成

建筑平面表示的是建筑物在水平方向各部分的组合关系，并集中反映建筑物的使用功能关系，是建筑设计中的重要一环。因此，从学习和叙述的先后考虑，建筑设计首先从建筑平面设计的分析入手。但是在平面设计过程中，还需要从建筑三度空间的整体来考虑，紧密联系建筑剖面和立面，调整修改平面设计，最终达到平、立、剖面的协调统一。

建筑平面图是建筑设计的基本图样之一，也是建筑师的专业语言之一。由于设计阶段的不同，建筑平面图所表达的内容和深度也不相同，同样，由于图纸的比例不同，建筑平面图所表现的内容和深度也有所区别。但是，不论处于何种阶段和采用哪种比例，建筑平面图所表达的一个基本内容是永远不变的，那就是对立体空间的反映，而不单纯是平面构成的体系。

建筑平面图，一般的理解是用一个假想的水平切面在一定的高度位置（通常是窗台高度以上，门洞高度以下）将房屋剖切后，作切面以下部分的水平面投影图。其中，剖切到的房屋轮廓实体以及房屋内部的墙、柱等实体截面用粗实线表示，其余可见的实体，如窗台、窗玻璃、门扇、半高的墙体、栏杆以及地面上的台阶踏步、水池及花池的边缘甚至室内家具等实体的轮廓线则用细实线表示，如图3-1所示。

图3-2是单元住宅的平面示意图，从该图中可以看到单元住宅的平面组合关系以及平面图的线形表达方法。

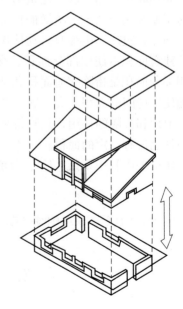

图3-1 平面图的形成

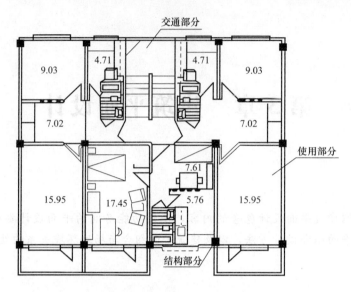

图3-2 单元住宅平面示意图

3.1.2 建筑平面组成及建筑面积

民用建筑设计所包含的空间设计可划分为主要使用房间的设计、辅助使用房间的设计以及交通联系空间的设计三大部分。

主要使用房间通常是指在建筑中起主导作用，决定建筑物性质的房间。民用建筑的使用房间是随建筑功能的变化而变化的，这无疑增加了平面设计的难度，但也为设计的多样化提供了条件。

辅助使用房间主要是为房间的使用者提供服务的，属于建筑物的次要部分，如卫生间、厨房、库房、配电房、机房等。

交通联系空间是联系建筑内部各房间之间、楼层之间和建筑内外的交通设施。它承担平时交通和紧急情况下疏散的任务，在设计时应慎重对待。交通联系部分主要由走廊、楼梯、门厅、过厅、电梯及自动扶梯等组成。

建筑面积由使用部分面积、交通联系部分面积、房屋结构构件所占面积三部分组成。使用部分面积是指除交通面积和结构面积之外的所有空间面积之和，包括主要使用房间和辅助使用房间的面积。交通联系部分面积称为交通系统所占的面积。房屋结构构件具有承重、围护和分隔的作用，是建筑平面的重要组成部分。在平面上主要有墙体、柱子等，这些构件也占有一定的面积。

建筑平面利用系数（K）：数值上等于使用面积与建筑面积的百分比，即

$$K = \frac{使用面积}{建筑面积} \times 100\%$$

注：使用面积是指除交通面积和结构面积之外的所有空间面积之和；建筑面积是指外墙包围的各楼层面积总和。

3.2 房间的平面设计

各种类型的建筑按使用功能一般可以归纳为主要使用空间辅助使用空间和交通联系空间，通过交通联系空间将主要使用空间和辅助使用空间联成一个有机的整体。主要使用空

（房）间，如住宅中的起居室、卧室，学校建筑中的教室、试验室等；辅助使用空（房）间，如厨房、厕所、储藏室等。交通联系空间是建筑物中各个房间之间、楼层之间和房间内外联系通行的面积，即各类建筑物中的走廊、门厅、过厅、楼梯、坡道，以及电梯和自动扶梯等所占的面积。

3.2.1　主要使用空间的设计

1. 主要使用空间的分类

从房间的使用功能要求来分，主要使用空间主要有：

（1）生活用房间。如住宅的起居室、卧室；宿舍和宾馆的客房等。

（2）工作、学习用房间。如各类建筑中的办公室、值班室；学校中的教室、试验室等。

（3）公共活动房间。如商场中的营业厅；剧场、影院的观众厅、休息厅等。

上述各类房间的要求不同，如生活、工作和学习用房间要求安静、朝向好；公共活动房间人流比较集中，因此室内活动组织和交通组织比较重要，特别是人员的疏散问题较为突出。

2. 主要使用空间的设计要求

（1）房间的面积、形状和尺寸要满足室内使用、活动和家具、设备的布置要求。

（2）门窗的大小和位置，必须使出入房间方便，疏散安全，采光、通风良好。

（3）房间的构成应使结构布置合理、施工方便，要有利于房间之间的组合，所用材料要符合建筑标准。

（4）要考虑人们的审美要求。

3. 空间面积的确定

空间面积与使用人数有关。通常情况下，人均使用面积应按有关建筑设计规范确定。下面是住宅建筑、办公楼、中小学、幼儿园的一些面积指标：

（1）住宅建筑。根据《住宅设计规范》（GB 50096—2011），住宅套型及房间的使用面积应不小于表 3-1 的规定。

表 3-1　住宅套型及房间的使用面积

套型及房间	使用面积不应小于/m²
由卧室、起居室（厅）、厨房和卫生间等组成的住宅套型	30
由兼起居的卧室、厨房和卫生间等组成的住宅最小套型	22
双人卧室	9
单人卧室	5
起居室（厅）	10
由卧室、起居室（厅）、厨房和卫生间等组成的住宅套型的厨房	4
由兼起居的卧室、厨房和卫生间等组成的住宅最小套型的厨房	3.5
设便器、洗面器的卫生间	1.8
设便器、洗浴器的卫生间	2
设洗面器、洗浴器的卫生间	2
设洗面器、洗衣机的卫生间	1.8

（2）办公楼。办公楼中的办公室按人均 3.5 m² 使用面积考虑，会议室按有会议桌每人 1.8 m²、无会议桌每人 0.8 m² 使用面积计算。

（3）中小学。中小学中各类房间的使用面积指标分别是：普通教室为 1.1~1.2 m²/人、试验室为 1.8 m²/人、自然教室为 1.57 m²/人、史地教室为 1.8 m²/人、美术教室为 1.57~1.80 m²/人、计算机教室为 1.57~1.80 m²/人、合班教室为 1.0 m²/人。

（4）幼儿园。幼儿园中活动室的使用面积为 50 m²/班，寝室的使用面积为 50 m²/班，卫生间为 15 m²/班，储藏室为 9 m²/班，音体活动室为 150 m²，医务保健室为 12 m²/班，厨房使用面积为 100 m² 左右。

4. 房间的形状和尺寸

房间的平面形状和尺寸与室内使用活动特点、家具布置方式以及采光、通风等因素有关。有时还要考虑人们对室内空间的直观感觉。住宅的卧室、起居室，学校建筑的教室、宿舍等房间，大多采用矩形平面的房间，如图 3-3 所示。

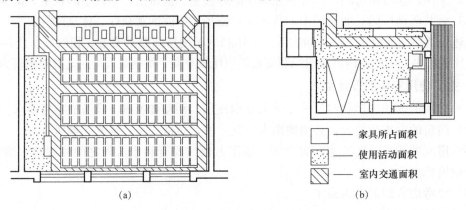

图 3-3 教室及卧室中室内使用面积分析示意图
(a) 教室；(b) 卧室

在决定矩形平面的尺寸时，应注意宽度及长度尺寸必须满足使用要求和符合模数的规定。以普通教室为例，第一排座位距黑板的最小距离为 2 m，最后一排座位距黑板的距离应不大于 8.5 m，前排边座与黑板远端夹角控制在不小于 30°（图 3-4），且必须注意从左侧采光。另外，教室宽度必须满足家具设备和使用空间的要求，一般常用 6.0 m×9 m~6.6 m×9.9 m 等规格。办公室、住宅卧室等房间，一般采用沿外墙短向布置的矩形平面，这是综合考虑家具布置、房间组合、技术经济条件和节约用地等多方面因素决定的。常用开间进深尺寸为 2.7 m×3 m，3 m×3.9 m，3.3 m×4.2 m，3.6 m×4.5 m，3.6 m×4.8 m，3 m×5.4 m，3.6 m×5.4 m，3.6 m×6.0 m 等。

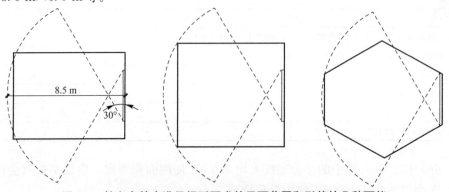

图 3-4 教室中基本满足视听要求的平面范围和形状的几种可能

剧院观众厅、体育馆比赛大厅，由于使用人数多，有视听和疏散要求，常采用较复杂的平面。这种平面多以大厅为主（图3-5），附属房间多分布在大厅周围。

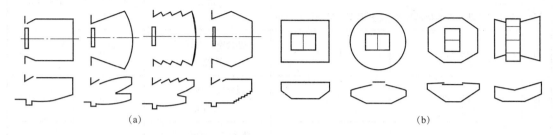

图 3-5　剧院观众厅和体育馆比赛大厅的平面形状及剖面示意图
（a）剧院观众厅；（b）体育馆比赛大厅

5. 门窗在房间平面中的布置

（1）门的宽度、数量和开启方式。

①门的最小宽度取决于通行人流股数、需要通过门的家具及设备的大小等因素（图3-6）。如住宅中，卧室、起居室等生活房间，门的最小宽度为 900 mm；厨房、厕所等辅助房间，门的最小宽度为 700 mm（上述门宽尺寸均是洞口尺寸）。

②对于室内面积较大，活动人数较多的房间，必须相应增加门的宽度或门的数量。当室内人数多于 50 人，房间面积大于 60 m² 时，按《建筑设计防火规范》（GB 50016—2014）规定，最少应设两个门，并放在房间的两端。对于人流较大的公共房间，考虑到疏散的要求，门的宽度一般按每 100 人取 600 mm 计算。门扇的数量与门洞尺寸有关，一般 1 000 mm 以下的设单扇门，1 200～1 800 mm 的设双扇门，2 400 mm 以上的宜设四扇门。

③门的开启方式。一般房间的门宜内开；影剧场、体育馆观众厅的疏散门必须外开；会议室、建筑物出入口的门宜做成双向开启的弹簧门。门的安装应不影响使用，门边垛最小尺寸应不小于 240 mm。

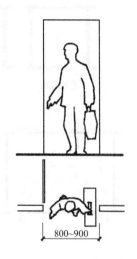

图 3-6　住宅中卧室、起居室的门的宽度（单位：mm）

（2）窗的大小和位置。窗在建筑中的主要作用是采光与通风。其大小可按采光面积比确定。采光面积比是指窗口透光部分的面积和房间地面面积的比值，其数值必须满足表 3-2 的要求。

表 3-2　民用建筑中房间使用性质的采光等级和采光面积

采光等级	采光工作特征		房间名称	天然照度系数	采光面积比
	工作或活动要求的精确程度	要求识别的最小尺寸/mm			
I	极精密	<0.2	绘画室、制图室、画廊、手术室	5～7	1/5～1/3
II	精密	0.2～1	阅览室、医务室、专业试验室	3～5	1/6～1/4

采光等级	采光工作特征		房间名称	天然照度系数	采光面积比
	工作或活动要求的精确程度	要求识别的最小尺寸/mm			
Ⅲ	中等精密	1~10	办公室、会议室、营业厅	2~3	1/8~1/6
Ⅳ	粗 糙	>10	观众厅、休息厅、厕所等	1~2	1/10~1/8
Ⅴ	极粗糙	—	储藏室、门厅走廊、楼梯间	0.25~1	1/10 以下

为满足室内通风要求,应尽量做到有自然通风,一般可将窗与窗或窗与门对正布置,如图 3-7 所示。

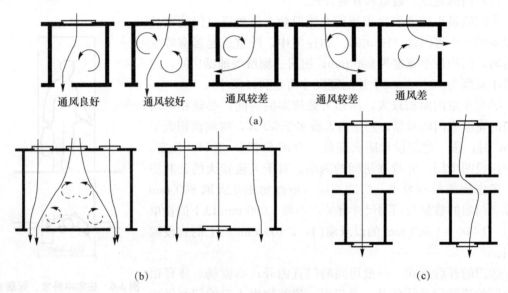

通风良好　　通风较好　　通风较差　　通风较差　　通风差

(a)

(b)　　　　　　　　　　　　　　　　　　　　　　(c)

图 3-7　门窗的相互位置

(a) 一般房间门窗相互位置;(b) 教室门窗相互位置;(c) 风廊式平面房间门窗相互位置

3.2.2　辅助空间的平面设计

建筑物的辅助空间主要包括厕所、盥洗室、厨房、储藏室、更衣室、洗衣房、锅炉房等。在建筑设计中,根据各种建筑物的使用特点和使用人数的多少,先确定所需设备的个数。根据计算所得的设备数量,考虑在整幢建筑物中厕所、盥洗室的分布情况,最后在建筑平面组合中,根据整幢房屋的使用要求,适当调整并确定这些辅助房间的面积、平面形式和尺寸,如图 3-8 所示。一般建筑物中公共服务的厕所应设置前室(图 3-9),这样使厕所既较隐蔽,又有利于改善通向厕所的走廊或过厅处的卫生条件。

厨房的主要功能是炊事,有时兼有进餐或洗涤功能。住宅建筑中的厨房是家务劳动的中心所在,所以厨房设计的好坏是影响住宅使用的重要因素。如图 3-10 所示,通常根据厨房操作的程序布置台板、水池、炉灶,并充分利用空间解决储藏问题。

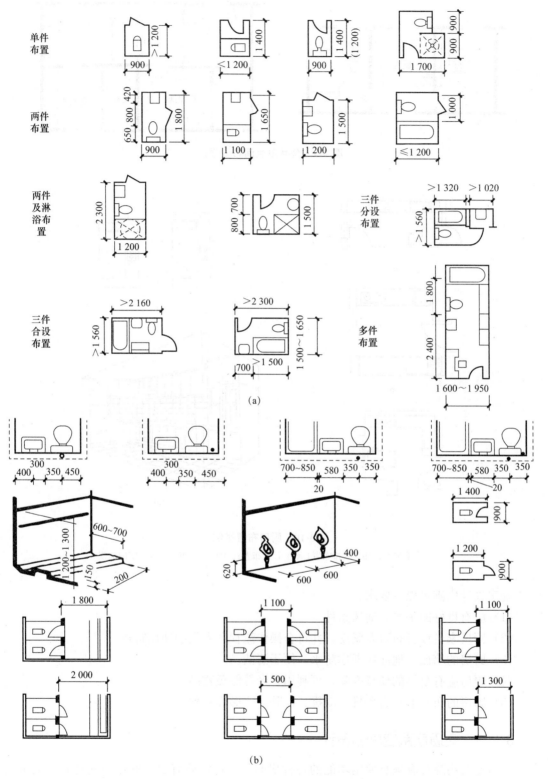

图 3-8　辅助空间的面积、平面形式和尺寸

（a）卫生设备及管道组合尺寸；（b）公共卫生间通道尺寸

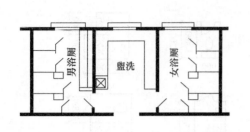

图 3-9　公共卫生间布置举例

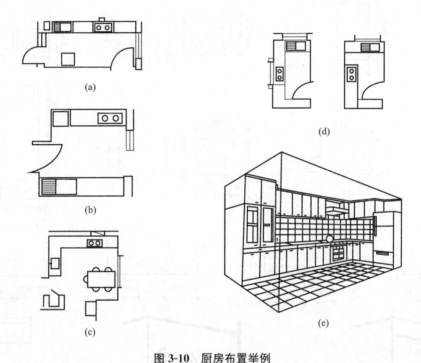

图 3-10　厨房布置举例

（a）单排布置；（b）双排布置；（c）L形布置；（d）U形布置；（e）室内透视

厨房设计应满足以下要求：

（1）应有良好的采光、通风条件。

（2）厨房家具设备布置要紧凑，并符合操作流程和人们的使用特点。

（3）厨房的墙面、地面应考虑防水，便于清洁。

（4）厨房应有足够的储藏空间，可利用案台等储藏物品。

（5）厨房的布置形式有单排、双排、L形、U形等几种。

3.2.3　交通联系空间的设计

一幢建筑物除具有满足使用功能的各种房间外，还需要有交通联系空间把各个房间之间以及室内外空间联系起来。建筑物内部的交通联系空间包括：水平交通空间——走道；垂直交通空间——楼梯、电梯、自动扶梯、坡道；交通枢纽空间——门厅、过厅等。

1. 交通联系空间设计总的要求

（1）交通路线简洁明确，人流通畅，联系通行方便。

（2）紧急疏散时迅速、安全。

（3）满足一定的采光、通风要求。

（4）力求节省交通面积，同时综合考虑空间造型问题。

2. 各种交通联系空间平面设计的具体要求

（1）过道（走廊）。过道必须满足人流通畅和建筑防火的要求。单股人流的通行宽度为550～600 mm。例如，住宅中的过道，考虑到搬运家具的要求，最小宽度应为1 100～1 200 mm。根据不同建筑类型的使用特点，过道除了交通联系外，也可以兼有其他的使用功能。例如，学校教学楼中的过道，兼有学生课间休息活动的功能；医院门诊部分的过道，兼有病人候诊的功能（图3-11）。过道宽度除了按交通要求设计，还要根据建筑物的耐火等级、层数和过道中通行人数的多少决定。

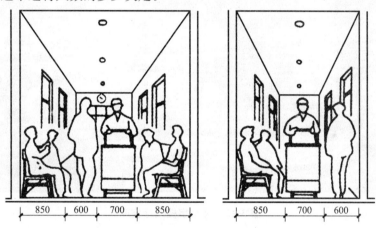

图 3-11　兼有候诊功能的过道宽度

一般民用建筑常用走道宽度如下：当走道两侧布置房间时，学校为2.10～3.00 m，门诊部为2.40～3.00 m，办公楼为2.10～2.40 m，旅馆为1.50～2.10 m；作为局部联系或住宅内部走道宽度不应小于0.90 m；当走道一侧布置房间时，走道的宽度应相应减小。

走道的采光和通风主要依据天然采光和自然通风。外走道由于只有一侧布置房间，可以获得较好的采光、通风效果。内走道由于两侧均布置有房间，如果设计不当，就会造成光线不足、通风较差，一般通过走道尽端开窗，利用楼梯间、门厅或走道两侧房间设高窗来解决。

（2）楼梯。楼梯是多层建筑中常用的垂直交通联系手段，应根据使用要求，选择合适的形式、布置适当的位置，根据使用性质、人流通行情况及防火规范，综合确定楼梯的宽度及数量，并根据使用对象和使用场合选择最舒适的坡度。

一般供单人通行的楼梯宽度应不小于850 mm，双人通行为1 100～1 200 mm。一般民用建筑楼梯的最小净宽应满足两股人流疏散要求，但住宅内部楼梯可减小到850～900 mm。

（3）门厅、过厅。门厅作为交通枢纽，其主要作用是接纳、分配人流，室内外空间过渡及各方面交通（过道、楼梯等）的衔接（图3-12）。同时，根据建筑物使用性质不同，门厅还兼有其他功能，如医院门厅常设挂号、收货、取药的房间，旅馆门厅兼有休息、会客、接待、登记、售货等功能。除此之外，门厅作为建筑物的主要出入口，其不同空间处理可体现出不同的意境和形象，如庄严、雄伟与小巧、亲切等不同的气氛。因此，民用建筑中门厅是建筑设计重点处理的部分。

图 3-12　某写字楼门厅空间

门厅的大小应根据各类建筑的使用性质、规模及质量标准等因素来确定，设计时可参考有关面积定额指标。

门厅的布局可分为对称式与非对称式两种。对称式的布置常采用轴线的方法表示空间的方向感，将楼梯布置在主轴线上或对称布置在主轴线两侧，具有严肃的气氛；非对称式门厅布置没有明显的轴线，布置灵活（图 3-13）。

楼梯可根据人流交通布置在大厅中任意位置，使室内空间富有变化。在建筑设计中，常常由于自然地形、布局特点、功能要求、建筑性质等各种因素的影响采用对称式门厅和非对称式门厅。

门厅的设计要求：首先在平面组合中门厅应处于明显、居中和突出的位置，一般应面向主干道，使人流出入方便；其次，门厅内部设计要有明确的导向性，交通流线组织要简明醒目，减少人流相互干扰；再次，门厅还要有良好的空间气氛；最后门厅作为室内过渡空间，应在入口处设门廊、雨篷。

过厅通常设置在走道与走道之间或走道与楼梯的连接处。它起交通路线的转折和过渡作用。为了改善过道的采光、通风条件。有时也可以在走道的中部设置过厅。

（4）门廊、门斗。在建筑物的出入口处，常设置门廊或门斗，以防止风雨或寒气的侵袭。开敞式的做法叫作门廊，封闭式的做法叫作门斗。

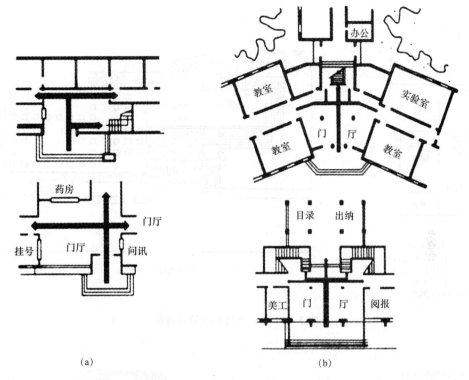

图 3-13　建筑平面中的门厅设置

（a）非对称式；（b）对称式

3.3　功能组织与平面组合设计

3.3.1　功能组织原则

在进行平面的功能组织时，要根据具体设计要求，掌握以下几个原则。

1. 房间的主次关系

在建筑中由于各类房间使用性质的差别，有的房间处于主要地位，有的则处于次要地位，在进行平面组合时，根据它们的功能特点，通常将主要使用房间放在朝向好、比较安静的位置，以取得较好的日照、通风条件。公共活动的主要使用房间的位置应在出入和疏散方便、人流导向比较明确的部位（图 3-14）。例如，学校教学楼中的教室、试验室等，应是主要的使用房间，其余的管理、办公、储藏、厕所等，属于次要房间。

2. 房间的内外关系

在各种使用空间中，有的部分对外性强，直接为公众使用，有的部分对内性强，主要是内部工作人员使用。按照人流活动的特点，将对外性较强的部分尽量布置在交通枢纽附近，将对内性较强的部分布置在较隐蔽的部位，并使之靠近内部交通区域。如商业建筑营业厅是对外的，人流量大，应布置在交通方便、位置明显处，而将库房、办公等管理用房布置在后部次要入口处（图 3-15）。

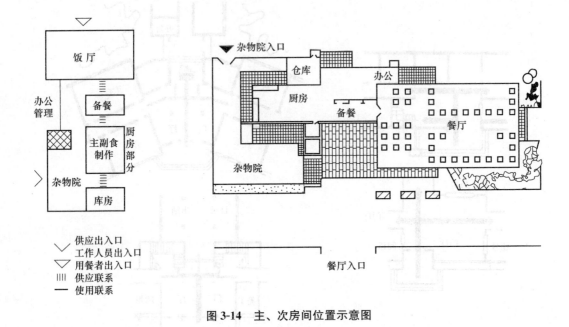

图 3-14　主、次房间位置示意图

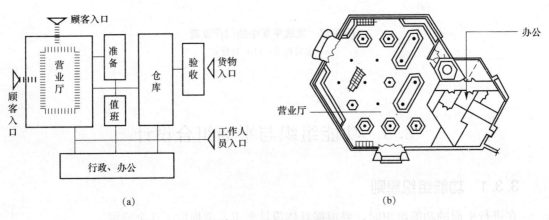

（a）　　　　　　　　　　　　　　　（b）

图 3-15　某商店平面布置

（a）功能分析图；（b）平面图

3. 房间的联系与分隔

在建筑物中，那些供学习、工作、休息用的主要使用部分希望获得比较安静的环境，因此应与其他使用部分适当分隔。在进行建筑平面组合时，首先将组成建筑物的各个使用房间进行功能分区，以确定各部分的联系与分隔，使平面组合更趋合理。例如学校建筑，可以分为教学活动、行政办公以及生活后勤等几部分，教学活动和行政办公部分既要分区明确、避免干扰，又要考虑分属两个部分的教室和教师办公室之间的联系方便，它们的平面位置应适当靠近一些；对于使用性质同样属于教学活动部分的普通教室和音乐教室，由于音乐教室上课时对普通教室有一定的声响干扰，它们虽属同一个功能区中，但是在平面组合中却又要求有一定的分隔（图 3-16）。

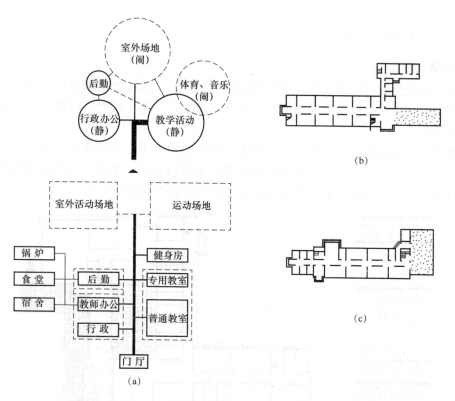

图 3-16　学校建筑的功能分区和平面组合

（a）中学的功能分区；（b）教学楼以厅区分三部分；（c）声响较大的教室在教学楼尽端

4. 房间使用顺序及交通路线的组织

在建筑物中，不同使用性质的房间或各个部分，在使用过程中通常有一定的先后顺序，这将影响到建筑平面的布局方式，平面组合时要很好地考虑这些先后顺序，应以公共人流交通路线为主导线，不同性质的交通路线应明确分开。例如，火车站建筑中有人流和货流之分，人流又有问询、售票、候车、检票进入站台上车的上车流线，以及由站台经过检票出站的下车流线等（图 3-17）；有些建筑物对房间的使用顺序没有严格的要求，但是也要安排好室内的人流通行面积，尽量避免不必要的往返、交叉或相互干扰。

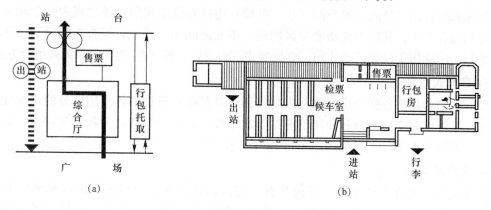

图 3-17　平面组合房间的使用顺序

（a）小型火车站流线关系示意图；（b）400人火车站设计方案平面图

3.3.2 平面组合设计

1. 走廊式组合

走廊式组合是通过走廊联系各使用房间的组合方式，其特点是把使用空间和交通联系空间明确分开，以保持各使用房间的安静和不受干扰，适用于学校、医院、办公楼、集体宿舍等建筑物中。

走廊两侧布置房间的为内廊式。这种组合方式平面紧凑，走廊所占面积较小，建筑深度较大，节省用地，但是有一侧的房间朝向差，走廊较长时，采光、通风条件较差，需要开设高窗或设置过厅以改善采光和通风条件，走廊式组合如图3-18所示。

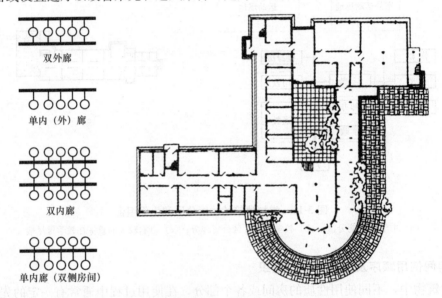

双外廊

单内（外）廊

双内廊

单内廊（双侧房间）

图 3-18　走廊式组合

走廊一侧布置房间的为外廊式。房间的朝向、采光和通风都较内廊式好，但建筑深度较小，辅助交通面积增大，故占地面积增大，相应造价增加。

2. 单元式组合

单元式组合是以竖向交通空间（楼、电梯）连接各使用房间，使之成为一个相对独立的整体的组合方式，其特点是功能分区明确，单元之间相对独立，组合布局灵活，适应不同的地形，广泛用于住宅、幼儿园、学校等建筑组合中。图3-19为住宅单元式组合方式。

3. 套间式组合

套间式组合是将各使用房间相互串联贯通，以保证建筑物中各使用部分的连续性的组合方式。其特点是交通部分和使用部分结合起来设计，平面紧凑，面积利用率高，适用于展览馆、商场、火车站等建筑物，如图3-20所示。

4. 大厅式组合

大厅式组合是在人流集中、厅内具有一定活动特点并需要较大空间时形成的组合方式。这种组合方式常以一个面积较大，活动人数较多，有一定的视、听等使用特点的大厅为主，辅以其他的辅助房间。例如剧院、会场、体育馆等建筑物类型的平面组合，如

图 3-21 所示。在大厅式组合中，交通路线组织问题比较突出，应使人流的通行通畅安全、导向明确。

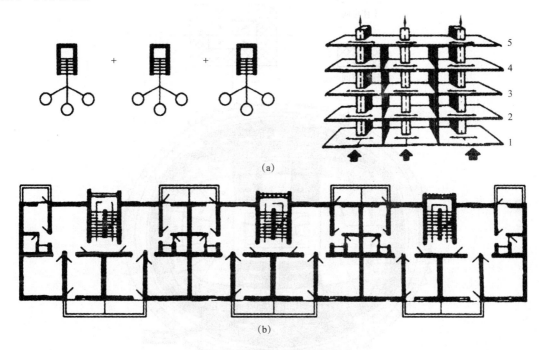

(a)

(b)

图 3-19　住宅单元式组合方式

（a）单元式组合及交通组织示意图；（b）组合单元

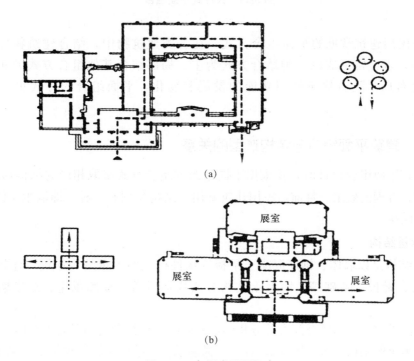

(a)

(b)

图 3-20　套间式平面组合

（a）串联式组合；（b）放射式空间组合

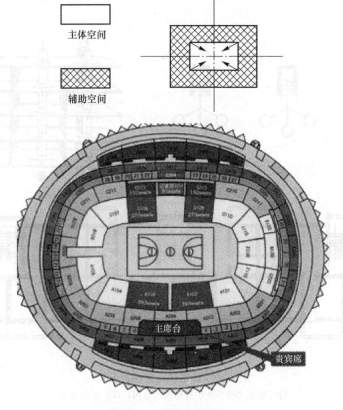

主体空间

辅助空间

图 3-21　大厅式平面组合

以上是民用建筑常见的平面组合方式，在各类建筑物中，结合建筑物各部分功能分区的特点，也经常形成以一种结合方式为主、局部结合其他组合方式的布置，即混合式的组合布局。随着建筑使用功能的发展和变化，平面组合的方式也会有一定的变化。

3.3.3　建筑平面组合与结构选型的关系

进行建筑平面组合设计时，要根据不同建筑的组合方式采取相应的结构形式来满足，以达到经济、合理的效果。目前，民用建筑常用的结构类型有三种，即墙承重结构、框架结构和空间结构。

1. 墙承重结构

墙承重结构是以墙体、钢筋混凝土梁板等构件构成的承重结构系统，建筑的主要承重构件是墙、梁板、基础等。墙承重结构分为横墙承重、纵墙承重、纵横墙混合承重三种。

（1）横墙承重。房间的开间大部分相同，开间的尺寸符合钢筋混凝土板的经济跨度时，常采用横墙承重的结构布置［图 3-22（a）］。横墙承重的结构布置，建筑横向刚度好，立面处理比较灵活，但由于横墙间距受梁板跨度限制，房间的开间不大，因此，适用于有大量相同开间，而房间面积较小的建筑，如宿舍、门诊所和住宅建筑。

（2）纵墙承重。房间的进深基本相同，进深的尺寸符合钢筋混凝土板的经济跨度时，常采用纵墙承重的结构布置［图 3-22（b）］。纵墙承重的主要特点是平面布置时房间大小比较灵活，建筑在使用过程中，可以根据需要改变横向隔断的位置，以调整使用房间面积的大小，但建筑整体刚度和抗震性能差，立面开窗受限制，适用于一些开间和尺寸比较多样的办公楼，以及房间布置比较灵活的住宅建筑。

（3）纵横墙混合承重。在建筑平面组合中，一部分房间的开间尺寸和另一部分房间的进深尺寸符合钢筋混凝土板的经济跨度时，建筑平面可以采用纵横墙承重的结构布置［图 3-22（c）］。这种布置方式，平面中房间安排比较灵活，建筑刚度相对也较好，但是由于楼板铺设的方向不同，平面形状较复杂，因此施工时比上述两种布置方式麻烦。一些开间、进深都较大的教学楼，可采用有梁板等水平构件的纵横墙承重的结构布置［图 3-22（d）］。

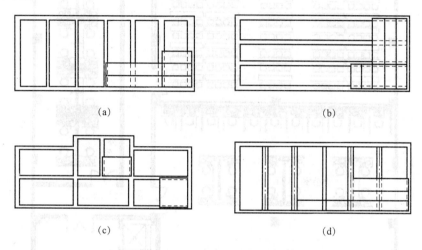

(a)

(b)

(c)

(d)

图 3-22　墙体承重的结构布置

(a) 横墙承重；(b) 纵墙承重；(c) 纵横墙承重；(d) 纵横墙承重（梁板布置）

2. 框架结构

框架结构是以钢筋混凝土梁柱或钢梁柱连接的结构布置（图 3-23）。框架结构布置的特点是梁柱承重，墙体只起分隔、围护的作用，房间布置比较灵活，门窗开置的大小、形状都较自由，但造价比墙承重结构高。在走廊式和套间式的平面组合中，当房间的面积较大、层高较高、荷载较重，或建筑物的层数较多时，通常采用钢筋混凝土框架或钢框架结构，如实验楼、大型商店、多层或高层旅馆等建筑物。

3. 空间结构

在大厅式平面组合中，对面积和体积都很大的厅室，如剧院的观众厅、体育馆的比赛大厅等，它的覆盖和围护问题是大厅式平面组合结构布置的关键。新型空间结构的迅速发展，有效地解决了大跨度建筑空间的覆盖问题，同时也创造了丰富多彩的建筑形象。空间结构系统有各种形状的折板结构、壳体结构、网架壳体结构以及悬索结构等（图 3-24）。

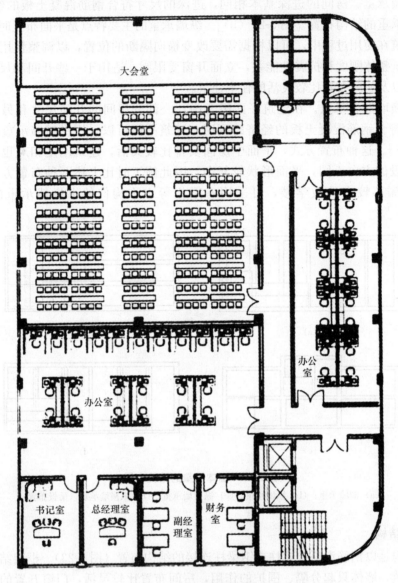

图 3-23　框架结构布置

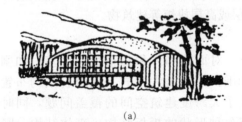

(a)

图 3-24　空间结构的建筑物

(a) 北京网球馆 (薄壳结构)

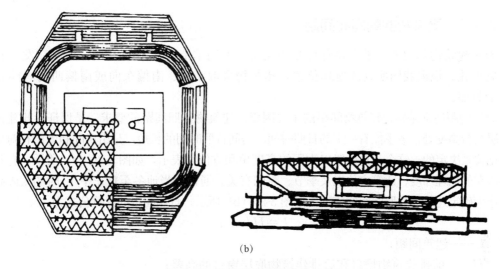

图 3-24　空间结构的建筑物（续）

（b）南京五台山体育馆（网架结构）

3.4　建筑平面组合与场地环境的关系

任何建筑物都不是孤立存在的，它与周围的建筑物、道路、绿化、建筑小区等密切联系，并受到它们及其他自然条件如地形、地貌等的限制。

3.4.1　场地大小、形状和道路走向

场地的大小和形状，对建筑物的层数、平面组合有极大影响（图 3-25）。在同样能满足使用要求的情况下，建筑功能分区可采用较为集中、紧凑的布置方式，或采用分散的布置方式，这方面除了和气候条件、节约用地以及管道设施等因素有关外，还和基地的大小和形状有关。同时，基地内人流、车流的主要走向，又是确定建筑平面出入口和门厅位置的重要因素。

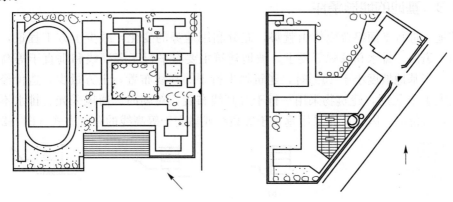

图 3-25　不同基地条件的中学教学楼平面组合

3.4.2 建筑物的朝向和间距

影响建筑物朝向的因素主要有日照和风向。不同季节，太阳的位置、高度都发生着有规律的变化。根据我国所处的地理位置，建筑物采取南向、南偏东向或南偏西向时能获得良好的日照。

日照间距通常是确定建筑物间距的主要因素。建筑物日照间距的要求，是保证后排建筑物在底层窗台高度处，冬季能有一定的日照时间。房间日照时间的长短，是由房间和太阳相对位置的变化关系决定的，这个相对位置以太阳的高度角和方位角表示，如图 3-26（a）所示。它和建筑物所在的地理纬度、建筑方位以及季节、时间有关。通常以当地冬至日正午 12 时的太阳高度角，作为确定建筑物日照间距的依据，如图 3-26（b）所示。日照间距的计算公式为

$$L = H/\tan\alpha$$

式中　L——建筑间距；

　　　H——前排建筑物檐口和后排建筑物底层窗台的高差；

　　　α——冬至日正午的太阳高度角（当建筑物为正南向时）。

在实际建筑总平面设计中，建筑的间距，通常是结合日照间距、卫生要求和地区用地情况，作出对建筑间距 L 和前排建筑的高度 H 比值的规定，如 L/H 等于 0.8、1.2、1.5 等，L/H 称为间距系数，如图 3-26（b）所示为建筑物的日照间距。

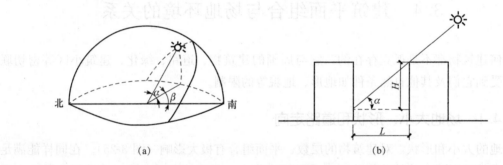

（a）　　　　　　　　　　　　　　　（b）

图 3-26　日照和建筑物的间距

（a）太阳高度角和方位角；（b）建筑物的日照间距

3.4.3 基地的地形条件

在坡地上进行平面组合应依山就势，充分利用地势的变化，减少土方工程量，处理好建筑朝向、道路、排水和景观等要求。坡地建筑主要有平行于等高线和垂直于等高线两种布置方式。当基地坡度小于 25% 时，建筑物平行于等高线布置，土方量少，造价经济。当基地坡度大于 25% 时，建筑物采用平行于等高线布置，对朝向、通风采光、排水不利，且土方量大，造价高。因此，宜采用垂直于等高线或斜交于等高线的布置方式（图 3-27）。

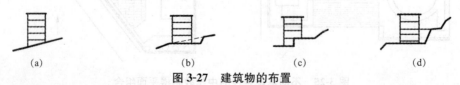

（a）　　　　　　　　　（b）　　　　　　　　　（c）　　　　　　　　　（d）

图 3-27　建筑物的布置

（a）前后勒脚调整到同一标高；（b）筑台；（c）横向错层；（d）入口分层设置

 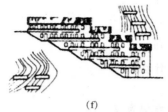 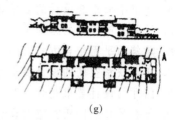

(e)   (f)   (g)

图 3-27　建筑物的布置（续）

（e）平行于等高线布置示意图；（f）垂直于等高线布置示意图；（g）斜交于等高线布置示意图

本章小结

1. 民用建筑的平面设计包括房间设计和平面组合设计两部分。各种类型的民用建筑，其平面组成均可归纳为使用部分和交通联系部分两个基本组成部分。

2. 主要使用空间的设计主要考虑房间面积、形状、尺寸，良好的朝向、采光、通风及疏散等问题，同时还应符合《建筑模数协调标准》（GB/T 50002—2013）的要求，并保证经济、合理的结构布置等。

3. 辅助使用空间也是建筑平面设计的重要内容之一，其设计原理和设计方法与主要使用空间是基本相同的。但是这类空间设备管线较多，设计中要特别注意房间的布置和与其他房间的位置关系。

4. 建筑物内部各房间之间以及室内外之间均要通过交通联系空间组合成有机的整体，交通联系空间在满足疏散和消防要求的前提下，应具有足够的尺寸，流线简洁、明确，有明显的导向性，有足够的高度和舒适感。

5. 建筑平面组合设计时，满足不同类型建筑的功能需求是首要原则，应做到功能分区合理，流线组织明确，平面布置紧凑，结构经济合理，设备管线布置集中。

6. 民用建筑平面组合常用的方式有走廊式、套间式、大厅式与单元式等。但是，随着时代的发展，新的形式将层出不穷，因此在学习中应不断总结和提高。

7. 建筑组合设计必须密切配合环境，做到因地制宜，单体建筑建造在一个特定的建筑地段上，基地环境、大小、形状、地形起伏变化、气象、道路及城市规划的要求是制约建筑组合设计的重要因素。

8. 建筑组合设计时，日照通风条件、防火安全、噪声、污染等对确定建筑物之间的距离有很大的影响。然而，对于一般性建筑而言，日照间距是确定建筑物之间间距的主要依据。

复习思考题

1. 民用建筑的功能由哪几部分组成？

2. 民用建筑设置一个疏散楼梯的条件是什么？

3. 确定楼梯宽度和数量的依据是什么？

4. 建筑平面组合设计的要求是什么?

5. 平面功能组织的原则是什么?

6. 建筑的平面组合方式有哪几种?

7. 交通联系空间的设计要求是什么?

8. 门厅的设计要求是什么?

9. 什么是日照间距? 它对设计有何意义?

10. 室内天然采光标准由什么指标衡量?

第 4 章　建筑剖面设计

本章要点

本章主要介绍影响建筑剖面形状的因素，建筑高度和建筑层数的确定方法，以及建筑各房间剖面组合和空间处理的设计。

建筑剖面设计是建筑设计的基本组成内容之一，它是根据建筑物的用途、规模、环境条件及使用要求，解决建筑物各部分在高度方向的布置问题。其具体内容包括：确定建筑物的层数，决定建筑物各部分在高度方向上的尺寸，进行建筑空间组合，处理室内空间并加以利用，分析建筑剖面中的结构、构造关系等。另外，由于设计中有些问题需要平、立、剖面结合在一起才能解决，在剖面设计中应同时考虑平面和立面设计，这样才能使设计更加完善、合理。

4.1　房间的剖面形状

房间的剖面形状主要是根据使用要求、经济技术条件及特定的艺术构思确定的，既要适合使用，又要达到一定的艺术效果。房间的剖面形状有矩形和非矩形两大类。大多数建筑均采用矩形，这是因为矩形剖面简单、规整、便于竖向的空间组合，容易获得简洁而完整的体型，同时结构简单、施工方便。非矩形剖面常用于有特殊使用要求的建筑或采用特殊结构形式的建筑。影响房间剖面形状的因素有使用要求，结构、材料、施工要求和采光、通风要求等。

4.1.1　使用要求对剖面形状的影响

在民用建筑中，大多数建筑对音质和视线的要求较低，矩形剖面能满足正常使用，因此住宅、办公、旅馆等建筑大多采用矩形剖面。有特殊音质和视线要求的房间，主要是影剧院的观众厅、体育馆的比赛大厅、教学楼的阶梯教室等，为了满足一定的视线要求，其剖面会采用特殊形式，室内地面按一定的坡度变化升起，设计视点越低，地面升起坡度越大，如图 4-1 所示。

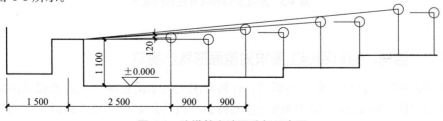

图 4-1　阶梯教室地面升起示意图

观看行为不同，设计视点的选择高度也不相同。电影院的视点高度选在银幕底边中心点，这样就可以保证人的视线能够看到银幕的全画面；体育馆常需要进行多种比赛，视点选择多以较不利观看的篮球比赛为依据，视点高度选在篮球场边线上空 $300\sim500$ mm 处；阶梯教室的视点高度常选在讲台桌面，大约距地面 1 100 mm 处；剧院的视点高度一般定于大幕的舞台面上水平投影的中心点。设计视点确定后就要进行地面起坡计算，首先要确定每排视线升高值。每排视线升高值应等于后排观众与前排观众眼睛之间的视高差，一般定为 120 mm，当座位错位排列时，每排视线升高值为 60 mm（图 4-2）。

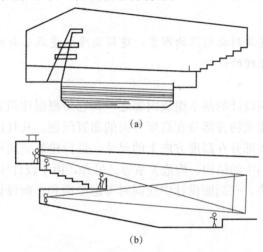

(a)

(b)

图 4-2　特殊使用功能要求的剖面形式

为达到良好的室内音质效果，保证室内声场分布均匀，避免产生有害声现象（回声、声聚焦等），在剖面设计中还要注意对顶棚的材料和形状进行设计，使其一次反射声均匀分布，如图 4-3 所示。

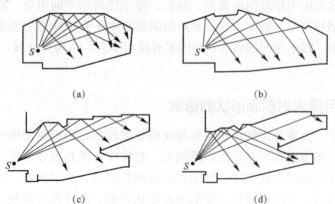

(a)　　　　　　　　　　(b)

(c)　　　　　　　　　　(d)

图 4-3　剧院顶棚形状与回声的关系

4.1.2　结构、材料和施工要求对剖面形状的影响

房间的剖面形状还应考虑结构类型、材料及施工技术的影响。大跨度建筑的房间剖面由于结构形式的不同而形成不同的内部空间特征。当房间采用梁板结构时，剖面形状一般

为矩形，当房间采用拱结构、壳体结构、悬索结构等结构类型时，其剖面形状也各有不同，如图 4-4 和图 4-5 所示。

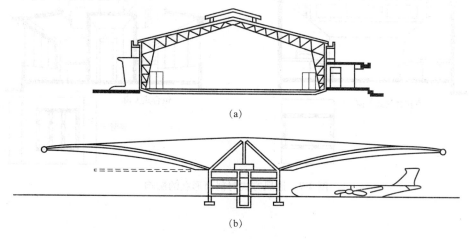

(a)

(b)

图 4-4　结构形式影响剖面形状

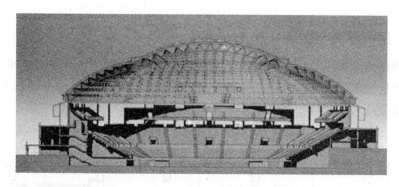

图 4-5　巴塞罗那奥运会体育馆比赛大厅

4.1.3　采光、通风要求对剖面形状的影响

　　室内光线的强弱和照度是否均匀，除了和平面中窗户的宽度及位置有关外，还和窗户在剖面中的高低有关。房间里光线的照射深度主要靠侧窗的高度来解决，进深越大，要求侧窗上沿的位置越高，即相应房间的净高也要高一些。

　　单层房间中进深较大的房间，从改善室内采光通风条件考虑，常在屋顶设置各种形式的天窗，使房间的剖面形状具有明显的特点，如大型展览馆、室内游泳池等建筑，主要大厅常以天窗的顶光和侧光相结合的布置方式来提高室内采光质量，如图 4-6 和图 4-7 所示。

图 4-6　采光方式对剖面形状的影响

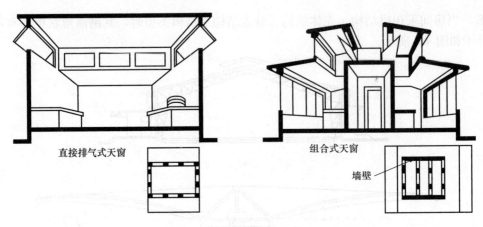

直接排气式天窗   组合式天窗   墙壁

图 4-7 　通风方式对剖面形状的影响

4.2 　建筑高度的确定

4.2.1 　房间净高与层高

　　净高是房间内地坪或楼板面到顶棚或其他凸出于顶棚之下的构件底面之间的距离。

　　层高是该层的地坪或楼板面到上层楼板面的距离，即该层房间的净高加上楼板层的结构厚度（包括梁高），如图 4-8 所示。

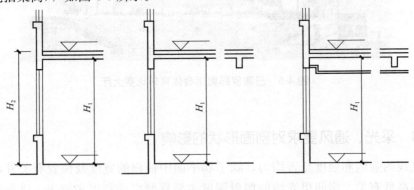

图 4-8 　净高与层高

H_1—净高；H_2—层高

4.2.2 　影响房间净高与层高的因素

　　影响房间净高和层高的因素有人体活动及家具设备的要求、采光与通风等卫生要求、结构层的高度及构造方式的要求、建筑经济方面的要求和室内空间比例的要求。

1. 人体活动及家具设备的要求

　　房间的高度与人体活动尺度、室内使用性质、家具设备设置等密切相关。在民用建筑中，对房间高度有一定影响的设备布置主要有：顶棚部分嵌入或悬吊的灯具、顶棚内外的一些空调管道以及其他设备所占的空间。

一般来说，室内净高最小为 2.2 m，住宅净高应不小于 2.4 m；使用人数较多、面积较大的公共房间如教室、办公室等，室内净高常为 3.0～3.3 m；集体宿舍考虑布置双层床，净高一般不小于 3.2 m；医院手术室考虑手术台、无影灯等尺寸及操作空间，净高一般不小于 3.0 m，如图 4-9 所示。

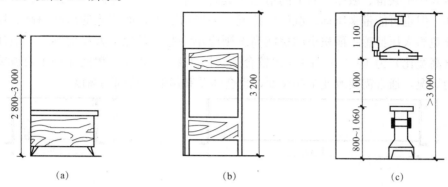

图 4-9　家具设备对房间净高的影响（单位：mm）
（a）单层床；（b）双层床；（c）手术无影灯

2. 采光、通风等卫生要求

房间里光线的照射深度，主要靠侧窗的高度来解决。侧窗上沿越高，光线照射深度越深；上沿越低，光线照射深度越浅。为此，进深大的房间，为满足房间照度要求，常提高窗的高度，相应房间的高度也应增加。

对容纳人数较多的公共建筑，为保证房间必要的卫生条件，在剖面设计中，除组织好通风换气外，还应考虑房间正常的气容量。其取值与房间用途有关，如中小学教室为 3～5 m³/人，电影院观众厅为 4～5 m³/座。根据房间容纳人数、面积大小及气容量标准，便可确定符合卫生要求的房间净高。

3. 结构层的高度及构造方式的要求

在房间的剖面设计中，梁、板等结构构件的厚度，墙柱等构件的稳定性，以及空间结构的形状、高度对剖面设计都有一定影响。例如，砖混结构中，钢筋混凝土梁的高度通常为跨度的 1/12 左右。由于梁底下凸较多，楼板层结构厚度较大，相应房间的净高降低，如将梁的宽度增加，高度降低，形成扁梁，楼板层结构的厚度减小，在层高不变的前提下，提高了房间的使用空间；承重墙由于墙体稳定的高厚比要求，当墙厚不变时，房间的高度也受到一定的限制；框架结构系统，由于改善了构件的受力性能，能适应空间较高要求的房间，但此时也要考虑柱子断面尺寸和高度之间的长细比要求。

空间结构是另一种不同的结构系统，它的高度和剖面形状是多种多样的。选用空间结构时，要尽可能和使用活动特点所要求的剖面形状结合起来。例如，薄壳结构的体育馆比赛大厅，结合考虑了球类活动和观众看台所需要的不同高度；悬索结构的电影观众厅，要使电影放映、银幕、座位部分的不同高度要求和悬索结构形成的剖面形状结合起来。

4. 建筑经济方面的要求

层高是影响建筑造价的一个重要因素，在满足使用要求、采光、通风、室内观感等前提条件下，应尽可能降低层高。一般砖混结构的建筑，层高每减小 100 mm，可节省投资 1%。层高降低，又使建筑物总高度降低，从而缩小建筑间距，节约用地，同时还能减轻建筑物的自重，减少围护结构面积，节约材料，降低能耗。

5. 室内空间比例的要求

室内空间的封闭和开敞、高大和矮小、比例协调与否都会给人不同的感觉。高而窄的空间易使人产生兴奋、激昂、向上的情感且具有严肃性；矮而宽的空间使人感觉宁静、开阔、亲切，但也可能带来压抑、沉闷的感觉。一般情况下，面积大的房间净高、层高应大一些，避免给人压抑感；面积小的房间高度则应小一些，避免给人局促感。一般建筑的空间比例（高宽比）为1∶1.5～1∶3比较合适（图4-10）。要改变房间比例不协调或空间观感不好的情况，通常需要改变某些尺度，也会涉及和影响到房间的高度。

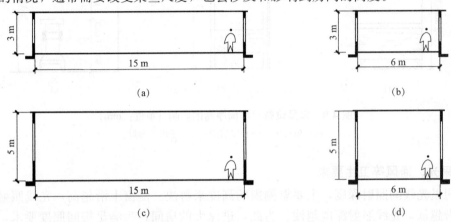

图 4-10　空间比例对净高的影响

(a) 较压抑（1∶5）；(b) 较合适（1∶2）；(c) 较合适（1∶3）；(d) 较空旷（1∶1.2）

4.2.3　窗台的高度

窗台的高度主要根据室内的使用要求、人体尺度和家具设备的高度来确定，如图4-11所示。

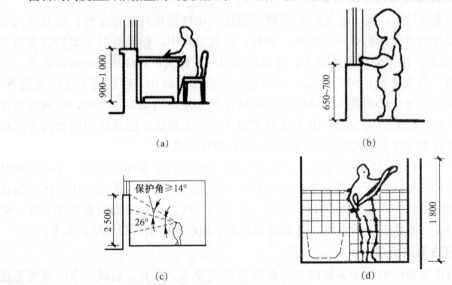

图 4-11　窗台高度

(a) 一般民用建筑；(b) 儿童用房；(c) 展览建筑；(d) 浴室

一般民用建筑中生活、学习或工作用房，窗台的高度应与房间的工作面一致，通常采用900 mm左右，这样的尺寸和桌子的高度（约800 mm）、人正坐时的视线高度（约1 200 mm）配合比较恰当；幼儿园建筑结合儿童尺度，活动室的窗台高度常采用700 mm左右；对疗养建筑和风景区的建筑，由于要求室内阳光充足或便于观赏室外景色，常降低窗台高度或做成落地窗；对展览建筑，由于室内需利用墙面布置展品，并保证窗台到陈列品的距离形成不小于14°的保护角，常将窗台的高度提高到2 500 mm左右；一些有私密性要求的房间如浴室等，其窗台高度一般为1 800 mm，以利于遮挡视线。

4.2.4 室内外高差

为了防止室外雨水倒灌和墙体受潮，同时避免因建筑物沉降导致室内地面降低，室内外地面应有一定高差。考虑到正常的使用、建筑物的沉降量和施工经济因素，室内外高差一般为150～600 mm。纪念性建筑和某些大型公共建筑常借助于增大室内外高差来增强严肃、庄重、雄伟的气氛。仓库、厂房等建筑物要求室内外联系方便，保证车辆的出入，高差应做得小一点，并且只做坡道不做台阶。

当建筑物所在基地的地形起伏变化较大时，需要根据地段道路标高、施工时的土方量以及基地的排水条件等因素综合分析，确定合理的室内外高差。

建筑设计常取底层室内地坪相对标高为±0.000，低于底层地坪为负值，高于底层地坪为正值。同一层各个房间的地面标高要一致，以方便行走。对于一些易积水或经常需要冲洗的房间，如开敞的外廊、阳台、浴室、厕所、厨房等，其地面标高应比其他房间稍低一些（20～50 mm），以免积水外溢，影响其他房间的使用，如图4-12所示。

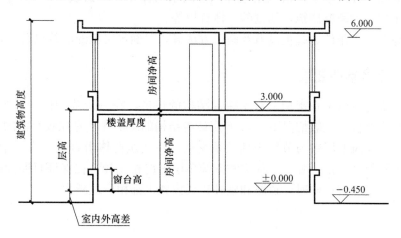

图4-12 建筑各部分高度示意

4.3 建筑层数的确定

影响建筑层数的因素很多，主要有建筑使用要求，基地环境和城市规划的要求，结构类型、材料和施工的要求，以及经济条件要求等。

4.3.1　建筑使用要求

由于建筑用途不同，使用对象不同，对建筑的层数也有不同的要求。如幼儿园，为了使用安全和便于儿童与室外活动场地的联系，应建低层，其层数不应超过 3 层。医院、中小学建筑的层数也宜在 3、4 层之内；影剧院、体育馆、车站等建筑，由于使用中有大量人流，为便于迅速、安全疏散，也应以单层或低层为主。对于大量建设的住宅、办公楼、旅馆等建筑一般建成多层或高层。

4.3.2　基地环境和城市规划的要求

确定建筑的层数，不能脱离一定的环境条件限制。特别是位于城市街道两侧、广场周围、风景园林区、历史建筑保护区的建筑，必须重视与环境的关系，做到与周围建筑物、道路、绿化相协调，同时要符合城市总体规划的统一要求。

4.3.3　结构类型、材料和施工的要求

建筑物建造时所用的结构体系和材料不同，允许建造的建筑物层数也不同。如一般砖混结构，墙体多采用砖砌筑，自重大，整体性差，且随层数的增加，下部墙体越来越厚，既费材料又减少使用面积，故常用于建造 6、7 层以下的大量性民用建筑，如多层住宅、中小学教学楼、中小型办公楼等。

钢筋混凝土框架结构、剪力墙结构、框架-剪力墙结构及筒体结构则可用于建造多层或高层建筑，如高层办公楼、宾馆、住宅等。空间结构体系，如折板、薄壳、网架等，则适用于低层、单层、大跨度建筑，如剧院、体育馆等。

另外，建筑施工条件、起重设备及施工方法等，对确定房屋的层数也有一定影响。

4.3.4　经济条件要求

建筑的造价与层数关系密切。对于砖混结构的住宅，在一定范围内，适当增加房间层数，可降低住宅造价。一般情况下，5、6 层砖混结构的多层住宅是比较经济的。

除此之外，建筑的层数与节约土地关系密切。在建筑群体组合设计中，个体建筑的层数越多，用地越经济。把一幢 5 层住宅和 5 幢单层平房相比较，在保证日照间距的条件下，用地面积相差 2 倍左右；同时，道路和室外管线设置也都相应地减少。

4.4　建筑剖面组合和空间处理

4.4.1　建筑剖面的组合原则

一幢建筑物包括许多空间，它们的用途、面积和高度各有不同，在垂直方向上应当考虑各种不同高度房间合理的空间组合，以取得协调统一的效果。

建筑剖面的组合方式，主要是由建筑物中各类房间的高度和剖面形状、房屋的使用要求、结构布置特点等因素决定的。建筑剖面组合应遵循以下原则：首先根据功能和使用要

求进行剖面组合，一般把对外联系较密切、人员出入多或室内有大型设备的房间放在底层，把对外联系不多、人员出入少、要求安静的房间放在上部；其次根据建筑各部分高度进行剖面组合，高度相同或相近的房间，如果使用关系密切（如普通教室和试验室、卧室和起居室等），调整高度相同后布置在同一层上；如果调整成相同高度困难，可根据各个房间实际的高度进行组合，形成高度变化的剖面形式，如图 4-13 所示。

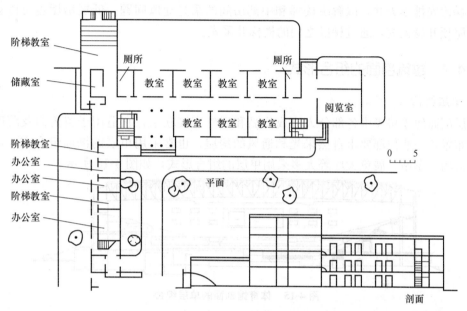

图 4-13　某中学教学楼剖面组合

在多层和高层建筑中，对于层高相差较大的房间，可以把少量面积较大、层高较高的房间布置在底层、顶层，或作为单独部分以裙房的形式依附于主体建筑之外，如图 4-14 所示。

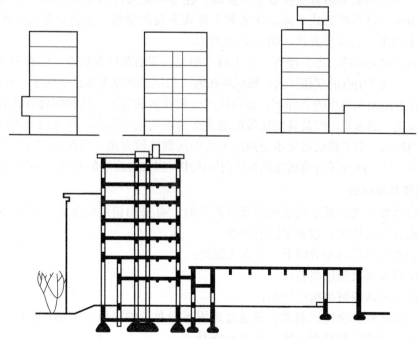

图 4-14　多层建筑中层高相差较大的房间组合

对于高度相差特别大的建筑，如体育馆和影剧院的比赛厅、观众厅与办公室、厕所等空间，实际设计中常利用大厅的起坡、看台等特点，把辅助用房布置在看台以下或大厅四周。

楼梯在剖面中的位置，是和楼梯在平面中的位置以及平面组合关系紧密联系的。由于采光通风的要求，通常楼梯沿外墙设置，进深较大的外廊式房屋，由于采光通风容易解决，楼梯可设在中部。多层住宅为了节约用地，加大房屋的进深，当楼梯设置在房屋中部时，常在楼梯边安排小天井，以解决楼梯和中部房间的采光通风问题。低层房屋也可以在楼梯上部的屋顶开设天窗，通过梯段之间的楼梯井采光。

4.4.2　建筑剖面的组合形式

1. 单层组合

单层剖面便于房屋中各部分人流或物品和室外直接联系，它适用于覆盖面及跨度较大的结构布置，一些顶部要求自然采光和通风的房屋，也常采用单层的剖面组合方式，如体育馆、会场、车站、展览大厅等大多采用单层的组合形式，如图 4-15 所示。

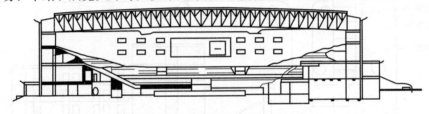

图 4-15　体育馆剖面的单层组合

2. 多层和高层组合

多层剖面的室内交通联系比较紧凑，适用于有较多相同高度房间的组合，垂直交通通过楼梯联系。多层剖面的组合应注意上下层墙、柱等承重构件的对应关系，以及各层之间相应的面积分配。许多单元式平面的住宅和走廊式平面的学校、宿舍、办公、医院等房屋的剖面较多采用多层的组合方式，如图 4-16 所示。

一些建筑类型如旅馆、办公楼等，由于城市用地、规划布局等因素，也有采用高层剖面的组合方式，大城市中有的居住区内，根据所在地段和用地情况考虑已建成了一些高层住宅。高层剖面能在占地面积较小的条件下，建造使用面积较多的房屋。这种组合方式有利于室外辅助设施和绿化等的布置。但是高层建筑的垂直交通需用电梯联系，管道设备等设施也较复杂，使其费用较高。由于高层房屋承受侧向风力的问题比较突出，因此通常以框架结合剪力墙或把电梯间、楼梯间和设备管线组织在竖向筒体中，以加强房屋的刚度，如图 4-17 所示。

3. 错层和跃层组合

当建筑物内部出现高低差或受地形条件限制时，可采用错层的形式。错层还可适用于结合坡地地形建造的住宅、宿舍等建筑类型。

房屋剖面中的错层高差有以下三种方式解决：

（1）利用踏步解决错层高差；

（2）利用室外高差解决错层高差；

（3）利用楼梯间解决错层高差，即通过选用不同数量的梯段，调整楼梯的踏步数，使休息平台的标高和错层楼地面一致，如图 4-18 所示。

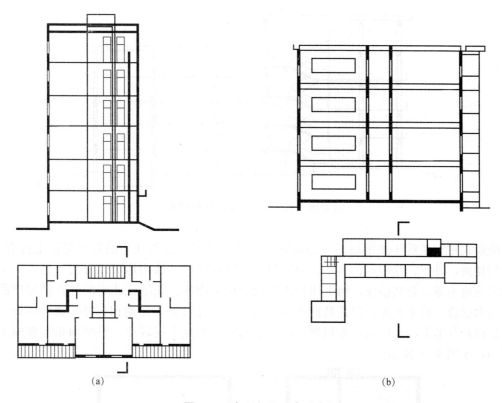

图 4-16 多层剖面组合形式

（a）单元式住宅；（b）内廊式教学楼

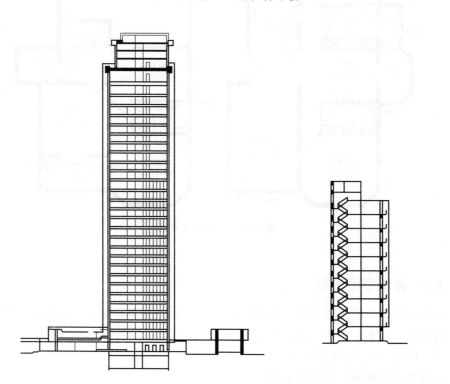

图 4-17 高层剖面组合形式

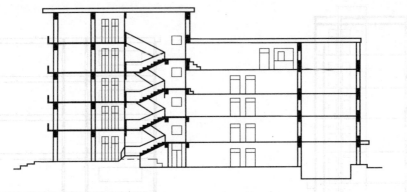

图 4-18　利用楼梯间解决错层高差

跃层式住宅是近年来出现的一种新颖住宅建筑形式。这类住宅的特点是住宅占有上、下两层楼面，卧室、起居室、客厅、卫生间、厨房及其他辅助用房可以分层布置，上下层之间的交通不通过公共楼梯，而采用户内独用小楼梯连接。跃层式住宅的特点是每户都有两层或两层合一的采光面，即使朝向不好，也可以通过增大采光面积弥补，通风较好，户内居住面积和辅助面积较大，布局紧凑，功能明确，相互干扰较小，但结构布置和施工比较复杂，如图 4-19 所示。

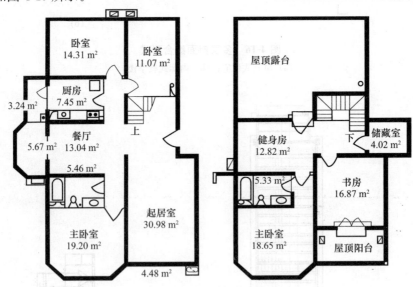

图 4-19　跃层住宅平面

4.4.3　建筑空间处理

建筑空间处理，是在满足建筑功能要求的前提下，对空间进行一定的艺术处理，来满足人们精神上的需求。室内空间处理的手法多种多样，如室内空间的形状、尺度与比例，室内空间的划分，建筑空间的利用等。

1. 室内空间的形状、尺度与比例

不同形状的室内空间，给人的感觉不同。在确定空间形状时，必须把建筑的使用功能和艺术要求结合起来考虑，要获得良好的艺术空间效果，必须认真处理空间的形状、尺度和比例。例如，一个纵向狭长的空间会自然产生强烈的导向感，能引导人流沿纵深方向前进；一个面积小而高度大的空间易产生严肃、庄重的感觉（图4-20）；而一个面积大高度小的空间则使人产生压抑、局促的感觉（图4-21）。

图4-20　面积小高度大的空间示意图

图4-21　面积大高度小的空间示意图

在公共建筑的空间尺度处理中存在功能尺度和视觉尺度问题。功能尺度是根据建筑使用功能要求确定的尺度，视觉尺度是为满足人的视觉和心理要求而确定的尺度，在进行空间处理时，我们一般以功能尺度为准，对于有特殊要求的空间再作视觉尺度的处理。

2. 室内空间的划分

室内空间的划分是根据室内使用要求来创造所谓空间里的空间，因此，可以按照功能需求作种种处理。随着应用物质的多样化，加上采光、照明的光影、明暗、虚实，陈设的简繁及空间曲折、大小、高低和艺术造型等种种手法，都能产生形态繁多的空间划分。现代建筑因为具备了新结构、新设备、新材料的物质条件，并且更加强调人的行为活动，所以新的空间分隔手法层出不穷，如采用博古架、落地罩、帷幕进行空间分隔；用家具设备进行空间分隔；用地面、顶棚的升降进行空间分隔；用不同材料进行空间分隔等，如图4-22所示。

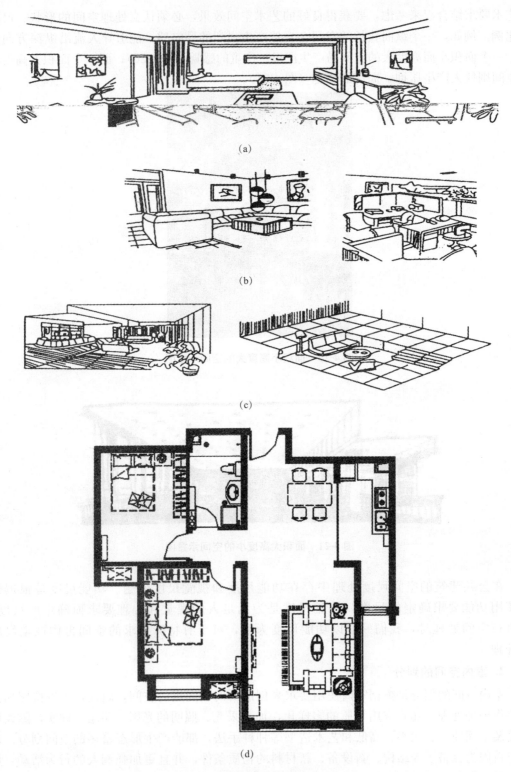

图 4-22　室内空间划分

（a）用博古架、帷幕分隔空间；（b）用家具设备分隔空间；

（c）降低或提高顶棚、地面高度分隔空间；（d）用不同材料分隔空间在进行空间划分时，还应注意空间的过渡处理，过渡空间是为了衬托主体空间，或对两个空间的联系起到承上启下的作用，加强空间层次感。如人们从外界进入建筑物内部时，常经过门廊（雨篷）、前厅，它们位于室内外空间之间，起到空间过渡的作用。室内两个大空间之间，如果简单地相连接，会使人产生突然或单薄的感觉，但在两个大空间之间设置一个过渡空间，就可以加强空间的层次感和节奏感（图 4-23）。

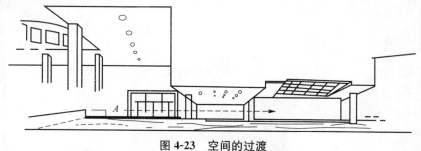

图 4-23　空间的过渡

3. 建筑空间的利用

充分利用建筑物内部的空间，实际上是在建筑占地面积和平面布置基本不变的情况下，起到了扩大使用面积、丰富室内空间艺术效果的作用。

在人们室内活动和家具设备布置等必需的空间范围之外，可以充分利用房间内剩余部分的空间。例如，在住宅卧室中利用床铺上部的空间设置吊柜；在厨房中设置搁板、壁龛和储物柜；在室内设置到顶的组合柜；楼梯间的底部和顶部可以利用起来作为储藏空间（图 4-24）；坡屋顶住宅的屋顶空间可以改造成阁楼加以利用（图 4-25）。

在公共建筑中的营业厅、体育馆、影剧院、候机楼中，常采取在大空间周围布置夹层的方式，达到利用空间及丰富室内空间的效果；图书馆中净高较高的阅览室内可以设置夹层，以增加书架、书库的使用面积（图 4-26）；走道、门厅、楼梯的空间也可以有效地加以利用，由于走道一般较窄并主要用于交通，其净高可以比其他房间低，走廊上部空间可以作为设置通风、照明设备和铺设管线的空间。

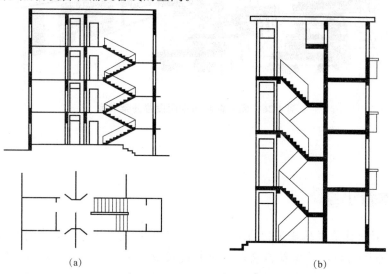

(a)　　　　　　　　　　　　　(b)

图 4-24　楼梯间的利用

（a）做单元出入口；（b）顶层做储藏室

图 4-25　阁楼的空间利用

图 4-26　阅览室利用空间设置开架书库

本章小结

1. 建筑剖面设计是根据建筑物的用途、规模、环境条件及使用要求解决建筑物各部分在高度方向的布置问题，具体包括确定建筑物的层数，决定建筑物各部分在高度方向上的尺寸，进行建筑空间组合，处理室内空间并加以利用，分析建筑剖面中的结构、构造关系等内容。

2. 房间的剖面形状有矩形和非矩形两大类。矩形剖面简单、规整，便于竖向的空间组合，容易获得简洁而完整的体型，同时结构简单、施工方便。非矩形剖面常用于有特殊使用要求的建筑或是采用特殊结构形式的建筑。影响房间剖面形状的因素有使用要求，结构、材料、施工要求和采光、通风要求等。

3. 房间的净高是房间内地坪或楼板面到顶棚或其他凸出于顶棚之下的构件底面之间的距离；层高是该层的地坪或楼板面到上层楼板面的距离。影响房间层高和净高的因素有人体活动及家具设备的要求、采光与通风等卫生要求、结构层的高度及构造方式的要求、建筑经济方面的要求和室内空间比例的要求。

4. 影响建筑层数确定的因素主要有建筑的使用要求，基地环境和城市规划的要求，结构类型、材料和施工的要求，以及经济条件要求等。

5. 建筑剖面的组合方式有单层组合、多层和高层组合、错层和跃层组合等，主要是由建筑物中各类房间的高度和剖面形状、房屋的使用要求、结构布置特点等因素决定的。

6. 建筑空间处理，是在满足建筑功能要求的前提下，对空间进行一定的艺术处理，来满足人们精神上的要求。室内空间处理的手法包括室内空间的形状、尺度与比例，室内空间的划分，建筑空间的利用等。

复习思考题

1. 什么是房间的层高、净高？举例说明确定房间高度应考虑的因素。
2. 如何进行剖面的空间组合？
3. 影响房间剖面形状的因素有哪些？
4. 确定建筑物的层数时，应考虑哪些因素？
5. 窗台的高度是如何确定的？
6. 室内外高差的作用是什么？如何确定室内外高差？
7. 常采用的建筑空间处理手法有哪些？
8. 如何充分利用建筑的室内空间？

第5章　建筑体型与立面设计

本章要点

本章主要介绍建筑体型与立面设计要求以及建筑立面与立面设计的具体方法。

5.1　建筑体型与立面设计概述

　　建筑体型和立面设计是整个建筑设计的重要组成部分。建筑体型是指建筑物的轮廓形状，反映建筑物外形总的体量、形状、比例、尺度等空间效果。建筑立面是由门窗、墙面、梁柱（外露）、阳台、雨篷、檐口、勒脚、台阶、花饰等组成。外部体型和立面反映内部空间的特征（图5-1），应与平、剖面设计同时进行，并贯穿于整个设计的始终。从方案设计一开始，就应在功能、物质技术条件等制约下，按照美观的要求考虑建筑体型及立面的雏形，在平、剖面设计的基础上对建筑外部形象从总体到细部反复推敲、协调、深化，使之达到形式与内容完美的统一，这是建筑体型和立面设计的主要方法。

(a)　　　　　　　　　　　　　　　　　(b)

(c)

图5-1　建筑外部体型反映内部空间

(a) 剧院建筑；(b) 商业建筑；(c) 城市住宅建筑

　　建筑体型和立面设计着重研究建筑物的体量大小、体型组合、立面及细部处理等。在满足使用功能和经济合理的前提下，运用不同的材料、结构形式、装饰细部、构图手法等创造出预想的意境，比如轻巧、活泼、通透的园林建筑（图 5-2）；雄伟、庄严、肃穆的纪念性建筑（图 5-3）；朴素、亲切、宁静的住宅建筑（图 5-4）以及简洁、完整、挺拔的高层公共建筑（图 5-5）等。同时，建筑物体型庞大、与人们目光接触频繁，因此建筑物的体型及立面形象应体现出时代艺术特征，给人以美的感受。

图 5-2　园林建筑

图 5-3　中山陵

图 5-4　住宅建筑

图 5-5　公共建筑

建筑体型和立面设计不能离开物质技术发展的水平和特定的功能、环境而任意塑造，它在很大程度上要受到使用功能、材料、结构、施工技术、经济条件及周围环境的制约，因此，每一幢建筑物都具有自己独特的形式和特点。另外，还要受到不同国家自然社会条件、生活习惯和历史传统等综合因素的影响。建筑外形不可避免地要反映出特定历史时期、特定民族和地区的特点，使之具有时代气息、民族风格和地区特色。只有全面考虑上述因素，运用建筑艺术造型构图规律来塑造建筑体型和立面造型，才能创造出真实、淳朴、具有强烈感染力的建筑形象。

建筑的体型和立面是建筑形象的具体体现，是城市景观的重要组成部分。建筑的外观形象应当体现建筑特性、时代感和建筑美，还要与室内空间、结构及材料特性相适应。建筑的艺术问题涉及的综合知识较多，本章仅就建筑体型和立面设计的一般问题作简单的介绍。

5.2 建筑体型与立面设计要求

5.2.1 建筑体型及立面设计的原则

1. 特征要反映建筑的功能特点

建筑的体型和立面应是建筑功能在建筑外观的具体反映，因此不同类型的建筑其外观形象也不相同。住宅建筑开窗面积小、间距小，而且阳台及楼梯间数量多，建筑进深不大 [图 5-6（a）]；而剧院建筑占地面积大、入口尺寸大、标志性强、经常设有吊景楼 [图 5-6（b）]。

(a)　　　　　　　　　　　　　　　　　(b)

图 5-6　使用功能对建筑体型和外观的影响
(a) 住宅；(b) 剧院

由于不同功能要求的建筑类型，具有不同的内部空间组合特点，一幢建筑的外部形象在很大程度上是其内部空间功能的表露，因此，采用那些与其功能要求相适应的外部形式，并在此基础上采用适当建筑艺术处理方法来强调该建筑的性质特征，使其更为鲜明、更为突出，从而能更有效地区别于其他建筑。

2. 应善于利用建筑结构、建筑材料和施工技术的特点

建筑不同于一般的艺术品，它必须运用大量的材料并通过一定的结构施工技术等手段才能建成。因此，建筑体型及立面设计必然在很大程度上受到物质技术条件的制约，并反映出结构、材料和施工的特点。

建筑结构体系是构成建筑物内部空间和外部形体的重要条件之一。由于结构体系的选择不同，建筑将会产生不同的外部形象和不同的建筑风格，如砖混结构建筑，墙是主要承重构件，窗间墙应当上下贯通，并有相当的宽度，因此建筑体型比较规则，立面相对封闭和稳重［图5-7（a）］；框架结构建筑，墙没有承重功能，开窗宽度比较随意，经常采用带形窗，立面相对轻巧、明快［图5-7（b）］。现代新结构、新材料、新技术的发展，给建筑物外观设计提供了更大的灵活性和多样性。特别是各种空间结构的大量运用，屋顶的变化多样，更加丰富了建筑物的外观形象，使建筑造型千姿百态，立面个性鲜明［图5-7（c）］。因此，在建筑设计工作中，要妥善利用结构体系本身所具有的美学表现力这一因素。

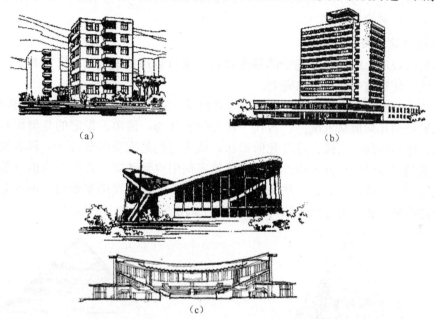

（a）

（b）

（c）

图5-7　结构、材料和施工方法对建筑形象的影响

（a）砖混结构建筑；（b）框架结构建筑；（c）空间结构建筑

　　不同的建筑材料对建筑体型和立面处理有一定的影响。如清水墙、混水墙、贴面墙和玻璃幕墙等形成不同的外形，给人以不同的感受。施工技术的工艺特点，也常形成特有的建筑外形，尤其是现代工业化建筑，建筑物建成后，在建筑物上所留下来的施工痕迹，都将使建筑物显示出工业化生产工艺的外形特点。施工方法的不同也对建筑体型和立面具有较大的影响，如大板建筑和升板升层建筑的体型就比较规则；采用隐框玻璃幕墙，会使建筑的立面更加亮丽。采用大型墙板的装配式建筑，利用构件本身的形体、材料质感和墙面色彩的对比，使建筑体型和立面更趋简洁、新颖，体现了大板建筑生产工艺的外形特点。

3. 满足城市规划及环境要求

　　任何一幢建筑都是城市规划群体中的一个局部，是构成城市空间和环境的重要因素，因此建筑外形不可避免地要受城市规划和基地环境的制约。建筑体型、立面处理、内外空间组合以及建筑风格等都要与建筑物所在地区的气候、地形、道路、原有建筑物及绿化等基地环境相适应。位于自然环境中的建筑要因地制宜，结合地形起伏变化使建筑高低错落、层次分明并与环境融为一体。如风景区的建筑在体型设计上应与周围环境相协调，不应破坏风景区景色；山地建筑常结合地形和朝向错层布置，从而产生多变的体型；又如南方炎热地区的建筑，为减轻阳光的辐射和满足室内的通风要求，便采用遮阳板和通透花格，使建筑立面富有节奏感和通透感。因此，建筑物处于群体环境之中，既要有单体建筑的个性，又要有群体建筑的共性。

4. 应与一定的经济条件相适应

建筑体型与立面的构思和立意从建筑物总体规划、建筑空间组合、材料选择、结构形式、施工组织到维修管理都必须正确处理适用、经济、美观三者的关系。建筑外形的艺术美并不完全是以投资的多少为决定因素，事实上，只要充分发挥设计者的主观能动性，在一定的经济条件下，巧妙地运用物质技术手段和构图法则，努力创新，就可能设计出适用、安全、经济、美观的建筑物。

5. 应符合建筑美学原则

建筑的外观形象应当符合美学的基本规律，通过运用比例、尺度、对比、均衡、色彩等美学手法，使建筑的形象更加完美。

（1）统一与变化。为了取得建筑体型与立面设计的和谐统一，有以下几种基本手法：

①以简单的几何形状求统一。古代一些美学家认为，简单、肯定的几何形状可以引起人的美感，他们特别推崇圆、球等几何形状，认为它们是完整的象征——具有抽象的一致性。这些美学观点可以从古今中外的许多建筑实例中得到证实。古代杰出的建筑如圣彼得大教堂（图 5-8）、我国的天坛、埃及的金字塔（图 5-9）、印度的泰姬陵（图 5-10）等，均因采用上述简单、肯定的几何形状构图而达到了高度完整、统一的境地。

图 5-8　圣彼得大教堂

图 5-9　埃及的金字塔

图 5-10　泰姬陵

②主从分明，以陪衬求统一。在由若干要素组成的整体中，每一要素在整体中所占的比重和所处的地位，都会影响到整体的统一性。倘若所有要素都竞相突出自己，或者都处于同等重要的地位，不分主次，这些都会削弱整体的完整统一性。在一个有机统一的整体中，各组成部分是不能不加以区别统一对待的。它们应当有主与从的差别、有重点与一般的差别、有核心与外围组织的差别，否则，各要素平均分布、同等对待，即使排列得整整齐齐、很有秩序，也难免会流于松散、单调而失去统一性。

从历史和现实的情况来看，主从处理采用左右对称构图形式的建筑较为普遍。对称的构图形式通常呈一主两从的关系，主体部分位于中央，不仅地位突出，而且可以借助两翼部分次要要素的对比、衬托，从而形成主从关系异常分明的有机统一整体。如美国驻印度大使馆（图5-11）。除此之外，还可以用突出重点的方法来体现主从关系。所谓突出重点，就是指在设计中充分利用功能特点，有意识地突出其中的某个部分并以此为重点或中心，而使其他部分明显地处于从属地位，这也同样可以达到主从分明、完整统一的要求。如乌鲁木齐候机楼（图5-12），就是运用瞭望塔高耸敦实的体量与候机大厅低矮平缓的体量，瞭望塔的横线条与候机大厅的竖线条，以及大片玻璃与实墙面等一系列的对比手法，使体量组合极为丰富，主从关系的处理颇为得体。

图 5-11　美国驻印度大使馆

图 5-12　乌鲁木齐候机楼

（2）均衡与稳定。在古代，人们崇拜重力，并从与重力作斗争的过程中逐渐地形成了一整套与重力有联系的审美观念，这就是均衡与稳定。以静态均衡来讲，有两种基本形式：一种是对称的形式，对称均衡具有庄严肃穆的特点，如莫斯科列宁墓（图5-13）和原中国革命历史博物馆（图5-14）；另一种是非对称的形式，如荷兰的希尔佛逊市政厅（图5-15）。对称的形式天然就是均衡的，加之它本身又体现出一种严格的制约关系，因而具有一种完整统一性。尽管对称的形式天然就是均衡的，但是人们并不满足于这一种均衡形式，而且还要用不对称的形式来体现均衡。不对称形式的均衡虽然相互之间的制约关系不像对称形式那样明显、严格，但要保持均衡本身也是一种制约关系。而且与对称形式的均衡相比较，不对称形式的均衡显然要轻巧、活泼得多，如美国的古根海姆美术馆（图5-16）。荷兰的希尔佛逊市政厅和美国的古根海姆美术馆除静态均衡外，有很多现象是依靠运动来求得平衡的，这种形式的均衡称为动态均衡。美国的肯尼迪国际机场 TWA 航站楼如大鸟展翅的形体（图 5-17），表明了建筑形体的稳定感与动态感的高度统一，这也是一种从静中求动的建筑形式美。稳定是建筑物上下之间的轻重关系，一般来说，上面小，下面大，由底部向上逐层缩小的手法易获得稳定感。如果说均衡所涉及的主要是建筑构图中各要素左与右、前与后之间相对轻重关系的处理，那么稳定所涉及的则是建筑物整体上下之间的轻重关系处理。

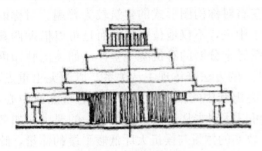

图 5-13　莫斯科列宁墓

图 5-14　原中国革命历史博物馆

图 5-15　希尔佛逊市政厅（荷兰）

图 5-16　古根海姆美术馆（美国）

图 5-17　肯尼迪国际机场 TWA 航站楼（美国）

（3）对比与微差。对比指的是要素之间显著的差异，具体表现在体量的大小、高低、形状、方向、线条曲直、横竖、虚实、色彩、质地、光影等方面；微差指的是不显著的差异。就形式美而言，这两者都是不可缺少的。对比可以借彼此之间的烘托、陪衬来突出各自的特点以求得变化；微差则可以借相互之间的共同性以求得和谐。没有对比会使人感到单调，过分地强调对比以致失去了相互之间的协调一致性，则可能造成混乱，只有把这两者巧妙地结合在一起，才能达到既有变化又有和谐一致，既多样又统一。对比和微差是相对的，何种程度的差异表现为对比？何种程度的差异表现为微差？两者之间没有一条明确的界线，也不能用简单的数学关系来说明。

建筑物中各要素除按一定规律结合在一起外，必然存在各种差异，如体量大小、线条曲直粗细、材料质感和色彩、立面的点线面等，这种差异就是对比。

（4）韵律。建筑物的形体处理，还存在着节奏与韵律的问题。所谓韵律，常指建筑构图中的有组织的变化和有规律的重复，使变化与重复形成有节奏的韵律感，从而可以给人以美的感受。

在建筑设计中，常用的韵律手法有连续的韵律、渐变的韵律、起伏的韵律、交错的韵律等，以下分别予以介绍。

①连续的韵律。这种手法是在建筑构图中，使用一种或几种组成部分的连续运用和有组织排列所产生的韵律感。例如，某城市火车站的形体设计（图5-18），整个形体是由等距离的壁柱和玻璃窗组成的重复韵律，增强了节奏感。

图5-18　国内某城市火车站的形体设计

②渐变的韵律。这种韵律的构图特点是：常将某些组成部分，如体量的高低、大小，色彩的冷暖、浓淡，质感的粗细、轻重等，作有规律的增减，以造成统一和谐的韵律感。例如，我国古代塔身的变化（图5-19），就是运用每层相似的檐部和墙身的重复与变化而形成的渐变韵律，使人感到既和谐统一又富于变化。又如，现代建筑中某大型商场屋顶设计的韵律处理（图5-20），顶部大小薄壳的曲线变化，具有连续的韵律及彼此相似渐变的韵律，给人以新颖感和时代感。

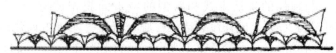

图5-19　中国古代塔身的韵律处理　　　　**图5-20　某大型商场屋顶设计的韵律处理**

③起伏的韵律。这种手法虽然也是将某些组成部分作有规律的增减变化形成韵律感，但是它与渐变的韵律有所不同，而是在形体处理中，更加强调某一因素的变化，使组合或细部处理高低错落，起伏生动。例如，天津的电信大楼（图5-21），整个轮廓逐渐向上起

伏，因此增加了建筑形体及街景面貌的表现力。

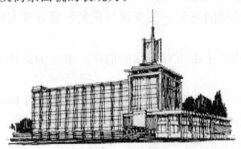

图5-21　天津电信大楼

④交错的韵律。交错的韵律是指在建筑构图中，运用各种造型因素，如体型的大小、空间的虚实、细部的疏密等手法，作有规律的纵横交错、相互穿插的处理，形成一种丰富的韵律感。例如，西班牙巴塞罗那博览会德国馆（图5-22），无论是在空间布局、形体组合，还是在运用交错韵律而取得的丰富空间上都是非常突出的。

图5-22　巴塞罗那博览会德国馆（西班牙）

建筑物的体型、门窗、墙柱等的形状、大小、色彩、质感的重复和有组织的变化都可以形成韵律来加强和丰富建筑形象，从而取得多样统一的效果。

（5）比例与尺度。所谓建筑形体处理中的"比例"，一般包含两个方面的概念：一是建筑整体或它的某个细部本身的长、宽、高之间的大小关系；二是建筑整体与局部或局部与局部之间的大小关系。建筑物的"尺度"，则是建筑整体和某些细部与人或人们所习见的某些建筑细部之间的关系，用以表现建筑物正确的尺寸或者表现所追求的尺寸效果。例如，杭州影剧院的造型设计（图5-23），以大面积的玻璃厅、高大体积的后台及观众厅显示它们之间的比例，并在恰当的体量比例中，巧妙地应用宽大的台阶、平台、栏杆以及适度的门扇处理，表明其尺度感。这种比例尺度的处理手法，给人以通透明朗、简洁大方的感受，这是与现代的生活方式和新型的城市面貌相适应的。又如荷兰德尔佛特技术学院礼堂［图5-24（a）］，同样没有诸如柱廊、盖盘等西方古典建筑形式的比例关系，而是紧密地结合其功能特点，大量暴露了观众厅倾斜的形体轮廓，较自然地显示出大尺度的体量。另外，在横向划分与竖向划分的体量中，细部尺度处理得当，使整个建筑造型异常敦实有力。杭州影剧院的比例是指长、宽、高三个方向之间的大小关系以及建筑物从整体到各体部及细部之间都存在着比例关系。如整个建筑的长、宽、高之比；各房间长、宽、高之比；立面中的门窗与墙面之比；门窗本身的高宽比等。在建筑设计中，要注意把握建筑物及其各部分的相对尺寸关系，如大小、长短、宽窄、高低、粗细、厚薄、深浅、多少等，只有这样才能给人以美感。荷兰德尔佛特技术学院礼堂和日本九州大学会堂［图5-24（b）］，是以较大体量组合的，其体量之间若不加以处理，则会导致整体尺度比原有的尺度感要小。但是，由于该建筑在挑出部分开了一排较小的窗洞，对比之下，粗壮尺度的体量被衬托出来。加之入口处的踏步、栏杆等处理得当，使得建筑物的形体显得异常雄伟有力。

图 5-23　杭州影剧院

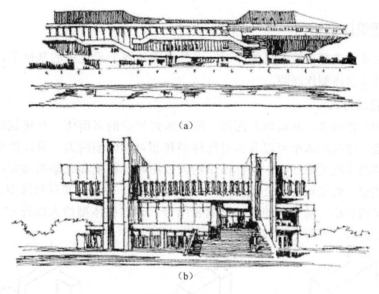

（a）

（b）

图 5-24　礼堂和会堂

（a）荷兰德尔佛特技术学院礼堂；（b）日本九州大学会堂

　　抽象的几何形体显示不出尺度感，但一经尺度处理，人们就可以感觉出它的大小来。在建筑设计过程中，常常以人或人体活动有关的一些不变因素如门、台阶、栏杆等作为比较标准，通过与它们的对比而获得一定的尺度感。如窗台、栏杆高度一般为 900～1 000 mm，门扇高度为 2 000～2 400 mm，踏步高为 150～175 mm 等，通过这些固定的尺度与建筑整体或局部进行比较，就会得出很鲜明的尺度感。如图 5-25 所示为建筑物的尺度感，其中图 5-25（a）表示抽象的几何形体，没有任何尺度感；图 5-25（b）、（c）通过与人的对比就可以感受出建筑物的大小、高低来。

　　在建筑设计中，尺度效果一般有三种类型：

　　①自然尺度。以人体大小来度量建筑物的实际大小，从而给人的印象与建筑物真实大小一致。自然尺度常用于住宅、办公楼、学校等建筑。

　　②夸张尺度。运用夸张的手法给人以超过真实大小的尺度感。夸张尺度常用于纪念性建筑或大型公共建筑，以表现庄严、雄伟的气氛。

③亲切尺度。以较小的尺度感获得小于真实的感觉，从而给人以亲切宜人的尺度感。亲切尺度常用于创造小巧、亲切、舒适的气氛，如庭院建筑。

图 5-25 建筑的尺度感

（a）无参照物，无法反映真实尺度；（b）、（c）有参照物，能反映真实尺度

5.2.2 建筑体型组合

建筑体型是建筑内部功能的具体体现，也是建筑外观形象优劣的基础条件，美的建筑立面必须有好的建筑体型作保障。

1. 体型组合的方式

建筑体型的变化较多，从简单六面体、圆柱体到复杂的多面体，在建筑的体型上都有体现。总的来说，建筑的体型可以分为对称体型和非对称体型两类。对称体型具有明确的中轴线，组合体的主次关系明确。对称体型给人以庄严、稳重和完整的感觉，我国古代建筑、现代的一些纪念性建筑和办公建筑经常采用［图 5-26（a）］。非对称体型没有明显的中轴线，组合体灵活自由，易于与使用功能紧密结合。非对称体型给人以轻巧、活泼、舒展的感觉，旅馆、医院、别墅、园林建筑经常采用［图 5-26（b）］。

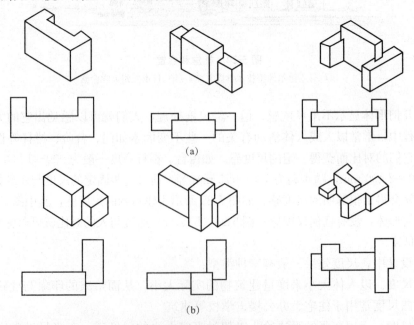

图 5-26 体型组合

（a）对称体型；（b）非对称体型

2. 体型组合的基本要求

（1）比例适当、整体均衡。组合体各部分的比例是否适当是决定建筑体型效果的重要因素。非对称体型在控制好各部分比例的基础上，还要处理好整体均衡的问题。

（2）主次分明、交接明确。当主体由若干个基本体型构成时，解决好体型之间的相互关系对组合体的整体效果影响较大。应当本着主次分明、交接明确的基本原则，使基本体型之间形成明确的主次关系，相互之间紧密连接，构成一个整体。

3. 不同体型特点和处理方法

（1）单一性体型。单一性体型是将复杂的内部空间组合到一个完整的整体中去。外观各面基本等高，平面多呈正方形、矩形、圆形、Y形等。这类建筑的特点是没有明显的主从关系和组合关系，造型统一、简洁，轮廓分明，给人以鲜明而强烈的印象，图 5-27 为某综合大楼。

图 5-27　某综合大楼

（2）单元组合体型。民用建筑一般采用单元组合体型，如住宅、学校、医院等。它是将几个独立体量的单元按一定的方式组合起来的。单元组合体型具有以下几个特点：

①组合灵活。结合基地大小、形状、朝向、道路走向、地形起伏变化，建筑单元可随意增减，高低错落，既可形成简单的一字体型，也可形成锯齿形、台阶式等体型。

②建筑物没有明显的均衡中心及体型的主从关系。这就要求单元本身具有良好的造型。

③由于单元的连续重复，形成了强烈的韵律感。图 5-28 为单元式住宅的外形特征。

图 5-28　单元式住宅

（3）复杂体型。复杂体型是由两个以上的体量组合而成的，体型丰富，更适用于功能关系比较复杂的建筑物。由于复杂体型存在着多个体量，进行体量与体量之间互相协调与统一时应着重注意以下几点：

①根据功能要求将建筑物分为主要部分和次要部分，分别形成主体和附体。进行组合时应突出主体，有重心，有中心，主从分明，巧妙结合以形成有组织、有秩序又不杂乱的完整统一体（图 5-29）。

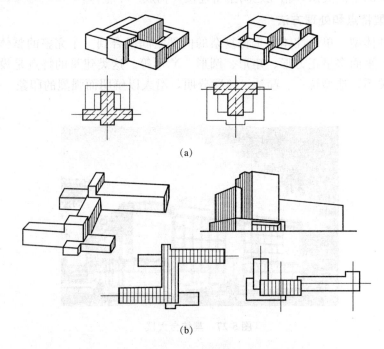

(a)

(b)

图 5-29　复杂体型组合

(a) 对称组合；(b) 非对称组合

②运用体量的大小、形状、方向、高低、曲直等方面的对比，可以突出主体，破除单调感，从而求得丰富、变化的造型效果。

③体型组合要注意均衡与稳定的问题。因为所有建筑物都是由具有一定重量感的材料建成的，一旦失去均衡就会使建筑物轻重不均，失去稳定感。体型组合的均衡包括对称与非对称两种方式，如图 5-29 所示。对称的构图是均衡的，容易取得完整的效果。对于非对称方式要特别注意各个部分体量大小变化，以求得视觉上的均衡。

4. 体型的转折与转角处理

在特定的地形或位置条件下，如丁字路口、十字路口或任意角度的转角地带布置建筑物时，如果能够结合地形巧妙地进行转折与转角处理，不仅可以扩大组合的灵活性以适应地形的变化，而且可以使建筑物显得更加完整统一。

转折主要是指建筑物顺道路或地形的变化作曲折变化。因此这种形式的临街部分实际上是长方形平面的简单变形和延伸，具有简单流畅、自然大方、完整统一的外观形象。

根据功能和造型的需要，转角地带的建筑体型常采用主体、附体相结合，以附体陪衬主体，主从分明的方式；也可采取局部体量升高以形成塔楼的形式，以塔楼控制整个建筑物及周围道路，使交叉口、主要入口更加醒目。

5. 体量间的联系和交接

各体量之间的联系和交接的形式是多种多样的。复杂体型中各体量的大小、高低、形状各不相同，如果连接不当，不仅影响到体型的完整，而且将会直接损害到使用功能和结构的合理性。组合设计中常采取以下几种连接方式：

（1）直接连接。在体型组合中，将不同体量的面直接相连称为直接连接。这种方式具有体型分明、简洁、整体性强的优点，常用于功能要求各房间联系紧密的建筑物，如图 5-30（a）所示。

（2）咬接。各体量之间互相穿插，体型较复杂，但结合紧凑，整体性较强，较前者易获得有机整体的效果，是组合设计中较为常用的一种方式，如图 5-30（b）所示。

（3）以走廊或连接体相连。这种方式的特点是各体量之间相对独立而又互相联系，走廊的开敞或封闭、单一或多层，常随不同功能、地区特点、创作意图而定，建筑给人以轻快、舒展的感觉，如图 5-30（c）、（d）所示。

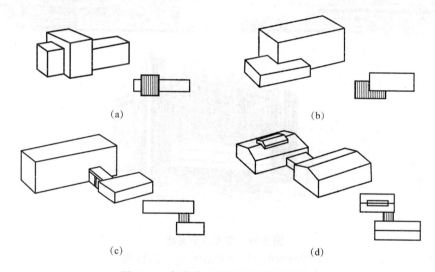

图 5-30　复杂体型各体量间的连接方式
（a）直接连接；（b）咬接；（c）以走廊连接；（d）以连接体连接

5.3　建筑立面与立面设计方法

建筑立面是建筑各个墙面的外观形象。立面设计要结合建筑体型、内部空间、使用功能和技术经济条件来进行。墙面、外露构件、门窗、阳台、檐口、勒脚、台阶及装饰线脚是建筑立面的主要组成部分。立面设计的任务就是要合理地选择它们的形状、色彩、尺度、排列方式、比例和质感，并使之协调统一。

5.3.1　立面比例尺度的处理

建筑的尺度变化范围很大，真实地反映建筑尺度是立面设计的主要任务之一。台阶、栏杆、窗台等与人体关系密切的建筑构件一般不随建筑尺度的变化而作大的调整，因其是反映建筑真实尺度的重要参照物。

5.3.2 节奏感和立面虚实对比

节奏感和立面虚实对比是建筑立面设计的重要表现手段。把墙面进行不同方向的划分，可以达到突出立面节奏感的目的。墙面划分主要有竖向划分、横向划分和混合划分三种形式。竖向划分使建筑显得高耸、挺拔 [图 5-31（a）]；横向划分使建筑显得轻巧、亲切[图 5-31（b）]；混合划分是在立面上综合使用竖向划分和横向划分的一种设计手段[图 5-31（c）]。

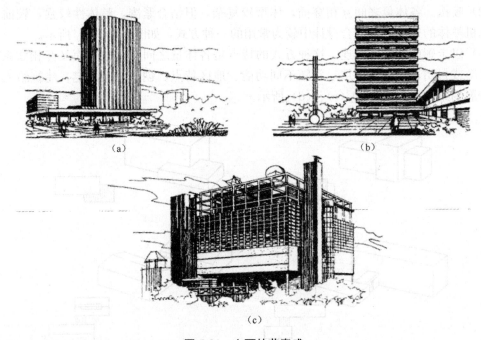

（a）
（b）
（c）

图 5-31　立面的节奏感
（a）竖向划分；（b）横向划分；（c）混合划分

建筑立面的虚实对比是通过墙体（实）和门窗（虚）的相互对比，形成建筑立面特点的一种设计手段。一般认为，墙面积大、门窗洞口小，使建筑具有封闭、厚重、稳定、安全的效果 [图 5-32（a）]；反之，则会使人感到开放、轻巧、亲切、热烈 [图 5-32（b）]。

（a）
（b）

图 5-32　墙面的虚实对比
（a）实的效果；（b）虚的效果

5.3.3　立面色彩、质感处理

建筑物材料的质感会对建筑立面产生相当的影响。一般来说，光滑的表面使人感到富贵、轻巧；粗糙的表面使人感到朴实、厚重。

色彩的选择和搭配也是立面设计要处理的一个重要问题。立面色彩在一定程度上反映了建筑的地区性和文化特征。浅色调明快、清新；深色调端庄、稳重；冷色调宁静、凉爽，适于炎热地区；暖色调热烈、温暖，适于寒冷地区。

色彩的处理包括大面积基调色的选择和墙面上不同色彩构图两个方面的问题。立面色彩处理应注意以下几个问题：

（1）色彩处理要注意统一与变化，并掌握好尺度。一般建筑外形应有主色调，局部运用其他色调容易取得和谐效果。

（2）色彩应与建筑性格特征相适应。如医院建筑宜用给人安定、洁净感的白色或浅色调，商业建筑则常采用暖色调，以增加热烈气氛。

（3）色彩运用与周围建筑、环境气氛相协调。

（4）色彩运用应适应气候条件。炎热地区宜采用冷色调，寒冷地区宜采用暖色调。另外，还应考虑天气色彩的明暗，如常年阴雨天多，天空透明度低的地区宜选用明朗、光亮的色彩。

5.3.4　立面的重点与细部处理

重点部位和细部处理刻画对建筑的立面效果相当重要。通常这些重点部位包括檐口、门窗洞口、阳台、勒脚、雨篷、出入口、台阶、线脚、楼梯等构配件，它们或者位于建筑立面醒目的位置，或者与人的活动区域十分接近，处理好这些重点部位的细部形象，会对建筑整体外观效果起到画龙点睛的作用，也可以充分体现建筑的文化及符号的特征。

重点处理常采用对比手法，如华盛顿美国国家美术馆东馆，将入口大幅度内凹，与大面积实墙面形成强烈的对比，增加了入口的吸引力。又如，重庆铁路客运站的入口处理，利用外伸大雨篷增强光影、明暗变化，起到了醒目的作用。

局部和细部都是建筑整体必不可少的组成部分。如建筑入口一般包括踏步、雨篷、大门、花台等局部，而其中每一部分都包括许多细部的做法。在造型设计上，要从大局着眼，仔细推敲，精心设计才能使整体和局部达到完整统一的效果。

本章小结

1. 建筑体型和立面设计是整个建筑设计的重要组成部分。建筑体型是指建筑物的轮廓形状，反映建筑物外形总的体量、形状、比例、尺度等空间效果。建筑立面由门窗、墙面、梁柱（外露）、阳台、雨篷、檐口、勒脚、台阶、花饰等组成。

2. 建筑体型和立面设计着重研究建筑物的体量大小、体型组合、立面及细部处理等。在满足使用功能和经济合理的前提下，运用不同的材料、结构形式、装饰细部、构图手法等创造出预想的意境。

3. 建筑体型和立面要反映建筑功能，应善于利用建筑结构和建筑材料及施工技术的特点，满足城市规划及环境要求，并与一定的经济条件相适应和符合建筑美学原则。

4. 建筑体型是建筑内部功能的具体体现，也是建筑外观形象优劣的基础条件，美的建筑立面必须有好的建筑体型作保障。

5. 建筑体型和立面设计是整个建筑设计的重要组成部分，但要与剖面及平面设计紧密结合。

6. 立面设计是需要较多综合素质支持的业务工作。

复习思考题

1. 什么是建筑体型和立面？
2. 对称体型和非对称体型各自有什么特点？
3. 建筑立面的处理手段主要有哪些？
4. 组合设计中常采取哪些连接方式？
5. 立面色彩处理应注意哪些问题？

第6章　建筑防火与安全疏散

本章重点

　　本章主要介绍建筑物起火的原因和燃烧条件，民用建筑火灾的特点，建筑火灾的发展过程和蔓延及其相应的防火措施，防火分区的重要意义及其原则，防火安全疏散的要求，建筑防烟和排烟系统的设计。

　　建筑构件因起火或受热失去稳定而破坏，会使建筑物倒塌。为了疏散人员、抢救物资和扑灭火灾，要求建筑物有一定的耐火能力。学习建筑防火的知识需要了解：建筑火灾的概念、火灾的发展过程与蔓延方式和途径、防火分区、安全疏散及高层建筑的防、排烟问题。重点应掌握有关建筑防火的基本知识及高层建筑防火设计要点。

6.1　建筑火灾的概念

6.1.1　建筑物起火的原因和燃烧条件

1. 起火的原因

建筑物起火的原因是多种多样和错综复杂的，主要有以下几点：

（1）在生产和生活中，因使用明火引起的火灾是很多的。如在居住建筑内因打翻油灯、烛火碰到蚊帐、炉火点燃旁边的柴草、小孩玩火等；在公共场所内乱扔烟头、火柴梗等都能引起火灾。

（2）除明火外，暗火引起火灾的情况也有很多。如把易发生化学反应的物品混放在一起，发生起火或爆炸；库房里通风不好，大量堆积的油布积热不散而发生自燃；机械设备摩擦发热，使接触到的可燃物自燃起火等。

（3）由于用电引起的火灾。这主要是因为用电设备超负荷，导线接头接触不良，电阻过大发热，使导线的绝缘物或沉积在电气设备上的粉尘自燃；易燃液体、可燃气体在管道内流动较快，摩擦产生静电，由于管线接地不良，在管道出口处出现放电火花，使管道内的液体或气体燃烧，发生爆炸。

（4）除以上所述外，在雷击较多的地区，建筑上如果没有可靠的防雷保护设施，便有可能发生雷击起火；突然的地震和战时空袭，都会因为人们急于疏散而来不及断电、熄灭炉火、处理好易燃易爆生产装置和危险物品，引起火灾。在建筑设计中，根据地震和战时火灾的特点，应采取防范措施，避免大的损失。

2. 燃烧条件

起火必须具备以下三个条件：

（1）存在能燃烧的物质。

（2）有助燃的氧气或氧化剂。

（3）有能使可燃物质燃烧的着火源。

上述三个条件必须同时出现，并相互影响才能起火。

6.1.2　民用建筑火灾的特点

民用建筑的火灾具有以下特点：

（1）火势蔓延快，蔓延途径多。

（2）疏散困难，容易造成重大伤亡。

（3）层数多，扑救难度大。

为了防止和减少民用建筑火灾的危害，保护人身和财产的安全，我国制定了《建筑设计防火规范》（GB 50016—2014）（以下简称为《规范》）。民用建筑的防火设计必须遵循"预防为主，防消结合"的消防工作方针，针对民用建筑发生火灾的特点，立足自防自救，采用可靠的防火措施，做到安全适用、技术先进、经济合理。

6.2　建筑火灾的发展过程和蔓延

6.2.1　建筑火灾的发展过程

建筑室内发生火灾时，其发展过程一般要经过火灾的初期、旺盛期和衰减期三个阶段，如图 6-1 所示。

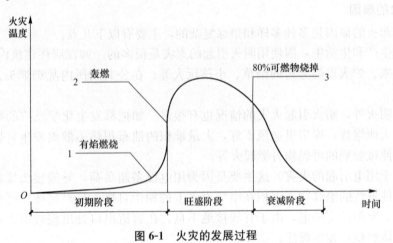

图 6-1　火灾的发展过程

1. 初期火灾（轰燃前）

这一阶段火源范围很小，燃烧是局部的，火势不够稳定，速度缓慢，室内的平均温度不高，蔓延速度对建筑结构的破坏能力比较低，有中断的可能。火灾初期阶段的时间，根据具体条件，可在 5～20 min。故应该设法争取及早发现，把火势及时控制和消灭在起火点。为了限制火势发展，要考虑在可能起火的部位尽量少用或不用可燃材料，或在易于起火并有大量易燃物品的上空设置排烟窗，炽热的火或烟气可由上部排出，火灾发展蔓延的危险性就有可能降低。

2. 火灾的旺盛期（轰燃后）

在此期间，室内所有的可燃物全部被燃烧，火焰可能充满整个空间。若门窗玻璃破碎，可为燃烧提供较充足的空气，室内温度很高，一般可达 1 100 ℃左右，燃烧稳定，破坏力强，建筑物的可燃构件均会燃烧，难以扑灭。

此阶段有轰燃现象出现。它的出现，标志着火灾进入猛烈燃烧阶段。一般把房间内的局部燃烧向全室性火灾过渡的现象称为轰燃。轰燃是建筑火灾发展过程中的特有现象，它经历的时间短暂。在这一阶段，建筑结构可能被毁坏，或导致建筑物局部（如木结构）或整体（如钢结构）倒塌。这一阶段的延续时间主要取决于燃烧物质的数量和通风条件。为了减少火灾损失，针对第二阶段温度高和时间长的特点，建筑设计的任务就是要设置防火分隔物（如防火墙、防火门等），把火限制在起火的部位，以阻止火很快向外蔓延；并适当地选用耐火时间较长的建筑结构，使它在猛烈的火焰作用下，保持应有的强度和稳定，直到消防人员到达把火扑灭。建筑物的主要承重构件在此时期应不会遭到致命的损害而便于修复。

3. 衰减期（熄灭）

经过火灾旺盛期之后，室内可燃物大都被烧尽，火灾温度渐渐降低，直至熄灭。一般把火灾温度降低到可燃物的 80% 被烧掉时的温度作为火灾旺盛期与衰减期的分界点。这一阶段虽然火焰燃烧停止，但火场的余热还能维持一段时间的高温。衰减期温度下降的速度是比较慢的。火灾发展到第三阶段，火势趋向熄灭。室内可供燃烧的物质减少，门窗破坏，木结构的屋顶会烧穿，温度逐渐下降，直到室内外温度平衡，把全部可燃物烧光为止。

6.2.2 建筑火灾的蔓延

1. 火灾蔓延的方式

火灾蔓延的方式是通过热的传播进行的。火灾蔓延是指在起火的建筑物内，火由起火房间转移到其他房间的过程。其主要是靠可燃构件的直接燃烧、热的传导、热的辐射和热的对流进行扩大蔓延的。

（1）热的传导。火灾燃烧产生的热量，经导热性能好的建筑构件或建筑设备传导，能够使火灾蔓延到相邻或上下层房间。这种传导方式有两个比较明显的特点：一是热量必须经导热性能好的建筑构件或建筑设备（如金属构件、薄壁隔墙或金属设备等）的传导，能够使火灾蔓延到相邻或上下层房间；二是蔓延的距离较近，一般只能是相邻的建筑空间。可见，传导蔓延扩大的火灾，其规模是有限的。

（2）热的辐射。热辐射是指热由热源以电磁波的形式直接发射到周围物体上。在火场上，起火建筑物能把距离较近的建筑物烤着，使其燃烧，这就是热辐射的作用。热辐射是相邻建筑之间火灾蔓延的主要方式。建筑防火中的防火间距，主要是考虑预防火焰辐射引起相邻建筑着火而设置的间隔距离。

（3）热的对流。热对流是建筑物内火灾蔓延的另一种主要方式。它是炽热的燃烧产物（烟气）与冷空气之间不断交换形成的。燃烧时，热烟向上升腾，冷空气就会补充，形成对流。轰燃后，烟从门窗口窜到室外、走道、其他房间，进行大范围的对流，如遇可燃物，便瞬间燃烧，引起建筑全面起火。除了在水平方向对流蔓延外，火灾在竖向管井也是由热对流方式蔓延的。

火场上火势发展的规律表明，浓烟流窜的方向往往就是火灾蔓延的方向。例如，剧院舞台起火后，若舞台与观众厅吊顶之间没有设防火隔墙时，烟或火焰便从舞台上空直接进入观众厅的吊顶，使观众厅吊顶全面燃烧，然后又通过观众厅后墙上的孔洞进入门厅。把门厅的吊顶烧着，这样蔓延下去直到烧毁整个剧院，由此可知，热的对流对火灾蔓延起着重要的作用，如图6-2所示。

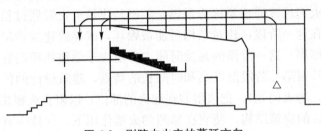

图 6-2　剧院内火灾的蔓延方向

2. 火灾蔓延的途径

研究火灾蔓延途径，是设置防火分隔的依据，也是"堵截包围，穿插分割"扑灭火灾的需要。综合火灾实际可以看出，火从起火房间向外蔓延的途径，主要有以下几个方面：

（1）由外墙窗口向上层蔓延。在火灾发生时，火通过外墙窗口喷出烟气和火焰，沿窗间墙及上层窗口窜到上层室内，这样逐层向上蔓延，会使整个建筑物起火，如图6-3所示。若采用带形窗更易吸附喷出向上的火焰，蔓延更快。为了防止火灾蔓延，要求上、下层窗口之间的距离尽可能大些。另外，要利用窗过梁、窗楣板或外部非燃烧体的雨篷、阳台等设施，使烟火偏离上层窗口，阻止火势向上蔓延。

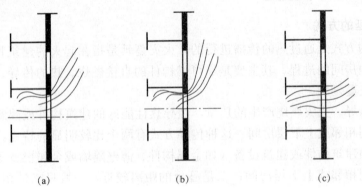

图 6-3　火由外墙窗口向上层蔓延

(a) 窗口上缘较低，距上层窗台远；(b) 窗口上缘较高，距上层窗台近；
(c) 窗口上缘有挑出雨篷，使气流偏离上层窗口

（2）火势的水平蔓延。火势水平蔓延的情况有：未设适当的防火分区和没有防火墙及相应的防火门，使火灾在未受任何限制条件下蔓延扩大；防火隔墙和房间隔墙未砌到顶板底皮，洞口分隔不完善，导致火灾从一侧向另一侧蔓延；通过可燃的隔墙、吊顶、地毯、家具等向其他空间蔓延；火势通过吊顶上部的连通空间进行蔓延。

（3）火势通过竖井等蔓延。在现代建筑物中，有大量的电梯、楼梯、垃圾井、设备管道井等竖井，这些竖井往往贯穿整个建筑，若未作周密完善的防火设计，一旦发生火灾，火势便会通过竖井蔓延到建筑物的任意一层。

另外，建筑物中一些不引人注意的吊装用的或其他用途的孔道，有时也会造成整个大楼的恶性火灾，如吊顶与楼板之间、幕墙与分隔结构之间的空隙、保温夹层、下水管道等都有可能因施工质量等留下孔洞，有的孔洞在水平与垂直两个方向互相穿通，这些隐患的存在，发生火灾时会导致重大生命财产的损失。

（4）火势由通风管道蔓延。火势由通风管道蔓延一般有两种方式：一是通风管道内起火，并向连通的空间，如房间、吊顶内部、机房等蔓延；二是通风管道可以吸进起火房间的烟气蔓延到其他空间，而在远离火场的其他空间再喷吐出来，造成火灾中大批人员因烟气中毒而死亡。因此，在通风管道穿通防火分区和穿越楼板之处，一定要设置自动关闭的防火阀门。

6.3 防火分区的意义和原则

6.3.1 防火分区的重要意义

设计民用建筑必须遵循我国《建筑设计防火规范》（GB 50016—2014）的规定，在设计中要根据使用性质，选定建筑物的耐火等级，设置防火分隔物，分清防火分区，保证合理的防火间距，设有安全通道及疏散通口，保证人员生命财产的安全，防止或减少火灾发生的可能性。

随着国家建设事业的发展，现代建筑的发展规模趋向大型化和多功能化，如深圳地王大厦高 326 m，建筑面积 266 784 m²。上海金茂大厦 88 层，建筑面积 287 000 m²。这样大的规模，若不按面积和楼层控制火灾，一旦某处引起火灾，造成的危害是难以想象的。因此，要在建筑物内设置防火分区。

6.3.2 防火分区的原则

防火分区是指用具有一定耐火能力的墙、楼板等分隔构件，作为一个区域的边界构件，能够在一定时间内把火灾控制在某一范围内的基本空间。

防火分区按其作用，又可分为水平防火分区和竖向防火分区。水平防火分区是用以防止火灾在水平方向扩大蔓延，主要由防火墙、防火门、防火卷帘或水幕等进行分隔；竖向防火分区主要是防止多层或高层建筑层与层之间的竖向火灾蔓延，主要由具有一定耐火能力的钢筋混凝土楼板作分隔构件。

建筑物防火分区的大小取决于建筑物的耐火等级、建筑的类别以及建筑内储存物品的火灾危险等级。不同使用功能的建筑物，防火分区面积也不相同。

建筑物面积过大，室内容纳人数和可燃物的数量也相应增加，发生火灾时燃烧面积大、燃烧时间长、辐射热强烈，对建筑结构的破坏严重，火势难以控制，对消防扑救和人员、物资疏散都很不利。为了减少火灾造成的损失，对于建筑防火分区的面积，按照建筑物耐火等级的不同，应给予相应的限制，即耐火等级高的、建筑类别以及建筑内储存物品的火灾危险等级低的，防火分区面积可以适当大些；反之，防火分区面积就要小些。

一、二级耐火等级的民用建筑，耐火性能较高，规定防火分区面积为 2 500 m^2。三级建筑物防火分区面积要比一、二级小，一般不超过 1 200 m^2。四级耐火等级建筑防火分区面积不宜超过 600 m^2。同理，除了限制防火分区面积外，对建筑物的层数和高度也提出了限制，见表 6-1 和表 6-2。

表 6-1　民用建筑的分类

名称	高层民用建筑		单、多层民用建筑
	一类	二类	
住宅建筑	建筑高度大于 54 m 的住宅建筑（包括设置商业服务网点的住宅建筑）	建筑高度大于 27 m，但不大于 54 m 的住宅建筑（包括设置商业服务网点的住宅建筑）	建筑高度不大于 27 m 的住宅建筑（包括设置商业服务网点的住宅建筑）
公共建筑	1. 建筑高度大于 50 m 的公共建筑。 2. 任一楼层建筑面积大于 1 000 m^2 的商店、展览、电信、邮政、财贸金融建筑和其他多种功能组合的建筑。 3. 医疗建筑、重要公共建筑。 4. 省级及以上的广播电视和防灾指挥调度建筑、网局级和省级电力调度。 5. 藏书超过 100 万册的图书馆	除住宅建筑和一类高层公共建筑外的其他高层民用建筑	1. 建筑高度大于 24 m 的单层公共建筑。 2. 建筑高度不大于 24 m 的其他民用建筑

注：1. 本表摘自《建筑设计防火规范》（GB 50016—2014）。
　　2. 表中未列入的建筑，其类别应根据本表类比确定。
　　3. 除另有规定外，宿舍、公寓等非住宅类居住建筑的防火要求，应符合《规范》及有关公共建筑的规定；裙房的防火要求应符合《规范》及有关高层民用建筑的规定。

表 6-2　民用建筑的耐火等级、最多允许层数和防火分区最大允许建筑面积

名称	耐火等级	允许建筑高度或层数	防火分区的最大允许建筑面积/m^2	备注
高层民用建筑	一、二级	按表 6-1 确定	1 500	对于体育馆、剧院的观众厅，防火分区最大允许建筑面积可适当增加
单、多层民用建筑	一、二级	按表 6-1 确定	2 500	
	三级	5 层	1 200	—
	四级	2 层	600	—
地下、半地下建筑（室）	一级	—	500	设备用房的防火分区最大允许建筑面积不应大于 1 000 m^2

注：1. 本表摘自《建筑设计防火规范》（GB 50016—2014）。
　　2. 表中规定的防火分区的最大允许建筑面积，当建筑内设置自动灭火系统时，可按本表的规定增加 1.0 倍；局部设置时，防火分区的增加面积可按该局部面积的 1.0 倍计算。
　　3. 裙房与高层建筑主体之间设置防火分区时，裙房的防火分区可按单、多层建筑的要求确定。

建筑物内如有上下层贯通的各种开口，如走廊、自动扶梯、开敞楼梯等，应把连通的

各个部分作为一个防火分区，其建筑总面积不得超过表6-2的规定；否则，应在开口部位设置乙级防火门或耐火极限大于3h的防火卷帘分隔。中庭每层回廊设有火灾自动报警系统和自动喷水灭火系统，以及封闭屋盖设有自动排烟设施时，可不受此条限制。

当建筑内部设有自动灭火设备时，最大允许建筑面积可以增加一倍，局部设置时，增加的面积可按该局部面积的一倍计算。

6.3.3 防火分区设计实例

北京饭店新楼，其主体结构为钢筋混凝土的非燃烧体，具有足够的耐火能力。在设计中，将面积约2 800 m² 的标准层，按抗震缝划分三个防火单元（或防火分区），并对那些易燃易爆的煤气、锅炉房等单独设置，在三个防火分区之间以抗震缝的墙作为防火墙，这样可满足防火分区的要求，如图6-4所示。

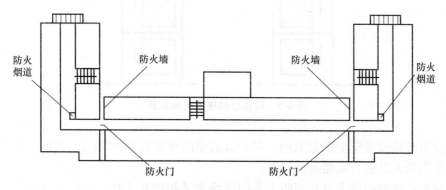

图6-4 北京饭店新楼标准层平面示意图

6.4 安全疏散

民用建筑中设置安全疏散设施的目的在于发生火灾时，人员能迅速而有秩序地安全疏散出去。特别是影剧院、体育馆、大型会堂、歌舞厅、大商场、超市等人流密集的公共建筑物，疏散问题更为重要。

6.4.1 安全疏散路线

发生火灾时，人们疏散的心理和行为与正常情况下人的心理状态是不同的。例如，在紧张和大火燃烧时的恐惧心理下，不知所措，盲目跟随他人行为，甚至钻入死胡同等。在这些异常心理状态的支配下，人们在疏散中往往造成惨痛的后果。

建筑物的安全疏散路线应尽量连续、快捷、便利、畅通地通向安全出口。设计中应注意两点：一是在疏散方向的疏散通道宽度不应变窄，二是在人体高度内不应有凸出的障碍物或突变的台阶。在进行高层建筑平面设计时，尤其是布置疏散楼梯间，原则上应该使疏散的路线简洁，并尽可能使建筑物内的每一房间都能向两个方向疏散，避免出现袋形走道。

为了保证安全疏散，除形成流畅的疏散路线外，还应尽量满足下列要求：

（1）靠近标准层（或防火分区）的两端设置疏散楼梯，便于进行双向疏散。

（2）将经常使用的路线与火灾时紧急使用的路线有机地结合起来，有利于尽快疏散人员，故靠近电梯间布置疏散楼梯较为有利，如图6-5所示。

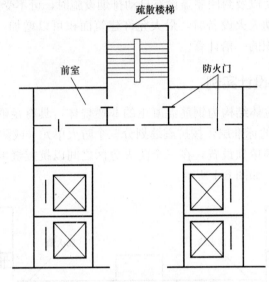

图 6-5　疏散楼梯靠近电梯布置

（3）靠近外墙设置安全性最大的、带开敞前室的疏散楼梯间形式。同时，也便于自然采光通风和消防人员进入高楼灭火救人。

（4）避免火灾时疏散人员与消防人员的流线交叉和相互干扰，有碍安全疏散与消防扑救。疏散楼梯不宜与消防电梯共用一个凹廊做前室，如图6-6所示。

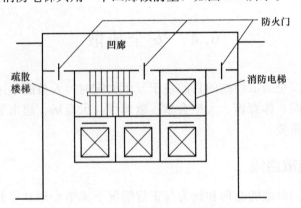

图 6-6　不理想的疏散路线布置

（5）当建筑设置内楼梯不能满足疏散要求时，可设置室外疏散楼梯，既节约室内面积，又是良好的自然排烟楼梯。

（6）为有利于安全疏散，应尽量布置环形走道、双向走道或无尽端房间的走道、人字形走道，其安全出口的布置应构成双向疏散。

（7）建筑安全出口应均匀分散布置，同一建筑中的出口距离不能太近，两个安全出口的间距不应小于 5 m。

6.4.2　安全疏散距离

根据建筑物使用性质、耐火等级情况的不同，疏散距离的要求也不相同。例如，对于居住建筑，火灾多发生在夜间，一般发现比较晚，而且建筑内部的人员身体条件不同，老少皆有，疏散比较困难，所以疏散距离不能太大。对托儿所、幼儿园、医院等建筑，其内部大部分是孩子和病人，无独立疏散能力，而且疏散速度慢，所以，这类建筑的疏散距离应尽量短。另外，对于有大量非固定人员居住、利用的公共空间（如旅馆等），由于顾客对疏散路线不熟悉，发生火灾时容易引起惊慌，找不到安全出口，往往耽误疏散时间，故从疏散距离上也要区别对待。民用建筑的疏散距离应符合《规范》的规定，见表6-3。直通疏散走道的房间疏散门至最近安全出口的直接线距离不应大于表6-3的规定。

表 6-3　直通疏散走道的房间疏散门至最近安全出口的直接线距离　　　　　　m

名称			位于两个安全出口之间的疏散门			位于袋形走道两侧或尽端的疏散门		
			耐火等级			耐火等级		
			一、二级	三级	四级	一、二级	三级	四级
托儿所、幼儿园、老年人建筑			25	20	15	20	15	10
歌舞娱乐放映游艺场所			25	20	15	9	—	—
医疗建筑	单、多层		35	30	25	20	15	10
	高层	病房部分	24	—	—	12	—	—
		其他部分	30	—	—	15	—	—
教学建筑	单、多层		35	30	25	22	20	10
	高层		30	—	—	15	—	—
高层旅馆、公寓、展览建筑			30	—	—	15	—	—
其他建筑	单、多层		40	35	25	22	20	15
	高层		40	—	—	20	—	—

注：1. 敞开式外廊建筑的房间疏散门至安全出口的最大距离可按本表增加5 m。
　　2. 直通疏散走道的房间疏散门至最近敞开楼梯间的直线距离，当房间位于两个楼梯间之间时，应按本表的规定减少5 m；当房间位于袋形走廊两侧或尽端时，应按本表的规定减少2 m。
　　3. 建筑物内全部设置自动喷水灭火系统时，其安全疏散距离可按本表及注1的规定增加25%。

房间内任一点到该房间直接通向疏散走道的疏散门的距离计算：住宅应为最远房间内任一点到户门的距离，跃层式住宅内的户内楼梯的距离可按其梯段总长度的水平投影尺寸计算（图6-7）。

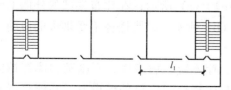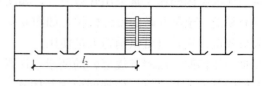

图 6-7　走道长度的控制

6.4.3 疏散设施设计

1. 疏散楼梯

（1）疏散楼梯的数量与形式。公共建筑内每个防火分区或一个防火分区的每个楼层，其安全出口的数量应经计算确定，且不应少于 2 个。符合下列条件之一的公共建筑，可设置 1 个安全出口或 1 部疏散楼梯：

①除幼儿园、托儿所外，建筑面积不大于 200 m² 且人数不超过 50 人的单层公共建筑或多层公共建筑的首层；

②除医疗建筑，老年人建筑，托儿所、幼儿园的儿童用房，儿童游乐厅等儿童活动场所和歌舞娱乐放映游艺场所等外，应符合表 6-4 的规定。

表 6-4　可设置 1 部疏散楼梯的公共建筑

耐火等级	最多层数	每层最大建筑面积 /m²	人数
一、二级	3 层	200	第二层和第三层的人数之和不超过 50 人
三级	3 层	200	第二层和第三层的人数之和不超过 25 人
四级	2 层	200	第二层人数不超过 15 人
注：本表摘自《建筑设计防火规范》（GB 50016—2014）。			

疏散楼梯和疏散通道上的阶梯不易采用螺旋楼梯和扇形踏步，且踏步上、下两级所形成的平面角度不应超过 10°。如每级离扶手 25 cm 处的踏步宽度超过 22 cm 时，可不受此限制（图 6-8）。适合于疏散楼梯踏步的高宽关系，如图 6-9 所示。

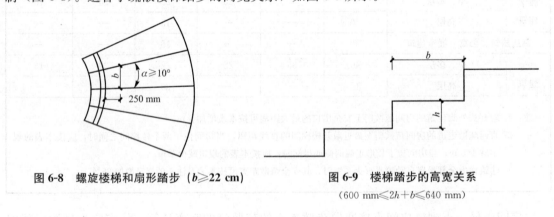

图 6-8　螺旋楼梯和扇形踏步 （$b \geqslant 22$ cm）　　图 6-9　楼梯踏步的高宽关系

（600 mm$\leqslant 2h+b \leqslant 640$ mm）

（2）疏散楼梯间。民用建筑楼梯间根据其使用特点及防火要求，常采用以下三种形式：

①普通楼梯间。普通楼梯间是多层建筑常用的基本形式。对标准不高、层数不多或公共建筑门厅的室内楼梯，常采用开敞形式，如图 6-10（a）所示；在建筑端部的外墙上常采用设置简易的、全部开敞的室外楼梯，如图 6-10（b）所示。该类楼梯不受烟火的威胁，既可供人员疏散使用，也可供消防人员使用。

②封闭楼梯间。按照《规范》的要求，医院、疗养院、病房楼、影剧院、体育馆以及超过五层的其他公共建筑，楼梯间应为封闭式。封闭楼梯间应靠外墙设置，并能自然采光和通风。

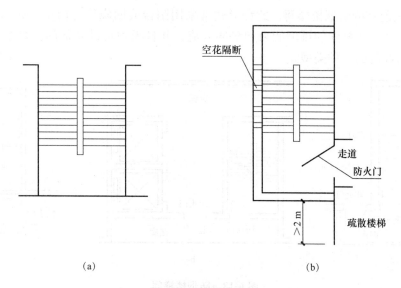

（a）　　　　　　　　　　　　　　　　（b）

图 6-10　普通楼梯间

（a）室内用；（b）室外用

　　当建筑标准不高且层数不多时，可采用不带前室的封闭楼梯间，但需设置防火墙、防火门与走道分开，并保证楼梯间有良好的采光和通风，如图 6-11 所示。为了丰富门厅的空间艺术效果，并使交通流线清晰、明确，也常将底层楼梯间敞开，此时必须对整个门厅作扩大的封闭处理，以防火墙、防火门将门厅与走道分开，门厅内装修宜作不燃化处理。

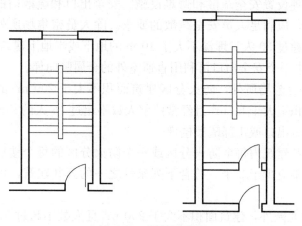

图 6-11　封闭楼梯间

　　为了使人员通行方便，楼梯间的门平时可处于开启状态，但须有相应的关闭办法，如安装自动关门器或做成单向弹簧门，以便起火后能自动或手动把门关上。如有条件可适当加大楼梯间进深，设置两道防火门而形成门斗（因门斗面积很小，与前室有所区别），可提高其防护能力。

　　③防烟楼梯间。为了更有效地阻挡烟火侵入楼梯间，可在封闭楼梯间的基础上增设装有防火门的前室，这种楼梯间称为防烟楼梯间。防烟楼梯间的前室可按要求设计成封闭型和开敞型两种形式。

a. 带开敞前室的防烟楼梯间。此种形式常采用阳台或凹廊作为前室，如图 6-12 所示。此时，前室可增强楼梯间的排烟能力和缓冲人流，并且无须再设其他的排烟装置，是安全性最高和最为经济的一种类型。

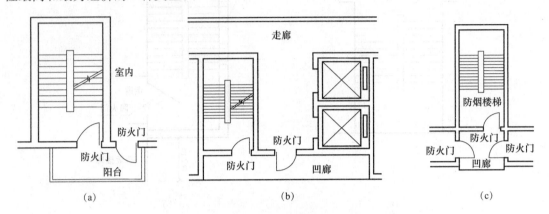

图 6-12　防烟楼梯间

(a) 利用阳台做开敞前室；(b)、(c) 利用凹廊做开敞前室

b. 带封闭前室的防烟楼梯间。此种类型平面布置灵活，可放在建筑物核心筒内部，但此时需采用机械防烟、排烟设施。

2. 安全出口

(1) 安全出口的个数。《规范》中规定，民用建筑应根据其建筑高度、规模、使用功能和耐火等级等因素合理设置安全疏散和避难设施。安全出口和疏散门的位置、数量、宽度及疏散楼梯间的形式，应满足人员安全疏散的要求。除人员密集场所外，建筑面积不大于 500 m² 、使用人数不超过 30 人且埋深不大于 10 m 的地下或半地下建筑（室），当需要设置 2 个安全出口时，其中一个安全出口可利用直通室外的金属竖向梯。

除歌舞娱乐放映游艺场所外，防火分区建筑面积不大于 200 m² 的地下或半地下设备间、防火分区建筑面积不大于 50 m² 且经常停留人数不超过 15 人的其他地下或半地下建筑（室），可设置 1 个安全出口或 1 部疏散楼梯。

①公共建筑。公共建筑内每个防火分区或一个防火分区的每个楼层，其安全出口的数量应经计算确定，且不应少于 2 个。符合下列条件之一的公共建筑，可设置 1 个安全出口或 1 部疏散楼梯：

a. 除托儿所、幼儿园外，建筑面积不大于 200 m² 且人数不超过 50 人的单层公共建筑或多层公共建筑的首层。

b. 除医疗建筑，老年人建筑，托儿所、幼儿园的儿童用房，儿童游乐厅等儿童活动场所和歌舞娱乐放映游艺场所等外，符合表 6-4 规定的公共建筑。

②住宅建筑。安全出口的设置应符合下列规定：

a. 建筑高度不大于 27 m 的建筑，当每个单元任一层的建筑面积大于 650 m² ，或任一户门至最近安全出口的距离大于 15 m 时，每个单元每层的安全出口不应少于 2 个。

b. 建筑高度大于 27 m，但不大于 54 m 的建筑，当每个单元任一层的建筑面积大于 650 m² ，或任一户门至最近安全出口的距离大于 10 m 时，每个单元每层的安全出口不应少于 2 个。

c. 建筑高度大于 54 m 的建筑，每个单元每层的安全出口不应少于 2 个。

建筑高度大于 27 m，但不大于 54 m 的住宅建筑，每个单元设置一座疏散楼梯时，疏散楼梯应通至屋面，且单元之间的疏散楼梯应能通过屋面连通，户门应具有防烟性能，且其耐火完整性不应低于 1.00 h。当不能通至屋面或不能通过屋面连通时，应设置 2 个安全出口。

（2）安全出口的宽度。一般规定公共建筑内疏散门和安全出口的净宽度不应小于 0.90 m，疏散走道和疏散楼梯的净宽度不应小于 1.10 m。除此之外，决定安全出口宽度的因素还有很多，如建筑物的耐火等级与层数、使用人数、允许疏散时间、疏散路线等。为了使设计既安全、经济，又符合实际使用情况，通常疏散宽度按百人宽度指标确定。

剧场、电影院、礼堂、体育馆等场所的疏散走道、疏散楼梯、疏散门、安全出口的各自总净宽度，应符合下列规定：

①观众厅内疏散走道的净宽度应按每 100 人不小于 0.60 m 计算，且不应小于 1.00 m；边走道的净宽度不宜小于 0.80 m。

布置疏散走道时，横走道之间的座位排数不宜超过 20 排；纵走道之间的座位数：剧场、电影院、礼堂等，每排不宜超过 22 个；体育馆，每排不宜超过 26 个；前后排座椅的排距不小于 0.90 m 时，可增加 1.0 倍，但不得超过 50 个；仅一侧有纵走道时，座位数应减少一半；

②剧场、电影院、礼堂等场所供观众疏散的所有内门、外门、楼梯和走道的各自总净宽度，应根据疏散人数按每 100 人的最小疏散净宽度不小于表 6-5 的规定计算确定：

表 6-5　剧场、电影院、礼堂等场所每 100 人所需最小疏散净宽度　　　　　m/百人

观众厅座位数/座			≤2 500	≤1 200
耐火等级			一、二级	三级
疏散部位	门和走道	平坡地面	0.65	0.85
		阶梯地面	0.75	1.00
	楼梯		0.75	1.00

③体育馆供观众疏散的所有内门、外门、楼梯和走道的各自总净宽度，应根据疏散人数按每 100 人的最小疏散净宽度不小于表 6-6 的规定计算确定：

表 6-6　体育馆每 100 人所需最小疏散净宽度　　　　　m/百人

观众厅座位数范围/座			3 000~5 000	5 001~10 000	10 001~20 000
疏散部位	门和走道	平坡地面	0.43	0.37	0.32
		阶梯地面	0.50	0.43	0.37
	楼梯		0.50	0.43	0.37

除剧场、电影院、礼堂、体育馆外的其他公共建筑，其房间疏散门、安全出口、疏散走道和疏散楼梯的各自总净宽度，应符合下列规定：

①每层的房间疏散门、安全出口、疏散走道和疏散楼梯的各自总净宽度，应根据疏散人数按每 100 人的最小疏散净宽度不小于表 6-7 的规定计算确定。当每层疏散人数不等时，疏散楼梯的总净宽度可分层计算，地上建筑内下层楼梯的总净宽度应按该层及以上疏散人数最多一层的人数计算；地下建筑内上层楼梯的总净宽度应按该层及以下疏散人数最多一

层的人数计算。

表 6-7　每层的房间疏散门、安全出口、疏散走道和疏散楼梯的每 100 人最小疏散净宽度　m/百人

建筑层数		耐火等级		
		一、二级	三级	四级
地上楼层	1~2层	0.65	0.75	1.00
	3层	0.75	1.00	—
	≥4层	1.00	1.25	—
地下楼层	与地面出入口地面的高差 $\Delta H \leqslant 10$ m	0.75	—	—
	与地面出入口地面的高差 $\Delta H > 10$ m	1.00	—	—
注：本表摘自《建筑设计防火规范》(GB 50016—2014)。				

②地下或半地下人员密集的厅、室和歌舞娱乐放映游艺场所，其房间疏散门、安全出口、疏散走道和疏散楼梯的各自总净宽度，应根据疏散人数按每 100 人不小于 1.00 m 计算确定。

③首层外门的总净宽度应按该建筑疏散人数最多一层的人数计算确定，不供其他楼层人员疏散的外门，可按本层的疏散人数计算确定。

④歌舞娱乐放映游艺场所中录像厅、放映厅的疏散人数，应根据厅、室的建筑面积按 1.0 人/m² 计算；其他歌舞娱乐放映游艺场所的疏散人数，应根据厅、室的建筑面积按 0.5 人/m² 计算。

⑤有固定座位的场所，其疏散人数可按实际座位数的 1.1 倍计算。

⑥展览厅的疏散人数应根据展览厅的建筑面积和人员密度计算，展览厅内的人员密度宜按 0.75 人/m² 确定。

⑦商店的疏散人数应按每层营业厅的建筑面积乘以表 6-8 规定的人员密度计算。对于建材商店、家具和灯饰展示建筑，其人员密度可按表 6-8 规定值的 30% 确定。

表 6-8　商店营业厅内的人员密度　　　　　　　　　　　　人/m²

楼层位置	地下二层	地下一层	地上第一、二层	地上第三层	地上第四层及以上各层
人员密度	0.56	0.60	0.43~0.60	0.39~0.54	0.30~0.42
注：本表摘自《建筑设计防火规范》(GB 50016—2014)。					

（3）安全出口的其他要求。疏散门应向疏散方向开启，但房间内人数不超过 60 人，且每樘门的平均通行人数不超过 30 人时，门的开启方向可以不限，疏散门不宜采用转门。

为了便于疏散，人员密集的公共场所（如观众厅的入场门、太平门等），不应设置门槛，其宽度不应小于 1.4 m，靠近门口处应设置台阶踏步，以防摔倒伤人。

人员密集的公共场所的疏散楼梯、太平门，应在室内设置明显的标志和事故照明，疏散通道的净宽不应小于疏散走道总宽度的要求，最小净宽不应小于 3 m。

3. 辅助设施

为了保证建筑物内的人员在火灾时能安全、可靠地进行疏散，避免造成重大伤亡事故，除了设置楼梯为主要疏散通道外，还应设置相应的安全疏散的辅助设施。辅助设施的形式很多，有避难层、屋顶直升机停机坪、疏散阳台、避难带等。

4. 消防电梯

高层建筑中的普通电梯由于没有必要的防火设备,既不能用于紧急情况下的人流疏散,又难以供消防人员进行扑救。因此,高层建筑应设消防电梯,以便进行更为有效的扑救。

(1)设置条件。根据《规范》规定,下列建筑应设置消防电梯:

①建筑高度大于 33 m 的住宅建筑。

②一类高层公共建筑和建筑高度大于 32 m 的二类高层公共建筑。

③设置消防电梯的建筑的地下或半地下室,埋深大于 10 m 且总建筑面积大于 3 000 m² 的其他地下或半地下建筑(室)。

消防电梯应分别设置在不同防火分区内,且每个防火分区不应少于 1 台。

(2)可不设置消防电梯条件。建筑高度大于 32 m 且设置电梯的高层厂房(仓库),每个防火分区内宜设置 1 台消防电梯,但符合下列条件的建筑可不设置消防电梯:

①建筑高度大于 32 m 且设置电梯,任一层工作平台上的人数不超过 2 人的高层塔架。

②局部建筑高度大于 32 m,且局部高出部分的每层建筑面积不大于 50 m² 的丁、戊类厂房。

符合消防电梯要求的客梯或货梯可兼作消防电梯。

(3)除设置在仓库连廊、冷库穿堂或谷物筒仓工作塔内的消防电梯外,消防电梯应设置前室,并应符合下列规定:

①前室宜靠外墙设置,并应在首层直通室外或经过长度不大于 30 m 的通道通向室外。

②前室的使用面积不应小于 6.0 m²。

③除前室的出入口、前室内设置的正压送风口和《规范》规定的户门外,前室内不应开设其他门、窗、洞口。

④前室或合用前室的门应采用乙级防火门,不应设置卷帘。

消防电梯井、机房与相邻电梯井、机房之间应设置耐火极限不低于 2.00 h 的防火隔墙,隔墙上的门应采用甲级防火门。

消防电梯的井底应设置排水设施,排水井的容量不应小于 2 m³,排水泵的排水量不应小于 10 L/s。消防电梯间前室的门口宜设置挡水设施。

(4)消防电梯应符合下列规定:

①应能每层停靠。

②电梯的载重量不应小于 800 kg。

③电梯从首层至顶层的运行时间不宜大于 60 s。

④电梯的动力与控制电缆、电线、控制面板应采取防水措施。

⑤在首层的消防电梯入口处应设置供消防队员专用的操作按钮。

⑥电梯轿厢的内部装修应采用不燃材料。

⑦电梯轿厢内部应设置专用消防对讲电话。

6.5　建筑的防烟、排烟和防火要点

在民用建筑设计中,不仅需要考虑防火问题,还要重视防烟和排烟问题。其目的是为了及时排除火灾中产生的烟气,防止烟气向防烟分区以外扩散,以使人员能沿着安全通道顺利地疏散到室外。

6.5.1 烟的危害

国内外建筑火灾的统计表明，死亡人数中有 50％ 左右是被烟气毒死的。近一二十年来，由于各种塑料制品大量用于建筑物内，空调设备的广泛采用和无窗建筑增多等原因，煤气毒死的比例显著增加。在某些住宅或旅馆的火灾中，因烟气致死的比例甚至高达 60％〜70％，烟气的危害性表现在以下两个方面：

（1）对人体的危害。在火灾中，除直接被烧死或跳楼死亡者外，其他死亡原因大多都与烟气有关，可以引起人的一氧化碳中毒、烟气中毒，以及缺氧、窒息等状况，其中以一氧化碳的增加和氧气的减少对人体的危害最大。总之，火灾中的烟气对人体极为有害。

（2）对疏散和扑救的危害。在着火区域的房间及疏散道内，充满了含有大量一氧化碳及各种燃烧成分的热烟。烟气会遮光，同时对眼、鼻、喉产生强烈刺激，使人们视力下降且呼吸困难，影响人的视线，严重妨碍人的行动，这对疏散和扑救造成很大的障碍。因此，防烟和排烟是安全疏散的必要手段。

6.5.2 防烟分区的划分

防烟设计的目的是要把在停留人员空间内的烟的浓度控制在允许极限以下。在进行防烟和排烟设计时，首先要考虑在高层建筑中划分防烟分区，其意义是为了排除烟气或阻止烟的迅速扩散。一般要求净高不超过 6 m 的房间，采用挡烟垂壁、隔墙或从顶棚下凸出不小于 0.5 m 的梁来划分防烟分区，如图 6-13 所示。

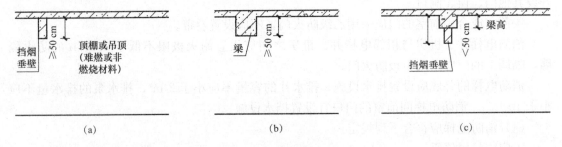

图 6-13 防烟分区做法
（a）固定式挡烟垂壁；（b）梁划分防烟分区；（c）挡烟垂壁和梁结合

每个防烟分区面积一般不超过 500 m²，而且防烟分区不应跨防火分区。

根据《规范》的规定，民用建筑的下列场所或部位应设置排烟设施：

（1）设置在一、二、三层且房间建筑面积大于 100 m² 的歌舞娱乐放映游艺场所和设置在四层及以上楼层、地下或半地下的歌舞娱乐放映游艺场所。

（2）中庭。

（3）公共建筑内建筑面积大于 100 m² 且经常有人停留的地上房间。

（4）公共建筑内建筑面积大于 300 m² 且可燃物较多的地上房间。

（5）建筑内长度大于 20 m 的疏散走道。

6.5.3 排烟方式

排烟方式可分为自然排烟和机械排烟。

1. 自然排烟方式

（1）利用建筑的阳台、凹廊或在外墙上设置便于开启的外窗或排烟窗进行无组织的自然排烟。

（2）在防烟楼梯间前室、消防电梯前室或合用前室内设置专用的排烟竖井进行有组织的自然排烟，如图 6-14 所示。

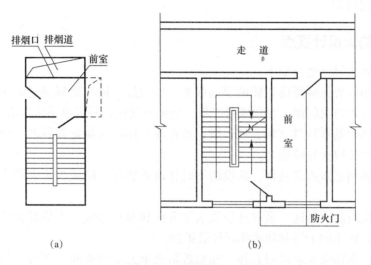

（a）   （b）

图 6-14 自然排烟方式

（a）排烟竖井；（b）走道自然排烟

自然排烟的特点是：不需要动力和复杂设备，平时可兼作换气用，最为经济、简便，但排烟效果不够稳定。我国规定，公共建筑超过 50 m 或居住建筑超过 100 m 高时，不应采用自然排烟方式。

2. 机械排烟方式

（1）强力加压的机械排烟方式。它是采用机械送风系统向需要保护的部位（如疏散楼梯间及其封闭前室、消防电梯前室、走道或非火灾层等）输送大量新鲜空气，如有排气和回风系统时，则相应关闭，从而造成正压区域，使烟气不能侵入，并在非正压区内把烟气排出。这种排烟方式主要用于防烟楼梯间及合用前室等部位。

（2）强制减压的机械排烟方式。它是在各排烟区段内设置机械排烟装置，起火后关闭各区相应的开口部分井，开动排烟机，将四处蔓延的烟气通过排烟系统排向楼外，如图 6-15 所示。当消防电梯前室、封闭电梯厅、疏散楼梯间及

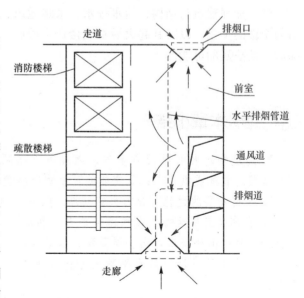

图 6-15 强制减压的机械排烟方式

前室等部位以此法排烟时，其墙、门等构件应有密封措施，以免因负压而通过缝隙继续引入烟气。这种排烟方式主要用于一些封闭空间、中庭、地下室及疏散走道等。

上述几种排烟方式各有优点，对于排烟方式的选择，要考虑我国当前的经济水平，宜优先采用自然排烟方式，即利用可以开启的门窗进行自然排烟。而对于那些性质重要、功能复杂的综合大楼，超高层建筑及无条件自然排烟的高层建筑，采用机械加压防烟的方式，并辅以其他方式排烟。

6.5.4　防火设计要点

高层建筑防火设计要点如下：

（1）总体布局要保证便捷流畅的交通联系，处理好主体与附属部分的关系，保证与其他各类建筑的合理防火间距，合理安排广场、空地与绿化，并提供消防车道。

（2）对建筑的基本构件（墙、柱、梁、楼板等）作防火构造设计时，使其具有足够的耐火极限，以保证耐火支撑能力。

（3）尽量做到建筑内部装修、陈设的不燃化或难燃化，以减少火灾的发生及降低蔓延速度。

（4）合理进行防火分区，采取每层做水平分区和垂直分区，力争将火势控制在起火单元内加以扑灭，防止向上层和防火单元外的扩散。

（5）安全疏散路线要求简明直接，在靠近防火单元的两端布置疏散楼梯，控制最远房间到安全疏散出口的距离，使人员能迅速撤离危险区。

（6）每层划分防烟分区，采取必要的防烟和排烟措施，合理地安排自然排烟和机械排烟的位置，使安全疏散和消防灭火能顺利进行。

（7）采用先进、可靠的报警设备和灭火设施，并选择好安装的位置。还要求设置消防控制中心，以控制和指挥报警、灭火、排烟系统及特殊防火构造等部位，确保它能起到灭火指挥基地的作用。

（8）加强建筑与结构、给水排水、采暖通风、电气等工种的配合，处理好工程技术用房与全楼的关系，以防其起火后对大楼产生威胁。同时，各种管道及线路的设计要尽力消除起火及蔓延的可能性。

本章小结

1. 建筑物起火的原因有多种。燃烧条件必须具备以下三个：①存在能燃烧的物质；②有助燃的氧气或氧化剂；③有能使可燃物质燃烧的着火源。

2. 火灾发展的过程可分为火灾初期、旺盛期和衰减期三个阶段。

3. 建筑火灾蔓延的方式和途径是多方面的。其主要方式有热传导、热辐射、热对流。主要途径有：由外墙窗口向上层蔓延、水平蔓延、由竖井蔓延、由通风管道蔓延。

4. 防火分区设计应从水平防火分区和垂直防火分区两方面进行，应了解防火分区的原则。

5. 人流密集的公共建筑安全疏散更重要，应了解安全疏散的路线、安全出口及辅助设施；掌握普通楼梯间、封闭楼梯间与防烟楼梯间的区别。

6. 了解防烟和排烟的重要性、防烟分区的划分及排烟方式的选择。

7. 建筑防火设计要点应结合当地工程实例进行防火设计分析。

复习思考题

1. 建筑物起火的原因有哪些?

2. 建筑火灾分为哪三个阶段? 各阶段有什么特点?

3. 火灾在建筑中是如何蔓延的?

4. 建筑火灾蔓延的途径有哪些?

5. 什么叫作防火分区? 为什么要进行防火分区?

6. 我国《建筑设计防火规范》（GB 50016—2014）是如何规定防火、防烟分区的面积的?

7. 防火分区的原则有哪些? 可结合当地工程实例具体说明。

8. 设计一个疏散楼梯的条件是什么?

9. 普通楼梯间与封闭楼梯间有何区别? 绘制平面简图加以说明。

10. 防火设计中的"烟控"问题为什么很重要?

11. 建筑中防烟分区是如何划分的?

12. 排烟的方式有哪几种?

13. 建筑防火设计的要点有哪些?

14. 结合当地建筑工程实例进行防火设计分析，并绘制建筑平面防火分析图。

第7章 建筑节能

本章要点

本章主要介绍建筑节能的含义，我国建筑节能的现状和建筑节能的基本原理，建筑节能技术及具体实施方法。

7.1 建筑节能概述

建筑节能是指在建筑材料生产、房屋建筑施工及使用过程中，合理地使用、有效地利用能源，以便在满足同等需要或达到相同目的的条件下，尽可能降低能耗，以达到提高建筑舒适性和节省能源的目标。

在发达国家，建筑节能的含义经历了三个阶段：第一阶段，称为在建筑中节约能源，我国称为建筑节能；第二阶段，称为在建筑中保持能源，意为在建筑中减少能源的散失；第三阶段，近年来普遍称为在建筑中提高能源利用效率。在我国，现在通称的建筑节能，其含义应为第三阶段的内涵，即在建筑中合理地使用和有效地利用能源，不断提高能源利用效率。

1. 我国的能源消耗状况

建筑能耗是指建筑在使用过程中的能耗，主要包括采暖、通风、空调、照明、炊事燃料、家用电器和热水供应等能耗，其中以采暖和空调能耗为主。

我国建筑能耗的总量逐年上升，在能源总消费量中所占的比例已从20世纪70年代末的10%，上升到近年的27.45%。而国际上发达国家的建筑能耗一般占全国总能耗的33%左右。随着城市化进程的加快和人民生活质量的改善，我国建筑能耗比重最终还将上升至35%左右，能源供应将更加紧张。

我国的建筑节能与绿色建筑事业从来也没有像现在这样受到国内外、业内外以及普通群众的普遍关注。

一方面，建筑业已成为国民经济的支柱产业之一。建筑节能和建筑业的可持续发展，不仅涉及老百姓的生活质量，而且也是关系国计民生的大事业；另一方面，我国正处于城镇化和工业化快速发展时期，每年20亿 m^2 的建筑面积，接近全球年建筑总量的一半。我国的新建建筑以及原有400亿 m^2 的存量建筑是否节能，不仅关系到能否缓解我国能源紧张，而且还关系到全球的气候变化与可持续发展。

2. 我国建筑节能的现状

我国于2005年7月1日颁布了《公共建筑节能设计标准》（GB 50189—2005），并于

2015年进行了修订，现行标准为《公共建筑节能设计标准》（GB 50189—2015）。

目前，居住建筑节能在严寒地区已全面展开，夏热冬冷地区进展较大，夏热冬暖地区已经开始启动。

建筑节能是一项技术性和政策性很强的系统工程，我国全面实施的时间不长，整体发展水平不高，存在着不少问题，具体表现在以下几个方面：

（1）新建建筑执行节能标准的比例较低，北方快、南方慢。大城市工作好一些，中小城市依然薄弱；既有建筑节能改造和可再生能源建筑规模化应用等尚未启动。

（2）建筑节能标准执行监管不严格，疏漏面较大。

（3）建筑节能还缺乏足够的技术支撑。一是从业人员技术水平有待提高。设计人员对节能标准不熟悉；二是节能技术和产品可选性不足。少数地方对新技术、新产品存在垄断；三是技术标准还需完善，施工验收和检测工作尚没有国家强制性标准规范。

（4）尚未形成良好的建筑节能的工作氛围。一是一些省市主管部门领导对节能的紧迫性和重要性缺乏认识，部分省市仍未建立建筑节能管理机构；二是对节能宣传推广力度不够。

（5）建筑节能法规政策不健全。一是目前国家尚无专门针对建筑节能的法律法规，各地也只有少数出台了地方性法规；二是建筑节能的经济激励政策缺失，市场机制难以发挥作用，相关配套政策不足。

建筑节能作为一项系统工程，在我国全面实施只能算刚刚开始，建筑节能的经济效益和社会效益无疑是十分重大的，然而，长期以来单纯依靠建筑节能设计标准中强制性条文的实施却难以得到有效推动，这既有法规政策的原因，也与缺乏深入地开展科学建筑规划与设计、加快节能新技术的开发及应用有关。

建筑节能作为一项系统工程，应该立足于我国不同建筑的用能特点和建筑的全生命周期过程，在规划、设计、运行等各个阶段通过技术集成化的解决手段，降低建筑能源需求、优化供能系统设计、开发新型能源系统方式、提高运行效率。

3. 我国建筑节能的目标和任务

2016年，国务院以国发〔2016〕74号文发布了《国务院关于印发"十三五"节能减排综合工作方案的通知》，明确了"十三五"节能减排工作的主要目标和重点任务，对全国节能减排工作进行全面部署。该工作方案指出，到2020年，全国万元国内生产总值能耗比2015年下降15%，能源消费总量控制在50亿吨标准煤以内。全国化学需氧量、氨氮、二氧化硫、氮氧化物排放总量分别控制在2 001万吨、207万吨、1 580万吨、1 574万吨以内，比2015年分别下降10%、10%、15%和15%。全国挥发性有机物排放总量比2015年下降10%以上。该工作方案从十一个方面明确了推进节能减排工作的具体措施：一是优化产业和能源结构，促进传统产业转型升级，加快发展新兴产业，降低煤炭消费比重。二是加强重点领域节能，提升工业、建筑、交通、商贸、农村、公共机构和重点用能单位能效水平。三是深化主要污染物减排，改变单纯按行政区域为单元分解控制总量指标的方式，通过实施排污许可制，建立健全企事业单位总量控制制度，控制重点流域和工业、农业、生活、移动源污染物排放。四是大力发展循环经济，推动园区循环化改造，加强城市废弃物处理和大宗固体废弃物综合利用。五是实施节能、循环经济、主要大气污染物和主要水污染物减排等重点工程。六是强化节能减排技术支撑和服务体系建设，推进区域、城镇、园区、用能单位等系统用能和节能。七是完善支持节能减排的价格收费、财税激励、绿色金融等政策。八是建立和完善节能减排市场化机制，推行合同能源管理、绿色标识认证、环境污染第三方治理、电力需求侧管理。九是落实节能减排目标责任，强化评价考核。十是健全节能环保法律法规标准，严格监督检查，提高管理服务水平。十一是动员全社会参与节能减排，推行绿色消费，强化社会监督。

该工作方案还指出，要实施建筑节能先进标准领跑行动，开展超低能耗及近零能耗建筑建设试点，推广建筑屋顶分布式光伏发电。编制绿色建筑建设标准，开展绿色生态城区建设示范，到2020年，城镇绿色建筑面积占新建建筑面积比重提高到50%。实施绿色建筑全产业链发展计划，推行绿色施工方式，推广节能绿色建材、装配式和钢结构建筑。强化既有居住建筑节能改造，实施改造面积5亿平方米以上，2020年前基本完成北方采暖地区有改造价值城镇居住建筑的节能改造。推动建筑节能宜居综合改造试点城市建设，鼓励老旧住宅节能改造与抗震加固改造、加装电梯等适老化改造同步实施，完成公共建筑节能改造面积1亿平方米以上。推进利用太阳能、浅层地热能、空气热能、工业余热等解决建筑用能需求。

7.2 建筑节能的基本原理

7.2.1 建筑节能的关键术语

1. 传热系数（K）

在稳态条件下，围护结构两侧空气温度差为1℃，单位时间内通过1 m^2 表面积传递的热量即传热系数，单位为 W/（m^2·K）。它是表征围护结构传递热量能力的指标。K 值越小，围护结构的传热能力越低，其保温隔热性能越好。

例如，180钢筋混凝墙的传热系数是3.26 W/（m^2·K）；普通240砖墙的传热系数是2.1 W/（m^2·K）；190加气混凝土砌块的传热系数是1.12 W/（m^2·K）。

由上可知，190加气混凝土砌块的隔温性能优于普通240砖墙，更优于180钢筋混凝土墙。

2. 热惰性指标（D）

热惰性指标是围护结构对温度波衰减快慢程度的无单位指标，其值等于材料层热阻与蓄热系数的乘积。D 值越大，温度波在其中的衰减越快，围护结构的热稳定性越好，越有利于节能；D 值越小，建筑内表面温度会越高，影响人体热舒适性。

单一材料围护结构，$D=R \cdot S$；多层材料围护结构，$D=\sum(R \cdot S)$（其中，S 为相应材料层的蓄热系数；R 为围护结构材料层的热阻，由试验室检测获得）。

例如，200厚的烧结普通砖，$S=10.63$ W/（m^2·K），$R=0.25$ m^2·K/W，按照公式得出 $D=2.62$。200厚的加气混凝土砌块 $D=3.26$，则加气混凝土砌块的热稳定性优于烧结普通砖。

3. 遮阳系数（SC）

遮阳系数是指实际透过窗玻璃的太阳辐射得热与透过3 mm透明玻璃的太阳辐射得热之比值。它是表征窗户透光系统遮阳性能的无单位指标，其值在0～1范围内变化。SC 越小，通过窗户透光系统的太阳辐射得热越小，其遮阳性能越好。常见玻璃的 SC 值见表7-1。

表 7-1 常见玻璃的 *SC* 值

名称	遮阳系数	传热系数/[W·(m²·K)⁻¹]
5～6 mm 无色透明玻璃	0.96～0.99	6.3
6 mm 热反射镀膜玻璃	0.25～0.90	6.2
无色透明中空玻璃	0.86～0.88	3.5
热反射镀膜中空玻璃	0.20～0.80	3.4
LOW-E 中空玻璃	0.25～0.70	2.5
注：厂家样本中也会有玻璃的 *SC* 值。		

4. 建筑物体形系数（S）

建筑物体形系数是建筑物与室外大气直接接触的外表面面积与其所包围体积的比值。外表面面积不包括地面和不采暖楼梯间隔墙和户门的面积。体形系数越大，单位建筑面积对应的外表面面积越大，外围护结构的传热损失也越大。

5. 窗墙面积比

窗墙面积比是窗户洞口面积与其所在房间外立面单元面积（即建筑层高与开间定位线围成的面积）的比值。普通窗户的保温隔热性能比外墙差很多，而且夏季白天太阳辐射还可以通过窗户直接进入室内。一般来说，窗墙面积比越大，建筑物的能耗也越大。

7.2.2 建筑节能的基本原理

1. 建筑得热与失热的途径

冬季采暖房屋的正常温度是依靠采暖设备的供暖和围护结构的保温之间相互配合，以及建筑的得热量与失热量的平衡得以实现的。可用下列公式表示：

采暖设备散热＋建筑物内部得热＋太阳辐射得热＝建筑物总得热

非采暖区的房屋建筑有两大类：一类是采暖房屋有采暖设备，总得热同上公式；另一类是采暖房屋没有采暖设备，总得热为建筑物内部得热加太阳辐射得热两项，一般仍能保持比室外日平均温度高 3 ℃～5 ℃。

对于有室内采暖设备散热的建筑，室内外日平均温差，北京地区可达 20 ℃～27 ℃，哈尔滨地区可达 28 ℃～44 ℃。由于室内外存在温差，且围护结构不能完全绝热和密闭，热量从室内向室外散失。建筑得热和失热的途径及其影响因素是研究建筑采暖和节能的基础，如图 7-1 所示。

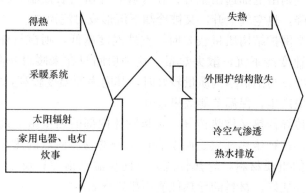

图 7-1 建筑得热与失热因素示意图

（1）在一般房屋中，建筑得热因素的热量来源有以下几方面：

①系统供给的热量。主要由暖气、火炉、火坑等采暖设备提供。

②太阳辐射供给的热量。阳光斜射，透过玻璃进入室内所提供的热量。普通玻璃透过率高达 $80\%\sim90\%$，北方地区太阳入射角度为 $13°\sim30°$，南窗房间得热量较大。

③家用电器发出的热量。家用电器如电冰箱、电视机、洗衣机、吸尘器及电灯等发出的热量。

④炊事及烧热水散发的热量。

⑤人体散发的热量。一个成人的散热量为 $80\sim120$ W。

（2）在一般房屋中，建筑失热因素有以下几方面：

①通过外墙、屋顶和地面产生的热传导损失，以及通过窗户造成的传导和辐射传热损失。

②由于通风换气和空气渗透产生的热损失。其途径可有门窗开启、门窗缝隙、烟囱、通气孔以及穿墙管缝孔隙等。

③由于热水排入下水道带走的热量。

④由于水分蒸发形成水蒸气外排散失的热量。

2. 建筑传热的方式

建筑物内外热流的传递状况是随发热体（热源）的种类、受热体（房屋）部位及其媒介（介质）围护结构的不同情况而变化的。热流的传递称为传热。传热的方式可分为辐射、对流和传导三种方式。

（1）辐射传热。辐射传热又称热辐射，是指因热的原因而产生的电磁波在空间的传递。物体将热能变为辐射能，任何物体，只要温度高于 0 K，就可不停地向周围空间发出热辐射能，以电磁波的形式在空中传播，当遇到另一物体时，又被全部或部分地吸收而变为热能。如铸铁散热器采暖通常靠热辐射的形式，把热量传递给空气。

不同的物体，向外界热辐射放热的能力不同。一般建筑材料，如砖石、混凝土、油漆、玻璃、沥青等的辐射放热能力很强，发射率高达 $0.85\sim0.95$；而有些材料，如铝箔、抛光的铝，发射率低至 $0.02\sim0.06$。利用材料辐射放热的不同性能，可达到建筑节能的效果。

（2）对流传热。对流传热是指具有热能的气体或液体在移动过程中进行热交换的传热现象。在采暖房间中，采暖设备周围的空气被加热升温，密度减小、上浮，邻近的较冷空气，密度较大、下沉，形成对流传热；在门窗附近，由缝隙进入的冷空气，温度低、密度大、流向下部，热空气则由上部逸出室外；在外墙和外窗内表面温度较低，室内热空气被冷却，密度增大而下降，热空气上升，又被冷却下沉形成对流换热。

对于采暖建筑，当围护结构质量较差时，室外温度越低，则窗与外墙内表面温度也越低，邻近的热空气迅速变冷下沉，散失热量，这种房间只在采暖设备附近及其上部较暖，外围特别是下部则很冷；当围护结构质量较好时，其内表面温度较高，室温分布较为均匀，无集聚的对流换热现象产生，保温节能效果较好。

（3）传导传热。传导传热又称热传导，是指物体内部的热量由一高温物体直接向另一低温物体转移的现象。这种传热现象是两个直接接触的物体质点的热运动所引起的热能传递。一般来说，密实的重质材料，导热性能好，而保温性能差；反之，疏松的轻质材料，导热性能差，而保温性能好。材料的导热性能用热导率表示。

建筑物的传热通常是辐射、对流、传导三种方式同时进行，综合作用的效果。

以屋顶某处传热为例，太阳照射到屋顶某处的热辐射，其中20%～30%的热量被反射；其余一部分热量以传导的方式经屋顶的材料传向室内，另一部分则由屋顶表面向大气辐射，并以对流换热的方式将热量传递给周围空气，如图7-2所示。

又如室内传热情况，火炉炉体向周围产生辐射传热，以及与室内空气的传导传热。室内空气被加热部分与未加热部分产生对流传热。室内空气温度升高和炉体热辐射作用，使外围结构的温度升高，这种温度较高的室内热量又向温度较低的室外流散，如图7-3所示。

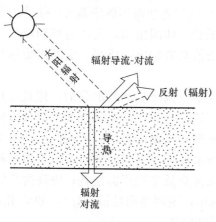

图7-2　屋顶传热示意图

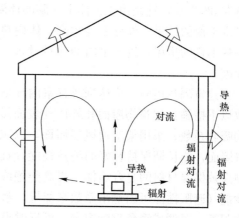

图7-3　室内传热示意图

热量传递按照传热过程状态分类，可分为稳态传热和非稳态传热。

①稳态传热是指在传热系统中，各点的温度分布不随时间而改变的传热过程。稳态传热时各点的热流量不随时间而改变，连续产生过程中的传热多为稳态传热。

外窗保温性能测试过程就是按照稳态传热过程的机理实现的。

②非稳态传热是指在传热系统中，各点的温度既随位置而变又随时间而变的传热过程。在冬季室内外温差变化情况下，墙体、外窗、屋顶等围护结构的传热为非稳态传热。

3. 建筑保温与隔热

（1）建筑保温。

①建筑保温的含义。建筑保温通常是指围护结构在冬季阻止室内向室外传热，从而保持室内适当温度的能力。保温是指冬季的传热过程，通常按稳定传热考虑，同时考虑不稳定传热的一些影响。

②围护结构的含义。围护结构是指建筑物及其房间各面的围护物，分为透明和不透明两种类型。不透明围护结构有墙、屋面、地板、顶棚等；透明围护结构有窗户、天窗、阳台门、玻璃隔断等。按是否与室外空气直接接触，围护结构又可分为外围护结构和内围护结构。与外界直接接触者称为外围护结构，包括外墙、屋面、窗户、阳台门、外门，以及不采暖楼梯间的隔墙和户门。不需特别指明情况下，围护结构即指外围护结构。

③建筑保温措施。对于外墙和屋面，可采用多孔、轻质，且具有一定强度的加气混凝土单一材料，或由保温材料和结构材料组成的复合材料。对于窗户和阳台门，可采用不同等级的保温性能和气密性的材料。

（2）建筑隔热。

①建筑隔热的含义。建筑隔热通常是指围护结构在夏天隔离太阳辐射热和室外高温，从而使其内表面保持适当温度的能力。隔热针对夏季传热过程，通常以24小时为周期的周

期性传热来考虑。

②建筑隔热性能的评价。隔热性能通常用夏季室外计算温度条件下，围护结构内表面最高温度值来评价。如果在同一条件下，其内表面最高温度低于其外表面最高温度，则认为符合隔热要求。

③建筑隔热对室内热环境的影响。盛夏，如果屋顶和外墙隔热不良，高温的屋顶和外墙内表面，将产生大量辐射热，使室内温度升高。若风速小，人体散热困难，人的体温则保持在 36.5 ℃，这是由于人体下丘脑的体温调节中枢进行复杂而巧妙地调节，使体内保持热稳定平衡的结果。外界温度太高，体内热量散发困难，体温增高，人体将感到酷热。建筑隔热不良的房屋，进入室内的热量过多，将很快抵消空调制出的冷量，室温仍难达到舒适程度。

④建筑隔热措施。为达到改善室内环境、降低夏季空调降温能耗的目的，建筑隔热可采取以下措施：建筑物屋面和外墙外表面做成白色或浅白色饰面，以降低表面对太阳辐射热的吸收系数；采用架空通风层屋面，以减弱太阳辐射对屋面的影响；采用挤压型聚苯板倒置屋面，能长期保持良好的绝热性能，且能保护防水层免于受损；外墙采用重质材料与轻型高效保温材料的复合墙体，提高热绝缘系数，以便降低空调降温能耗；提高窗户的遮阳性能（遮阳性能可由遮阳系数来衡量。遮阳系数越小，说明遮阳性能越好），如采用活动式遮阳篷、可调式浅色百叶窗帘、可反射阳光的镀膜玻璃灯。

7.2.3 建筑体型

人们在设计中常常追求建筑形态的变化。从节能角度考虑，合理的建筑形态设计不仅要求体型系数小，而且需要冬季日辐射得热多，需要对避寒风有利。具体选择节能体型受多种因素制约，包括当地冬季气温和日辐射照度、建筑朝向、各面围护结构的保温状况和局部风环境状态等，需要具体权衡得热和失热的情况，优化组合各影响因素才能确定。在规划设计中考虑建筑体型对节能的影响时，主要应控制建筑的体型系数。

建筑体型系数是指建筑物与室外大气接触的外表面积 A（不包括地面和采暖楼梯间隔墙与户门的面积）与其所包围的建筑空间体积 V 的比值。体型系数越大，说明单位建筑空间所分担的热散失面积越大，能耗就越多。在其他条件相同情况下，建筑物耗热量指标随体型系数的增长而增长。有研究资料表明，体型系数每增大 0.01，耗热量指标约增加 2.5%。从有利节能出发，体型系数应尽可能小。

一般建筑物的体型系数宜控制在 0.03 以下，若体型系数大于 0.30，则屋顶和外墙应加强保温，以便将建筑物耗热量指标控制在规定水平，总体上实现节能 50% 的目标。

一般来说，控制或降低体型系数的方法，主要有以下几点：

（1）减少建筑面宽，加大建筑幢深。对于体量 1 000～8 000 m^2 的南向住宅，建筑幢深设计为 12～14 m，对建筑节能是比较适宜的。

（2）增加建筑物的层数。层数一般可加大体量，降低耗热指标。当建筑面积在 2 000 m^2 以下时，层数以 3～5 层为宜，层数过多则底面积小，对减少热耗不利；当建筑面积为 3 000～5 000 m^2 时，层数以 5～6 层为宜；当建筑面积为 5 000～8 000 m^2 时，层数以 6～8 层为宜。6 层以上建筑耗热指标还会继续降低，但降低幅度不大。

（3）建筑体型不宜变化过多。严寒地区节能型住宅的平面形式应追求平整、简洁，如直线形、折线形和曲线形。在节能规划中，对住宅形式的选择不宜大规模采用单元式住宅错位拼接，也不宜采用点式住宅或点式住宅拼接。因为以上形式都将形成较长的外墙临空长度，不利于节能。

7.2.4 建筑日照标准

阳光不仅是个热源，还可以提高室内的光照水平。我国《城市居住区规划设计规范（2002 年版）》（GB 50180—1993）规定，在气候区Ⅰ、Ⅱ、Ⅲ、Ⅶ区的城市内，冬季大寒日的 8 时至 16 时期间，大城市日照时间不少于 2 h，中小城市日照时间不少于 3 h；在气候区和Ⅳ区的城市内，冬季大寒日的 8 时至 16 时期间，大城市日照时间不少于 3 h，中小城市日照时间不少于 1 h；在气候区Ⅴ、Ⅵ区的城市，冬至日的 9 时至 15 时期间，日照时间不少于 1 h。为了保证这一标准的实现，许多地方根据本地的实际情况，制定了具体的建筑间距控制指标。

在确定建筑的最小间距时，要保证室内一定的日照量，并结合其他条件来综合考虑建筑群的布置。

7.3 建筑节能技术及措施

7.3.1 优化建筑设计

建筑造型及围护结构形式对建筑物性能有决定性的影响。直接的影响包括建筑物与外环境的换热量、自然通风状况和自然采光水平等，而这三方面涉及的内容将构成 70% 以上的建筑采暖通风空调能耗。不同的建筑设计形式会造成能耗的巨大差别。然而，建筑物是个复杂系统，各方面因素相互影响，很难简单地确定建筑设计的优劣。例如，加大外窗面积可改善自然采光，在冬季还可获得太阳能量，但冬季的夜间会增大热量消耗，同时夏季由于太阳辐射通过窗户进入室内使空调能耗增加。这就需要利用动态热模拟技术，对不同的方案进行详细的模拟测试和比较。

目前在世界各国的建筑节能设计导则和规范中，都要求设计者必须进行景象动态模拟预测和优化。我国的建筑能耗模拟软件 DeST，先后完成了 1 000 万 m² 以上建筑的模拟分析，其中包括国家大剧院、首都机场改扩建、国家主体育馆（鸟巢）、国家游泳中心（水立方）、深圳会展中心的几十个国家重大项目。我们利用这一软件，完善建筑节能优化，在建筑规划中起到重要作用。

7.3.2 开发新的建筑围护结构材料和部件

开发新的建筑围护结构材料和部件，通过建筑节能的基础技术和产品以更好地满足保温、隔热、透光、通风等各种需求，甚至可根据外界条件的变化随时改变其物理性能，达到维持室内良好的物理环境的同时，降低能源消耗的目的。主要涉及的产品有：外墙保温和隔热、屋顶保温和隔热、热物理性能优异的外窗和玻璃幕墙、智能外遮阳装置以及基于相变材料的蓄热型围护结构和基于高分子吸湿材料的调湿型饰面材料。

自 20 世纪 90 年代起，我国自主研发和从国外吸收消化的外墙、屋顶保温隔热技术被慢慢采用。尤其外墙外保温可通风装饰板、通风型屋顶产品、通风遮阳窗帘的使用，都大大提高了产品的质量，降低了建筑运行成本。

随着建筑形式的设计多样化、现代化、个性化，外窗和玻璃幕墙、玻璃金属幕墙、玻璃砖幕墙、木玻幕墙、加金属构件的综合幕墙等透光型外围护结构在建筑外立面中的使用越来越广泛。由于其在保温、隔热、采光和吸收太阳光等方面的多重功能，使其成为影响建筑本体能源消耗的主要因素。发达国家从 20 世纪 90 年代开始就十分重视外窗与玻璃幕墙的节能技术、新产品的开发和推广，可有效降低长波辐射、增强保温的低辐射 Low-E 玻璃与玻璃夹层充惰性气体和断热窗框、断热式玻璃幕墙技术使外窗的传热系数（K 值）从传统的单玻外窗的 $5.5\ W/(m^2 \cdot K)$，降到 $1.5\ W/(m^2 \cdot K)$ 以下，从而使透光型外围护结构的热损失接近非透光型围护结构。为了减少夏季通过外窗和玻璃幕墙的太阳辐射，在冬季又恰当地吸收太阳辐射，在各种可调节外遮阳装置和玻璃夹层中间设置可调节的遮阳装置并进行有组织的同排风，也是做好外围护结构的一项必不可少的措施。尤其大型公共建筑，更应采取有效的措施。另外，利用建筑围护结构蓄存热量，夜间室外空气通过楼板空洞通风使楼板冷却，白天用冷却的楼板吸收室内热量，这其实是利用了混凝土的惰性原理。在围护结构中配置适宜的相变材料，则能更好地产生蓄热效果。

开发和推广上述先进技术，可使我国大型公共建筑能耗降低到冬季 $10\ W/m^2$ 的水平，仅为目前采暖能耗的 1/3，空调能耗可以显著下降。其实，夏季空调的大量能耗是用于室内的温度调节，如果能同时采用相变材料等辅助措施，可以在空气湿度高的时候吸收空气中的水分，使其转换为结晶水而封存在材料中，在室内空气相对湿度较低时又重新把水分释放回空气中。这样可维持室内相对湿度在 40%～75% 的舒适范围内，而不消耗常规能源。日本、欧洲都开展了相关研究，国内的研究开发也接近同等水平。这方面的突破将对改善住宅和普通公共建筑的夏季室内环境、降低空调能耗甚至在某些场合取消传统空调起到重大作用。

7.3.3 安装通风装置与排风热回收装置

对于住宅建筑和普通公共建筑，当建筑围护结构保温隔热做到一定水平后，室内外通风形成的热量或冷量损失，成为住宅能耗的重要组成部分。此时，通过专门装置有组织地进行通风换气，同时在需要的时候有效回收排风中的能源，对降低住宅建筑的能耗具有重要意义。

欧洲在这些方面已取得丰硕成果，通过有组织地控制通风和排风的热回收，大大降低了空调的使用时间，还使采暖空调耗热量、耗冷量降低 30% 以上。由于以前我国建筑本身的保温隔热性能差，通风问题的重要性远没有欧洲突出，因此相比之下我国有较大差异，目前需要积极开展相关的研究和产品的开发与推广。就排风热回收而言，国内目前已研制成功蜂窝状铝膜式、热管式等显热回收器，这只对降低冬季采暖能耗有效。由于夏季除湿是新风处理的主要负荷，因此更需要全热回收器。目前，国内已开发有纸质和高分子膜式透湿型全热回收器，但其性能还有待进一步提高。

7.3.4 采用各种热泵技术

通过热泵技术提升低品位热能的温度，为建筑提供热量，是建筑能源供应系统提高效率降低能耗的重要途径，也是建筑设备节能技术发展的重点之一。目前，在该领域国内外进展情况如下。

1. 热泵型家庭热水机组

从室外空气中提取热量制备生活热水，电热的转换率可达 3～4。日本推出采用二氧化碳为工质的热泵性热水机，并开始大范围推广。当没有余热、废热可利用时，这种热泵性热水机应是提供家庭生活热水的最佳方式。

2. 空气源热泵

冬季从室外空气中提取热量，为建筑供热，是住宅和其他小规模民用建筑供热的最佳方式。在我国华北大部分地区，这种方式冬季平均电热转换率有可能达到 3 以上。目前的技术难点是室外温度在 0 ℃左右时蒸发器的结霜问题和为适应室外温度在−3 ℃～5 ℃范围内的变化，需要压缩机在很大的压缩比范围内都具有良好的性能。国内外的大量研究攻关都集中在这两个难点上。前者可通过优化化霜循环、智能化霜控制、特殊的空气换热器形成设计以及不结霜表面材料的研制等陆续得到解决。后者则通过改变热泵循环方式，如中间补气、压缩机串联和并联转换等来尝试解决。然而，革命性的突破可能有待新的压缩机形式的出现。

3. 地下水水源热泵

地下水水源热泵可以从地下抽水经过热泵提取其热量后再把水回灌地下。这种方式用于建筑供热，其电热转换率可达 3～4。这种技术在国内外都已广泛应用。但取水和回灌都受到地下水文地质条件的限制。研究更有效的取水和回灌方式，可能会使该技术应用范围更加广泛。

4. 污水水源热泵

直接从城市污水中提取热量，是污水综合利用的一部分。经过专家推测，利用城市污水充当热源可解决城市 20％的建筑采暖。目前的方法是从处理后的水中提取热源，借助于污水换热器，可直接从大规模的污水中提取热量，实现高效的污水热泵供热。污水水源热泵是北方大型城市建筑采暖的主要构成方式之一。

5. 地埋管式土壤源热泵

通过地下垂直或水平埋入塑料管，通入循环工质，成为循环工质与土壤间的换热器。冬季通过这一换热器从地下取热，成为热泵的热源；夏季从地下取冷，使其成为热泵的冷源。这就形成了冬存夏用，或夏存冬用。目前，这种方式的初始投资较高，并且要大量从地下取热蓄热，仅适合低密度的住宅和商业建筑。它与建筑基础有机结合，从而有效降低初始投资，提高传热管与土壤间的传热能力，这将是低密度住宅与商业地产采用热泵解决采暖空调冷热源的一种有效方式，值得进一步研究发展。

综上所述，采暖用能约占我国北方城市建筑能耗的 50％，通过热泵技术如能解决 1/3 建筑的采暖，将大大缓解建筑能耗问题，采暖与环境将趋于动态平衡。

7.3.5 应用建筑中的可再生能源技术

可再生能源包括太阳能、风能、水能、生物质能、地热能、海洋能等多种形式。可再生能源日益受到重视。开发利用可再生能源是可持续发展战略的重要组成部分。太阳能既是一次性能源又是可再生能源，资源丰富且对环境无污染，是一种非常洁净的能源，应提倡在建筑中广泛应用。

如何利用可再生能源满足建筑的制冷采暖需求，是建筑节能的一个重要课题。目前，国内针对太阳能光电利用取得了一定的进展，太阳能热水器得到广泛应用。但是，利用太阳能的深度和广度还有待进一步开发。风能也是可再生能源，只是在有些地区不够稳定。合理利用好风能，也是一个课题。可再生能源技术的发展一方面是降低产品成本，更重要的是如何将上述产品和装置有效地与建筑立面设计结合起来，使其成为建筑的一个画龙点睛的亮点和实实在在的优势。

　　大型公共建筑相互之间的能耗差异表明，这类建筑的节能潜力在 30％以上。通过建筑节能改造、加强管理，杜绝"跑、冒、滴、漏"浪费现象，可实现节能 5％～10％；通过提高水泵、风机等输配设备的运行效率及应用变频调速技术，可实现节能 10％～20％。对于这样的建筑，采用多种技术整合，在能源消耗上狠下功夫，做到一劳永逸，创造健康的建筑环境空间。

➤ 本章小结

　　1. 建筑节能，在发达国家最初为减少建筑中能量的散失，现在则普遍称为"提高建筑中的能源利用率"，在保证提高建筑舒适性的条件下，合理使用能源，不断提高能源利用效率。

　　2. 建筑节能具体指在建筑物的规划、设计、新建（改建、扩建）、改造和使用过程中，执行节能标准，采用节能型的技术、工艺、设备、材料和产品，提高保温隔热性能和采暖供热、空调制冷制热系统效率，加强建筑物用能系统的运行管理，利用可再生能源，在保证室内热环境质量的前提下，减少供热、空调制冷制热、照明、热水供应的能耗。

➤ 复习思考题

　　1. 什么是建筑节能？
　　2. 建筑节能的基本原理是什么？
　　3. 影响建筑节能的因素有哪些？
　　4. 建筑节能的关键术语有哪些？其含义各是什么？
　　5. 节能设计的基本方法有哪些？

第二篇　民用建筑构造

第 8 章　民用建筑构造概述

本章要点

　　本章主要介绍民用建筑的构造组成部分，影响建筑构造设计的因素，建筑构造设计原则，建筑设计中的建筑模数协调统一标准。

8.1　民用建筑的构造组成

　　建筑构造是一门研究建筑物各组成部分的构造原理和构造方法的学科，是建筑设计不可分割的一部分。其任务是根据建筑物的功能、材料性能、受力情况、施工方法和建筑形象等要求选择经济合理的构造方案，以作为建筑设计中综合解决技术问题及进行施工图设计的依据。建筑构造是一门实践性和综合性都很强的学科，需要全面地、综合地运用有关知识，才能提出合理且技术先进的构造方案，使整个设计符合适用、安全、经济、美观的建筑准则。

　　民用建筑通常是由基础、墙或柱、楼地层、楼梯与电梯、屋顶、门窗等几大主要部分组成，如图 8-1 所示。这几部分在建筑的不同部位发挥着不同的作用。有的起承重作用，承受建筑物的全部或部分荷载，确保建筑物的安全；有的起围护作用，保证建筑物的使用和耐久年限；有的起承重和围护的双重作用。房屋除了上述几个主要组成部分外，对不同使用功能的建筑还有一些附属的构件和配件，如阳台、雨篷、台阶、散水、通风道等，这些构件和配件也可以称为建筑物的次要组成部分。

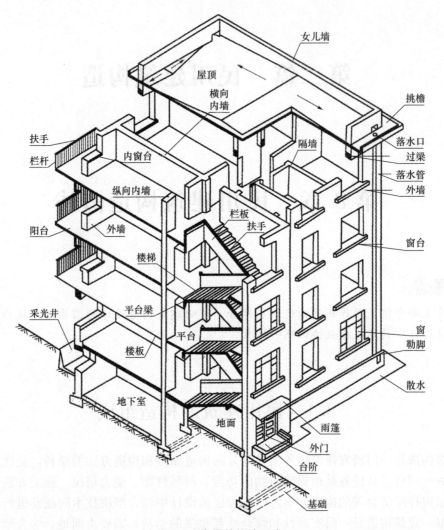

图 8-1 房屋的构造组成

8.1.1 基础

基础是位于建筑物最下部的承重构件，其作用是承受建筑物的全部荷载，并把这些荷载传给地基。基础作为建筑物的重要组成部分，是建筑物得以立足的根基，因此，基础必须具有足够的强度、刚度和稳定性，并能抵御地下各种有害因素的侵蚀。

8.1.2 墙或柱

墙（或柱）是建筑物的竖向承重构件，它承受着由屋盖和各楼层传来的各种荷载，并把这些荷载可靠地传给基础。对于这些构件设计必须满足强度和刚度要求。作为墙体，外墙还有围护的功能，抵御风霜雪雨及寒暑对室内的影响；内墙还有分隔房间的作用，所以对墙体还常提出保温、隔热、隔声、防火、防水等功能并应具有耐久性和经济性。

为了扩大建筑物的空间，提高空间灵活性，满足结构的需要，常用柱作为建筑物的竖向承重构件。

8.1.3　楼地层

楼地层是指建筑物的楼板层与地坪层。楼板层是多层建筑中的水平承重构件和竖向分隔构件，它将整个建筑物在垂直方向上分成若干层，直接承受着各楼层上的家具、设备、人的重量和楼层自重；同时，楼板层对墙或柱有水平支撑的作用，增加墙的稳定性，传递着风、地震等侧向水平荷载，并把上述各种荷载传递给墙或柱。楼板层常由面层、结构层和顶棚三部分组成，对房屋有竖向分隔空间的作用。对楼板层的要求是要有足够的强度和刚度，以及良好隔声、防渗漏、保温、隔热、防潮等功能。地坪层是底层房间与土壤的隔离构件，除承受作用其上的荷载外，还应具有防水、防潮、保温等功能。无论楼板层还是地坪层，对其表面的要求还有美观、耐磨损等其他要求，这些可根据具体使用要求提出。

8.1.4　楼梯与电梯

楼梯是建筑物的垂直交通设施，供人们上下楼层和紧急疏散之用。对楼梯的基本要求是有足够的通行能力，以满足人们在平时和紧急状态时通行与疏散。同时，楼梯还应有足够的承载能力，并且应满足坚固、耐磨、防滑、防火等要求，以保证安全使用。高层建筑中，除设置楼梯外，还应设置电梯。

8.1.5　屋顶

屋顶既是承重构件又是围护构件。作为承重构件，和楼板层相似，承受着直接作用于屋顶的各种荷载，同时在房屋顶部起着水平传力构件的作用，并把本身承受的各种荷载直接传给墙或柱。作为围护构件，它抵御着自然界中雨、雪、太阳辐射等对建筑物顶层房间的影响。因此，屋顶应具有足够的强度、刚度及防水、保温、隔热等性能。屋顶和楼板层一样，也分为面层、结构层和顶棚。

8.1.6　门窗

门的主要功能是交通出入、分隔和联系内部与外部或室内空间，有的兼起通风和采光作用。窗的主要功能是采光和通风，门与窗均属围护构件。根据建筑物所处环境，门窗应具有保温、隔热、隔声、节能、防风沙等功能。

一般来说，基础、墙或柱、楼地层、屋顶是建筑物的主体部分，门窗、楼梯是建筑物的附属部分。

8.2　影响建筑构造设计的因素

建筑物处于自然环境和人为环境之中，受到各种自然因素和人为因素的作用。为了提高建筑物的使用质量和耐久年限，在建筑构造设计时必须充分考虑各种因素的影响，尽量利用其有利因素，避免或减轻不利因素的影响，提高建筑物的抵御能力，根据影响程度，采取相应的构造方案和措施。影响建筑构造的因素大致分为以下几个方面。

8.2.1　自然环境的影响

由于建筑物处于不同的地理环境，而各地自然环境有很大的差异，因此，建筑构造设计必须与当地的气候特点相适应。自然环境因素影响，即大气温度、自然界的风霜雨雪、冷热寒暖、太阳辐射、大气腐蚀等都时时作用于建筑物，作为影响建筑物的使用质量和建筑寿命的重要因素。如果对自然环境的影响估计不足，设计不当，就会造成渗水、漏水、冷风渗透、室内过热、过冷、构件开裂、破损，甚至建筑物倒塌等后果。为了防止和减轻自然因素对建筑物的危害，保证正常使用和耐久性，在构件设计中，应针对不同自然气候特点，根据影响的性质和程度，对建筑物各部位采取相应的防范措施，如防潮、防水、保温、隔热、防冻等。

8.2.2　外力的影响

作用在建筑物上的外力形式多种多样，如风荷载、地震作用、构配件的自重力、温度变化、热胀冷缩产生的内应力、正常使用中人群及家具设备作用于建筑物上的各种力等。作用在建筑物上的各种外力称为荷载，荷载按时间变异分类，可分为永久荷载（如结构自重、土压力）、活荷载（如人、家具、设备、风、雪、吊车等）和偶然荷载（如撞击、爆炸、地震等）。

荷载的大小和作用方式决定着构件的形状、尺度和用料，而构件的选材、尺寸、形状等又是建筑构造设计的重要依据。荷载的大小和种类是建筑结构设计的主要依据，也是选择建筑结构形式的重要参考因素。

建筑构件的选用对建筑构造的影响很大，因此，外力的作用是影响建筑构造的主要因素。由于建筑的永久荷载和因使用建筑而产生的活荷载是无法避免发生的外力，因此不论什么情况下都需要认真考虑。有些活荷载则应根据建筑的自身特性和建造地点的不同而进行选择。

风荷载是对建筑影响较大的荷载之一，风荷载往往是建筑承受水平荷载的主体。高层建筑、空旷及沿海地区的建筑受风荷载的影响尤其明显。地震是对建筑造成破坏的主要自然因素，我国地处世界上环太平洋地震带和地中海南亚地震带两大地震带的中间，地震比较频繁。2008年5月12日在我国四川省发生的汶川大地震，损失惨重。

建造在地震区的房屋，在地震发生时就会受到地震的破坏作用。为了尽量把地震对建筑的破坏程度降到最低，就要在建筑结构和构造上采取相应的抗震措施，提高建筑的抗震能力。地震的大小是用震级表示的，震级是衡量地震时释放能量大小的标准。释放的能量越多，震级也越高。但在进行建筑抗震设计时，并不是以震级的高低作为设计的依据，而是以地震烈度为依据的。

地震烈度是指某一地区地面房屋遭受到一次地震影响的强弱程度。同一个震级的地震，由于各地区距震中远近不同、震源的深浅不同、地质情况和建筑自身情况等不同，地震的影响也不相同，因此地震的烈度也不一样。一般是震中区最大，离震中越远，烈度越小。

由于地震的烈度越高对建筑的破坏程度越严重，所以应当根据国家划分的各地区的地震烈度对建筑物进行抗震设防设计并采取可靠的抗震构造措施。烈度分为基本烈度和设计烈度。基本烈度是指某一地区在今后的一定时期内，在一般情况下可能遭受的最大烈度。设计烈度是根据城市及建筑物的重要程度，在基本烈度的基础上调整后规定的设防标准。

8.2.3 人为因素的影响

人们在生产生活中,常伴随着产生一些不利于环境的负效应,诸如噪声、机械振动、化学腐蚀、烟尘,有时还有可能产生火灾等,对这些因素设计时要认真分析,采取相应的防范措施。

在建筑构造设计时,必须认真分析,从构造上采取防震、防腐、防火、隔声等相应的防范措施,以保证建筑物的正常使用。

8.2.4 技术经济条件的影响

建筑材料、结构、设备和施工技术是构成建筑的基本要素之一,由于建筑物的质量标准和等级的不同,在材料的选择和构造方式上均有所区别。随着建筑业的发展,新材料、新结构、新设备和新的施工方法不断出现,建筑构造的做法也在改变。因此,在构造设计中要综合解决好采光、通风、保温、隔热、隔声等问题,以构造原理为基础,不断发展和创造新的构造方案。

随着建筑技术的不断发展和人们生活水平的日益提高,对建筑的使用要求也越来越高,建筑标准的变化使建筑的质量标准、建筑造价等也出现较大差别。对建筑构造的要求也将随着经济条件的改变而发生变化。

8.3 建筑构造设计原则

在满足建筑物各项功能要求的前提下,必须综合应用相关技术知识,在构造设计过程中遵循以下基本原则。

8.3.1 满足使用要求

建筑构造设计必须最大限度地满足建筑物的使用功能,这也是整个设计的根本目的。综合分析诸多因素,设法消除或减少来自各方面的不利影响,以保证使用方便,耐久性好。

8.3.2 确保结构安全可靠

房屋设计不仅要对其进行必要的结构计算,在构造设计时,也要认真分析荷载的性质、大小,合理确定构件尺寸,确保强度和刚度,并保证构件间连接可靠。

8.3.3 适应建筑工业化的需要

建筑构造应尽量采用标准化设计,采用定型通用构配件,以提高构配件间的通用性和互换性,为构配件生产工业化、施工机械化提供条件。

8.3.4 执行行业政策和技术规范,注重环保,经济合理

建设政策是建筑业的指导方针,技术规范常常是知识和经验的结晶。从事建筑设计应时常了解这些政策、法规。对强制执行的标准,必须严格遵守。另外,从材料选择到施工

方法，都必须注意保护环境、降低消耗、节约投资。

8.3.5 注重美观

有时一些细部构造，直接影响着建筑物的美观效果。所以，构造方案应符合人们的审美观念。

综上所述，建筑构造设计的总原则应是坚固适用、先进合理、经济美观。

8.4 建筑工业化

建筑业是我国国民经济的支柱产业之一，建造房屋需要消耗大量的人力、物力、财力。建筑业要不断提高生产效率，逐步改变目前劳动力密集、手工作业的落后局面，最终实现建筑工业化。

建筑工业化的内容是设计标准化、构配件生产工厂化、施工机械化。设计标准化是实现其余两个方面目标的前提。只有实现了设计标准化，才能够简化建筑构配件的规格类型，为工厂生产商品化构配件创造条件，为建筑产业化、施工机械化打下基础。

建筑标准化是建筑工业化的组成部分之一。建筑标准化是建筑工业化的前提。建筑标准化一般包括以下两项内容：其一是建筑设计方面的有关条例，如建筑法规、建筑设计规范、建筑标准、定额与技术经济指标等；其二是推广标准设计，标准设计包括配件的标准设计、房屋的标准设计和工业化建筑体系设计等。建筑标准化对提高工程建设质量、节约工程建设投资、缩短设计和建设周期、节约材料和能耗、提高工程综合经济效益和劳动生产率，都具有重要作用。

8.4.1 建筑工业化的含义

建筑工业化是指从手工操作的小生产方式过渡到用现代化工业的生产方式即社会化的大生产方式来建造房屋；用机械化手段生产定型产品。建筑工业化的定型产品是指房屋、房屋的构配件和建筑制品等。

8.4.2 建筑工业化的基本特征

(1) 建筑设计标准化，它是建筑工业化的前提。
(2) 构件制作工厂化，它是建筑工业化的手段。
(3) 生产施工机械化，它是建筑工业化的核心。
(4) 组织管理科学化，它是建筑工业化的保证。

8.5 建筑模数协调标准

为了使建筑制品、建筑构配件及其组合件实现工业化大规模生产，使不同材料、不同形式和不同制造方法的建筑构配件、组合件符合模数并具有较大的通用性和互换性，

2013 年我国颁布了《建筑模数协调标准》（GB/T 50002—2013），作为设计、施工、构件制作、科研的尺寸依据。建筑模数协调统一标准包括以下几点内容：

为了建筑设计构件生产以及施工等方面的尺寸协调，从而提高建筑工业化的水平，降低造价并提高房屋设计和建造的质量和速度，建筑设计应采用国家规定的建筑统一模数制。

建筑模数是选定的标准尺度单位，作为建筑物、建筑构配件、建筑制品以及有关设备尺寸相互间协调的基础，其目的是使构配件安装吻合，并有互换性。根据我国制定的《建筑模数协调标准》（GB/T 50002—2013），我国采用如下模数制。

8.5.1　基本模数

基本模数的数值规定为 100 mm，用 M 表示，即 1M＝100 mm，整个建筑物或其中一部分以及建筑组合件的模数化尺寸均应是基本模式的倍数。

8.5.2　导出模数

（1）扩大模数。扩大模数是指基本模数的整数倍，扩大模数的基数为 3M、6M、12M、15M、30M、60M 共六个，其相应的尺寸分别为 300 mm、600 mm、1 200 mm、1 500 mm、3 000 mm、6 000 mm。主要用于建筑物的开间或柱距、进深或跨度、层高、构配件截面尺寸和门窗洞口等处。

（2）分模数。分模数是指整数除基本模数的数值，分模数的基数为 M/10、M/5、M/2 三个，其相应的尺寸为 10 mm、20 mm、50 mm。主要用于缝隙、构造节点和构配件截面等处。

8.5.3　模数数列

（1）模数数列应根据功能性和经济性原则确定。

（2）建筑物的开间或柱距，进深或跨度，梁、板、隔墙和门窗洞口宽度等分部件的截面尺寸宜采用水平基本模数和水平扩大模数数列，且水平扩大模数数列宜采用 $2nM$、$3nM$（n 为自然数）。

（3）建筑物的高度、层高和门窗洞口高度等宜采用竖向基本模数和竖向扩大模数数列，且竖向扩大模数数列宜采用 nM。

（4）构造节点和分部件的接口尺寸等宜采用分模数数列，且分模数数列宜采用 M/10、M/5、M/2。

8.5.4　构件的有关尺寸

（1）标志尺寸。标志尺寸应符合模数数列的规定，用以标志建筑物定位轴线、定位线之间的垂直距离（如开间或柱距、进深或跨度、层高等）以及建筑构配件、建筑组合件、建筑制品及有关设备等界限之间的尺寸。

（2）构造尺寸。构造尺寸是建筑构配件、建筑组合件、建筑制品等的设计尺寸。一般情况下，标志尺寸减去缝隙为构造尺寸，如图 8-2 所示。

（3）实际尺寸。实际尺寸是指建筑构配件、建筑组合件、建筑制品等生产制作后的实际尺寸。实际尺寸与构造尺寸间的差数应符合建筑公差的规定。

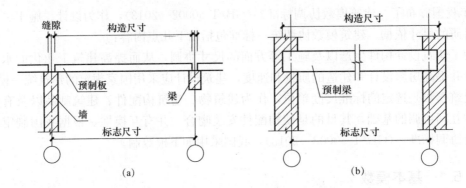

图 8-2　标志尺寸与构造尺寸的关系

(a) 标志尺寸大于构造尺寸；(b) 标志尺寸小于构造尺寸

▶ 本章小结

1. 一座建筑物主要是由基础、墙或柱、楼地层、楼梯与电梯、屋顶、门窗等几大主要部分组成。它们各处在不同的部位，发挥着各自的作用。但是，一座建筑物建成后，它的使用质量和耐久性能经受着各种因素的考验，如外力作用、自然环境影响、人为因素影响、技术经济条件等。

2. 实行建筑模数协调标准的目的是为了推进建筑工业化。其主要内容包括建筑模数的概念（基本模数、扩大模数和分模数）及其应用。

▶ 复习思考题

一、名词解释

1. 建筑模数
2. 基本模数
3. 标志尺寸
4. 构造尺寸
5. 扩大模数
6. 分模数

二、简答题

1. 简述民用建筑的构造组成。其中，哪些是起承重作用的？哪些是起围护作用的？
2. 影响建筑构造的因素有哪些？
3. 建筑工业化的特征是什么？
4.《建筑模数协调标准》（GB/T 50002—2013）规定了哪几种尺寸？它们之间有何关系？

第9章 基础与地下室

本章要点

本章主要介绍地基与基础的定义及地基和基础的关系，基础的类型和各种基础的构造要求以及地下室的防水做法和构造要求。

基础是建筑物与土层直接接触的结构构件，它将建筑物的荷载传给地基。基础是建筑物的组成部分；但地基不是。地下室是建筑物下部的使用空间，一般需作防潮或防水处理。

9.1 地基与基础的关系

9.1.1 地基与基础

基础是建筑物地面以下的承重结构，是建筑物的墙或柱在地下的扩大部分，其作用是承受建筑物上部结构传下来的荷载，并把它们连同自重一起传给地基。

地基是指基础底面以下，荷载作用影响范围内的部分岩石或土体，所以它不是建筑物的组成部分。地基承受上部荷载而产生的应力和应变随着土层深度的增加而减小，在达到一定的深度后就可以忽略不计，直接承受基础荷载的土层叫作持力层。建筑的全部荷载是通过基础传递给地基的。因此，当荷载一定时，可通过加大基础底面积来减少单位面积上地基所承受的压力。地基与基础共同保证了房屋的坚固、耐久和安全。因此，在工程设计和施工中，基础应满足强度、刚度及耐久性方面的要求；地基应满足强度、变形和稳定性方面的要求。

地基可分为天然地基和人工地基两种类型。

天然地基是指天然状态下可满足承载力要求、不需人工处理的地基。可作为天然地基的岩土体包括岩石、碎石、砂土、黏性土等。当天然岩土体达不到上述要求时，可以对地基进行补强和加固。经人工处理的地基称为人工地基。处理方法有换填法、预压法、强夯法、振冲法、深层搅拌法。换填法是指用砂石、素土、灰土、工业废渣等强度较高的材料，置换地基浅层软弱土，并在回填土的同时逐层压实。预压法是指在建筑基础施工前，对地基土预先进行加载预压，以提高地基土强度和抵抗沉降的能力。强夯法是利用强大的夯击功，迫使深层土密实，以提高地基承载力。振冲法是指在振冲器及高压水的共同作用下，使松砂土层振密或在软弱土层中成孔，然后回填碎石等粗粒料成桩柱并和原地基土组成复合地基的地基处理方法。深层搅拌法是指通过特制的深层搅拌机械，在地基深处就地将软弱土和固化剂（水泥、石灰等材料）强制搅拌，使软土硬结成具有整体性、水稳性和足够强度的固结体，从而增大变形模量和提高地基强度。

9.1.2　基础的埋置深度及其影响

1. 基础的埋置深度

基础的埋置深度，简称基础的埋深，是指室外设计地面至基础底面的深度（图 9-1）。基础按基础埋置深度大小，分为浅基础、深基础和不埋基础。埋置深度大于 5 m 的称为深基础；埋置深度小于 5 m 的称为浅基础。对于冬天地表土会结冰的地区，将结冰的土层厚度处称为冰冻线。为防止冻融时土内所含水的体积发生变化会对基础造成不良影响，基础底面应埋在冰冻线以下 200 mm。

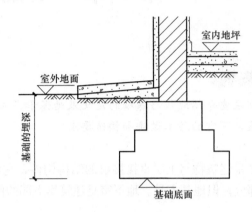

图 9-1　基础的埋深

2. 影响基础埋深的因素

（1）土层构造情况。地下土一般是分层的，各层的承载能力不同，基础应埋在坚实的土层上，而不要设置在耕植土、淤泥土、杂填土等弱土层上。在满足强度和变形要求的前提下，也应尽量埋得浅些。

（2）地下水水位的影响。土壤中地下水含量的多少对承载力的影响很大。一般应尽量将基础放在地下水水位之上。这样处理的好处是可以避免施工时排水，还可以防止基础的冻胀。当地下水水位较高，基础不能埋置在地下水水位以上时，宜将基础埋置在最低地下水水位以下不少于 200 mm 的深度，且同时考虑施工时基坑的排水和坑壁支护等因素。

（3）冻结深度的影响。土层的冻结深度由各地气候条件决定，如北京地区一般为 0.8～1.0 m，哈尔滨地区一般为 2 m 左右。建筑物的基础若放在冻胀土上，冻胀力会将建筑物拱起，使建筑物产生变形。解冻时，又会产生陷落，使基础处于不稳定状态。冻融的不均匀使建筑物产生变形，严重时会产生开裂等破坏情况，因此，一般应将基础的灰土垫层部分放在冻结深度以下不少于 200 mm。

（4）相邻建筑物或建筑物基础的影响。新建建筑物基础埋深不宜大于相邻原有建筑物的基础埋深。若新建建筑基础埋深小于或等于原有建筑基础埋深时，应考虑附加压力对原有基础的影响。若新建建筑基础埋深大于原有建筑基础埋深时，应考虑原有建筑基础的稳定性问题（图 9-2）。具体做法是必须满足下列条件：

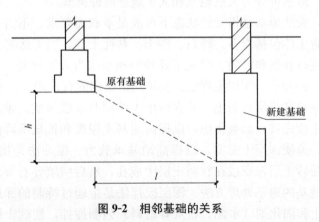

图 9-2　相邻基础的关系

$$\frac{h}{l} \leqslant \frac{1}{2} \sim \frac{2}{3} \text{ 或 } l \geqslant 0.5h \sim 2.0h$$

式中　h——新建与原有建筑物基础底面标高之差；

　　　l——新建与原有建筑物基础边缘的最小距离。

（5）其他因素的影响。基础的埋置深度除考虑土层构造、地下水水位、冻结深度、相邻建筑物或建筑物基础的影响外，还要考虑拟建建筑是否有地下室、设备基础等因素的影响。

9.2　基础的类型和构造

基础的类型较多，基础按所采用的材料和受力特点，可分为刚性基础和非刚性基础。由刚性材料制作的基础称为刚性基础。在常用的建筑材料中，砖、石、素混凝土等抗压强度高，而抗拉、抗剪强度低，均属于刚性材料。由这些材料制作的基础都属于刚性基础。非刚性基础又称柔性基础，即不受刚性角限制的基础；一般指钢筋混凝土浇筑的基础。

当建筑物的荷载较大而地基承载能力较小时，由于基础底面宽度需要加宽，如果仍采用素混凝土材料，势必导致基础深度也要加大。这样，既增加了挖土工作量，而且还使材料用量增加，对工期和造价都十分不利。如果在混凝土基础的底部配以钢筋，利用钢筋来承受拉力，使基础底部能够承受较大弯矩。这样，就成为钢筋混凝土基础。钢筋混凝土基础不受刚性角限制，能够承受弯矩，可以做成独立基础、条形基础、筏形基础、箱形基础等类型，如图9-3所示。

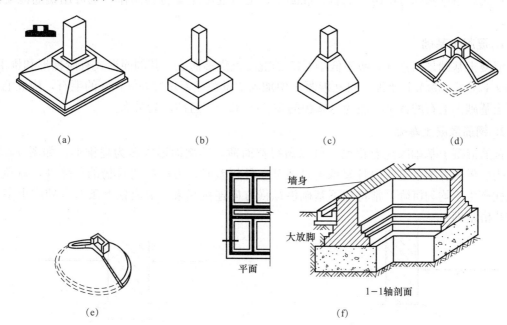

图 9-3　基础的类型

（a）独立式杯形基础；（b）独立式阶梯形基础；（c）独立式锥形基础；
（d）独立式折壳基础；（e）独立式圆锥壳基础；（f）刚性条形基础

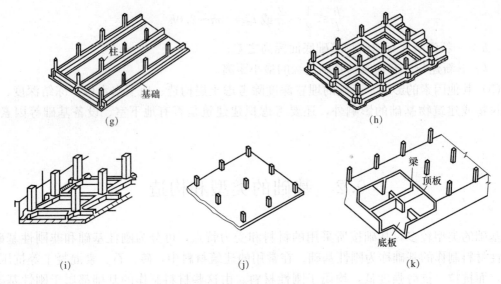

图 9-3　基础的类型（续）

（g）柱下钢筋混凝土条形基础；（h）柱下钢筋混凝土十字交叉基础；
（i）带肋梁筏形基础；（j）平板式筏形基础；（k）箱形基础

9.2.1　条形基础

基础沿墙体连续设置成长条状称为条形基础或带形基础，是砌体结构建筑墙下基础的基本形式。条形基础可用砖、毛石、混凝土、毛石混凝土等材料制作，也可用钢筋混凝土制作。

1. 混凝土基础

混凝土基础是用强度等级不低于 C15 的混凝土浇捣而成，其剖面形式有阶梯形和锥形，如图 9-4 所示。为节省水泥，可在混凝土中加入适量粒径不超过 300 mm 的毛石，构成毛石混凝土基础。毛石的掺量一般为总体积的 20%～30%，且应均匀分布。

2. 钢筋混凝土基础

钢筋混凝土基础因配有钢筋，可以做得宽而薄，其剖面形式多为扁锥形，如图 9-5 所示。当房屋为骨架承重或内骨架承重且地基条件较差时，为提高建筑物的整体性，避免各承重柱产生不均匀沉降，常将柱下基础沿纵横方向连接起来，形成柱下条形基础或十字交叉的井格基础。

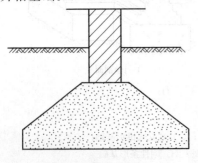

图 9-4　混凝土基础

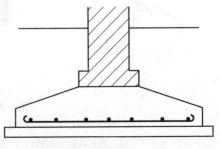

图 9-5　钢筋混凝土基础

钢筋混凝土基础中混凝土的强度等级不宜低于 C15，受力钢筋通过计算确定，但钢筋直径不小于 10 mm，间距不大于 200 mm。受力钢筋的保护层厚度，有垫层时不小于 40 mm，无垫层时不小于 70 mm，垫层一般用 C10 的素混凝土，厚度为 70～100 mm。

3. 砖条形基础

砖条形基础一般由垫层、大放脚和基础墙三部分组成。大放脚的做法有间隔式和等高式两种，如图 9-6 所示。垫层厚度应根据上部结构的荷载和地基承载力的大小等确定，一般不小于 100 mm。砖的强度等级不低于 MU10，砂浆强度等级应为不低于 M5 的水泥砂浆。

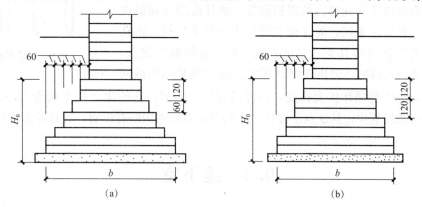

图 9-6 砖条形基础
(a) 二皮砖与一皮砖间隔挑出 1/4 砖；(b) 二皮砖挑出 1/4 砖

9.2.2 独立基础

当建筑物上部结构为框架、排架时，基础采用独立基础。独立基础是柱下基础的基本形式。当柱为预制构件时，基础浇筑成杯口形，然后将柱子插入，并用细石混凝土嵌固，这种基础称为杯形基础。独立基础常用的断面形式有杯形、阶梯形、锥形等，如图 9-3 (a) ～ (c) 所示。

9.2.3 满堂基础

1. 筏形基础

当建筑物上部荷载较大，或地基土很差，承载能力小时，采用筏形基础。筏形基础在构造上像倒置的钢筋混凝土楼盖，分为梁板式和平板式，如图 9-3 (i)、(j) 所示。

2. 箱形基础

箱形基础是一种刚度很大的整体基础，它由钢筋混凝土顶板、底板和纵墙、横墙组成。如果在纵横内墙上开门洞，就可以做成地下室。它的整体空间刚度大，能有效地调整基底压力且埋深大，稳定性和抗震性好，常用作高层建筑的基础，如图 9-3 (k) 所示。

9.2.4 桩基础

当建筑物的荷载较大，而地基的弱土层较厚，地基承载力不能满足要求，采取其他措施又不经济时，可采用桩基础。桩基础由承台和桩柱组成，如图 9-7 所示。承台是在桩顶现浇的钢筋混凝土梁或板，如果上部是砖墙时为承台梁，上部是钢筋混凝土柱时为承台板，承台的厚度一般不小于 300 mm，由计算确定，桩顶嵌入承台不小于 50 mm。桩柱有木桩、钢桩、钢筋混凝土桩等，常采用钢筋混凝土桩。

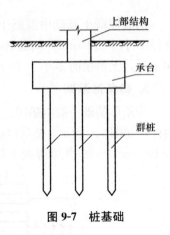

图 9-7　桩基础

钢筋混凝土桩按施工方法可分为预制桩、灌注桩、爆扩桩。预制桩是预制好后用打桩机打入土中，断面一般为 200～350 mm，桩长不超过 12 m。预制桩质量受保证，不受地基等条件的影响，但有造价高、用钢量大、施工有噪声等缺点。灌注桩是指在工程现场通过机械钻孔、钢管挤土或人力挖掘等手段在地基土中形成桩孔并在其内放置钢筋笼、灌注混凝土而做成的桩。依照成孔方法不同，灌注桩又可分为沉管灌注桩、钻孔灌注桩和挖孔灌注桩等几类。它具有施工快、造价低等优点，但当地下水水位较高时，会出现缩颈现象。爆扩桩是用机械或人工钻孔后，用炸药爆炸扩大孔底，再浇筑混凝土而成。它的优点是承载能力高、施工快、劳动强度低以及投资少；其缺点是爆炸产生的振动对周围房屋有影响，容易发生事故。

9.3　地下室

地下室是位于地面以下的建筑使用空间，它由墙、底板、顶板、门窗和采光井组成，按使用功能可分为普通地下室和防空地下室；按结构形式，可分为砖墙结构地下室和混凝土结构地下室；按地下室埋入地下深度，可分为全地下室和半地下室。

地下室经常受到下渗地表水、土壤中的潮气或地下水的侵蚀，因此防潮、防水问题便成了地下室构造设计中需要解决的一个重要问题。当最高地下水水位低于地下室地坪且无滞水可能时，地下水不会直接侵入地下室，地下室的外墙和底板只受到土层中潮气的影响，一般只作防潮处理。当最高地下水水位高于地下室地坪时，地下水不仅可以侵入地下室，而且地下室外墙和底板还分别受到地下水的侧压力和浮力作用。这时，对地下室必须采取防水处理。地下室防潮、防水与地下水水位的关系，如图 9-8 所示。

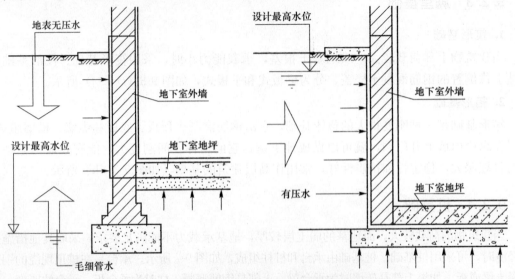

图 9-8　地下室防潮、防水与地下水水位的关系

9.3.1 地下室防潮

地下室防潮是在地下室外墙外面设置防潮层。其做法是在外墙外侧先抹 20 mm 厚 1∶2.5 水泥砂浆（高出散水 300 mm 以上），然后涂冷底子油 1 道和热沥青 2 道（至散水底），最后回填隔水层。隔水层材料北方常采用 2∶8 灰土，南方常用炉渣，其宽度不少于 500 mm，如图 9-9 所示。

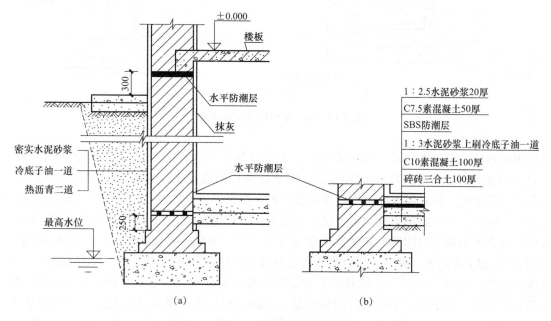

图 9-9 地下室防潮做法
（a）墙身防潮；（b）地坪防潮

9.3.2 地下室防水

为满足结构和防水的需要，建筑物地下室的地坪一般都采用钢筋混凝土材料。显然，混凝土的防水性能良好，而且添加外加剂后密实性有进一步的提高，但如果地下室浸泡在地下水中，地下水是有压力的，容易通过地下室的底板和外壁向内渗透。受到地下水侵蚀的混凝土，其耐久性会受到影响。

地下室的防水构造做法主要是采用防水材料来隔离地下水。按照建筑物的状况以及所选用防水材料的不同，地下室防水可以分为沥青卷材防水、防水混凝土防水、涂料防水等。另外，采用人工降水、排水的办法，使地下水水位降低至地下室底板以下，变有压水为无压水，消除地下水对地下室的影响，也是非常有效的。

1. 沥青卷材防水

沥青卷材防水是以沥青胶为胶结材料，粘贴一层或多层卷材做防水层的防水做法，根据卷材与墙体的关系，可分为内防水和外防水。地下室卷材外防水做法如图 9-10 所示。

卷材铺贴在地下室墙体外表面的做法，称为外防水或外包防水，具体做法是：先在外墙外侧抹 20 mm 厚 1∶3 水泥砂浆找平层，其上刷冷底子油 1 道，然后铺贴卷材防水层，并与从地下室地坪底板下留出的卷材防水层逐层搭接。防水层的层数应根据地下室最高水位

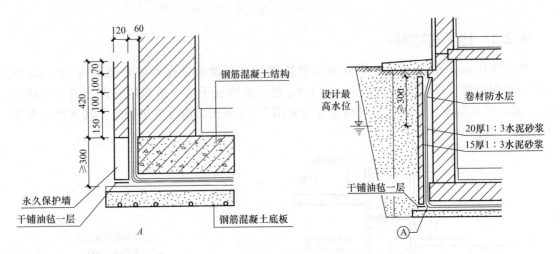

图 9-10　地下室卷材外防水做法

到地下室地坪的距离来确定。当两者的高差小于或等于 3 m 时用 3 层，3～6 m 时用 4 层，6～12 m 时用 5 层，大于 12 m 时用 6 层。防水层应高出最高水位 300 mm，其上应用一层油毡贴至散水底。防水层外面砌半砖保护墙 1 道，在保护墙与防水层之间用水泥砂浆填实。砌筑保护墙时，先在底部干铺油毡 1 层，并沿保护墙长度每隔 5～8 m 设一通高断缝，以便使保护墙在土的侧压力作用下能紧紧压住卷材防水层。最后，在保护墙外 0.5 m 的范围内回填 2∶8 灰土或炉渣。另外，还有将防水卷材铺贴在地下室外墙内表面的内防水做法，又称内包防水，如图 9-11 所示。这种防水方案对防水不太有利，但施工方便，易于维修，多用于修缮工程。地下室水平防水层的做法是：先在垫层做水泥砂浆找平层，其上涂冷底子油，再铺贴防水层，最后做基坑回填隔水层（黏土或灰土）和滤水层（砂）并分层夯实。

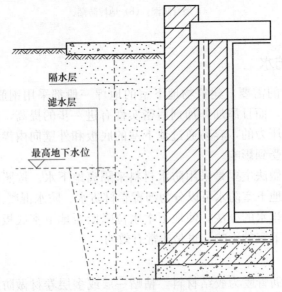

图 9-11　地下室卷材内防水做法

2. 防水混凝土防水

地下室的地坪与墙体一般都采用钢筋混凝土材料，其防水以采用防水混凝土为佳。防水混凝土的配制与普通混凝土相同，所不同的是借不同的集料级配，以提高混凝土的密实性；或在混凝土内掺入一定量的外加剂，以提高混凝土自身的防水性能。集料级配主要是采用不同粒径的集料进行级配，同时提高混凝土中水泥砂浆的含量，使砂浆充满于集料之间，从而堵塞因集料直接接触出现的渗水通道，达到防水的目的，如图 9-12 所示。

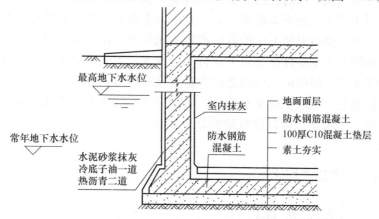

图 9-12　混凝土构件自防水构造

掺外加剂是在混凝土中掺入加气剂或密实剂，以提高其抗渗性能。目前，常采用的外加防水剂的主要成分是氯化铝、氯化钙和氯化铁。它们掺入混凝土中，能与水泥水化过程中的氢氧化钙反应，生成氢氧化铝、氢氧化铁等不溶于水的胶体，与水泥中的硅酸二钙、铝酸三钙化合成复盐晶体，这些胶体与晶体填充于混凝土的孔隙内，从而提高其密实性，使混凝土具有良好的防水性能。集料级配防水混凝土的抗渗压力可达 35 个大气压；外加剂防水混凝土的抗渗压力可达 32 个大气压。防水混凝土的外墙、底板均不宜太薄，外墙厚度一般应在 200 mm 以上，底板厚度应在 150 mm 以上。为防止地下水对混凝土侵蚀，在墙外侧应抹水泥砂浆，然后涂抹冷底子油。

3. 涂料防水

涂料防水是指在施工现场以刷涂、刮涂或滚涂等方法，将无定型液态冷涂料在常温下涂在地下室结构表面的一种防水做法，一般为多层敷设。为增强抗裂性，通常还夹铺 1～2 层纤维制品。涂料防水层的组成有底涂层、多层基本涂膜和保护层，做法有外防外涂和外防内涂两种。我国常用的涂料有水乳型、溶剂型和反应型三种。一般在同一工程同一部位不能混用。

按地下工程应用的防水涂料分类，有机防水涂料主要包括合成橡胶类、合成树脂类和橡胶沥青类。其中，如氯丁橡胶防水涂料、SBS 改性沥青防水涂料等聚合物乳液防水涂料，属挥发固化型；聚氨酯防水涂料等属反应固化型。另有聚合物水泥涂料，是以高分子聚合物为主要基料，加入少量无机活性粉料（如水泥及石英砂等），具有比一般有机涂料干燥快、弹性模量低、体积收缩小、抗渗性好等优点，国外称之为弹性水泥防水涂料。有机防水涂料固化成膜后最终形成柔性防水层，适宜做在主体结构的迎水面。

无机防水涂料主要包括聚合物改性水泥基防水涂料和水泥基渗透结晶型防水涂料，是在水泥中加入一定的集合物，能够不同程度地改变水泥固化后的物理力学性能，但是应认为是刚性防水材料，所以不适用变形较大或受振动部位，适宜做在主体结构的背水面。

9.3.3 地下室人工降水、排水法

人工降水、排水法分为外排水和内排水两种。所谓外排水是采取在建筑物的四周设置永久性降水、排水设施，使高过地下室底板的地下水水位在地下室周围回落至底板标高之下，或者使平时水位虽在地下室底板之下，但在丰水期有可能上升的地下水水位难以达到地下室底板的标高，使得对地下室的有压水变为无压水，以减少其渗透的压力。通常的做法是在建筑物四周地下室地坪标高以下设盲沟，或者设置无砂混凝土管、普通硬塑料管或加筋软管式的渗水管，周围填充可以滤水的砾石及粗砂等材料。其中，贴近天然土的是粒径较小的粗砂滤水层，可以使地下水通过，而不把细小的土颗粒带走；而靠近排水装置的是粒径较大的砾石渗水层，可以使较清的地下水透入渗水管中积聚后流入城市排水总管，如图 9-13 所示。

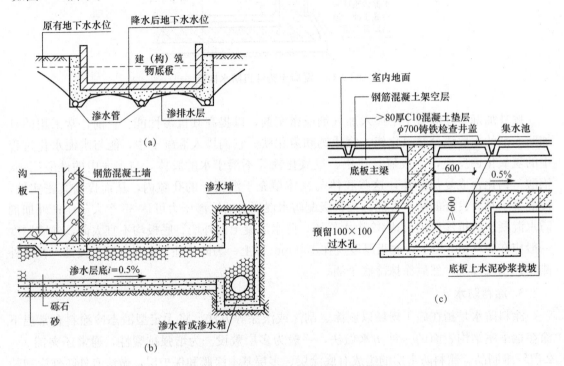

图 9-13 地下室人工降水、排水示意图
(a) 地下室外排水原理示意；(b) 地下室外排水实例；(c) 地下室人工降水、排水构造示意

内排水法是将有可能渗入地下室内的水，通过永久性自流排水系统如集水沟排至集水井再用水泵排除。在构造上常将地下室地坪架空，或设隔水间层，以保持室内墙面和地坪干燥。为保险计，有些重要的地下室，既做外部防水又设置内排水设施。

本章小结

1. 基础是建筑物与土层直接接触的结构构件，它承受建筑物上部结构传下来的全部荷载，并把这些荷载连同本身的重量一起传到地基，而地基不是建筑物的组成部分。

2. 室外设计地面至基础底面的深度称为基础的埋置深度。埋深大于 5 m 为深基础，小于 5 m 为浅基础。影响基础埋深的因素有土层构造、地下水水位、冻结深度及相邻建筑物或建筑物基础等。

3. 基础按所采用的材料和受力特点，分为刚性基础和非刚性基础；按构造形式不同，有条形基础、独立基础、筏形基础、箱形基础和桩基础等。

4. 地下室是建造在地面以下的使用空间。由于地下室的外墙、底板受到地下潮气和地下水的侵蚀，因此，必须重视地下室的防潮、防水处理。

5. 当常年最高地下水水位低于地下室地面时，地下水不会直接侵入地下室，墙和底板仅受土层中毛细水和地表水下渗形成的无压水影响，只作防潮处理。当常年最高地下水水位高于地下室地坪时，必须对地下室外墙和地坪作防水处理，将防水层连接起来。常用的防水措施有沥青卷材防水、防水混凝土防水、涂料防水等。

复习思考题

1. 基础和地基之间的关系是什么？

2. 什么是基础的埋置深度？影响基础埋置深度的因素有哪些？

3. 基础有哪些类型？

4. 地下室的含义是什么？它是如何分类的？

5. 地下室防潮、防水的做法有哪些？

第10章　楼地层

本章要点

本章主要介绍楼地层的类型及设计要求，重点介绍钢筋混凝土楼板的构造处理及地面的装饰做法，介绍阳台及雨篷等的构造处理形式。

10.1　楼地层的设计要求和构造组成

楼板层和地坪层都是分隔建筑空间的水平构件：楼板层是分隔楼层空间的水平承重构件；地坪层是指底层房间与土壤相交接处的水平构件；地面是指楼板层和地坪层的面层部分。它们各处在不同的部位，发挥着各自的作用，但关系密切，因此对其结构、构造有着不同的要求。

10.1.1　楼地层的类型及组成

1. 楼板层的类型、组成

（1）楼板层的类型。楼板按所用材料不同，可分为木楼板、砖拱楼板（已不使用）、钢筋混凝土楼板、压型钢板组合楼板等几种类型，如图 10-1 所示。

木楼板是我国的传统做法，它具有构造简单、表面温暖、施工方便、自重轻等优点，但隔声、防火及耐久性差，木材消耗量大，因此，目前已极少采用。

钢筋混凝土楼板具有强度高、刚度好、耐火、耐久、可塑性好的特点，便于工业化生产和机械化施工，是目前房屋建造中广泛运用的一种楼板形式。

压型钢板组合楼板强度高，整体刚度好，施工速度快，是目前大力推广应用的一种新型楼板。

（2）楼板层的组成。底层地面的基本构造层宜为面层、垫层和地基；楼层地面的基本构造层宜为面层和楼板。当底层地面和楼层地面的基本构造层不能满足使用或构造要求时，可增设结合层、隔离层、填充层、找平层等其他构造层。

楼板层主要由面层、结构层和顶棚层等组成。此外，还可按使用需要增设附加层，如图 10-2所示。

①面层是楼板层的上表面部分，起着保护楼板、承受并传递荷载的作用，同时对室内装饰和清洁起着重要作用。

②结构层是楼板层的承重部分，包括板和梁。它承受楼层上的全部荷载及自重并将其传递给墙或柱，同时对墙身起水平支撑作用，以加强建筑物的整体刚度。

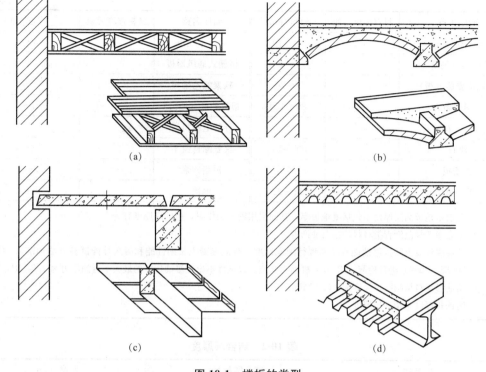

图 10-1　楼板的类型

（a）木楼板；（b）砖拱楼板；（c）钢筋混凝土楼板；（d）压型钢板组合楼板

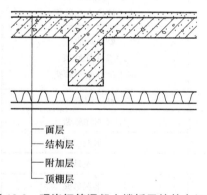

　　——面层
　　——结构层
　　——附加层
　　——顶棚层

图 10-2　现浇钢筋混凝土楼板层的基本组成

　　③附加层是为满足隔声、防水、隔热、保温等使用功能要求而设置的功能层。

　　④顶棚层是楼层的装饰层，起着保护楼板、方便管线敷设、改善室内光照条件和装饰美化室内环境的作用。

　　选择地面类型时，所需要的面层、结合层、填充层、找平层的厚度和隔离层的层数，可按表 10-1～表 10-5 中不同材料及其特性采用。

表 10-1　面层厚度

面层名称	材料强度等级	厚度/mm	面层名称	材料强度等级	厚度/mm
混凝土（垫层兼面层）	≥C15	按垫层确定	木板（双层）		12～18

面层名称	材料强度等级	厚度/mm	面层名称	材料强度等级	厚度/mm
细石混凝土	≥C20	30~10	薄型木地板	—	8~18
陶瓷锦砖（马赛克）	—	5~8	格栅式通风地板		高 300~400
地面陶瓷砖（板）	—	8~20	软聚氯乙烯板	—	2~3
花岗岩条石	≥MU60	80~120	塑料地板（地毡）	—	1~2
大理石、花岗石		20	导静电塑料板	—	1~2
块石		100~150	聚氨酯自流平		3~4
铸铁板	—	7	树脂砂浆	—	5~10
木板（单层）		18~22	地毯		5~12

注：1. 双层木地板面层厚度不包括毛地板厚，其面层用硬木制作时，板的净厚度宜为 12~18 mm。

2. 本表参考规范沥青类材料均指石油沥青。

3. 防油渗混凝土的抗渗性能应按照现行国家标准《普通混凝土长期性能和耐久性能试验方法标准》（GB/T 50082—2009）进行检测，用 10 号机油为介质。以试件不出现渗油现象的最大不透油压力为 1.5 MPa。

4. 防油渗涂料粘结抗拉强度为≥0.3 MPa。

5. 铸铁板厚度是指面层厚度。

表 10-2　结合层厚度

面层名称	结合层材料	厚度/mm
预制混凝土板	砂、炉渣	20~30
陶瓷锦砖（马赛克）	1：1 水泥砂浆	5
	或干硬性水泥砂浆	20~30
烧结普通砖、煤矸石砖、耐火砖、水泥花砖	砂、炉渣	20~30
	1：2 水泥砂浆	15~20
	或干硬性水泥砂浆	20~30
块石	砂、炉渣	20~50
花岗岩条石	1：2 水泥砂浆	15~20
大理石、花岗岩、预制水磨石板	1：2 水泥砂浆	20~30
地面陶瓷砖（板）	1：2 水泥砂浆	10~15
铸铁板	1：2 水泥砂浆	45
	砂、炉渣	≥60
塑料、橡胶、聚氯乙烯塑料等板材	胶粘剂	
木地板	胶粘剂、木板小钉	
导静电塑料板	配套导静电胶粘剂	

表 10-3　填充层厚度

填充层材料	强度等级或配合比	厚度/mm
水泥炉渣	1：6	30~80
水泥石灰炉渣	1：1：8	30~80
轻集料混凝土	C7.5	30~80

填充层材料	强度等级或配合比	厚度/mm
加气混凝土块		≥50
水泥膨胀珍珠岩块		≥50
沥青膨胀珍珠岩块		≥50

表 10-4　找平层厚度

找平层材料	强度等级或配合比	厚度/mm
水泥砂浆	1:3	≥15
混凝土	C10～C15	≥30

表 10-5　隔离层层数

隔离层材料	层数（或道数）	隔离层材料	层数（或道数）
石油沥青油毡	一或二层	防水冷胶料	一布三胶
混凝土	一层	（聚氨酯类涂料）	两道或三道
沥青玻璃布油毡	一层	热沥青	两道
再生胶油毡	一层	防油渗胶泥玻璃纤维布	一布两胶
软聚氯乙烯卷材	一层		

注：1. 石油沥青油毡不应低于 350 g。
　　2. 防水涂膜总厚度一般为 1.5～2 mm。
　　3. 防水薄膜（农用薄膜）作隔离层时，其厚度为 0.4～0.6 mm。
　　4. 沥青砂浆作隔离层时，其厚度为 10～20 mm。
　　5. 用于防油渗隔离层可采用具有防油渗性能的防水涂膜材料。

2. 地坪层的类型、组成

（1）地坪层的类型。地坪层按面层所用材料和施工方式的不同，可分为以下几类地面：

①整体地面：如水泥砂浆地面、细石混凝土地面、沥青砂浆地面等。

②块材地面：如砖铺地面、墙地砖地面、石板地面、木地面等。

③卷材地面：如塑料地面、橡胶地毯、化纤地毯、手工编织地毯等。

④涂料地面：如多种水溶型、水乳型、溶剂型涂布地面等。

（2）地坪层的组成。地坪层的基本组成部分有面层、垫层和基层三部分，对有特殊要求的地坪层，可在面层和垫层之间按需增设附加层，如图 10-3 所示。

地坪层的面层和附加层与楼板层的类似，这里不再赘述。

①基层为地坪层的承重层，也叫作地基。当其土质较好、上部荷载不大时，一般采用原土夯实或填土分层夯实；否则，应对其进行换土或夯入碎砖、砾石等

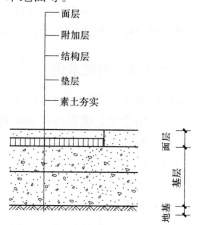

图 10-3　地坪层的组成

处理。

②垫层是地坪中起承重和传递荷载作用的主要构造层次，按其所处位置及功能要求的不同，通常有三合土、素混凝土、毛石混凝土等几种做法。

10.1.2　楼地层设计要求

（1）具有足够的强度和刚度。强度要求楼地层应保证在自重和荷载作用下平整、光洁、安全、可靠，不发生破坏；刚度要求楼地层应在一定荷载作用下不发生过大的变形和耐磨，做到不起尘、易清洁，以保证正常使用和美观。

（2）具有一定的隔声能力，以保证上下楼层使用时相互影响较小。通常，提高隔声能力的措施有：采用空心楼板、板面铺设柔性地毡、做弹性垫层和在板底做顶棚等，如图 10-4 所示。

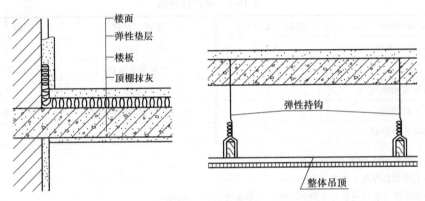

图 10-4　隔声措施

（3）具有一定的热工及防火能力。楼地层一般应有一定的蓄热性，以保证人们使用时的舒适感，同时还应有一定的防火能力，以保证火灾时人们逃生的需要。

（4）具有一定的防潮、防水能力。对于卫生间、厨房和化学试验室等地面潮湿、易积水的房间，应做好防潮、防水、防渗漏和耐腐蚀处理。

（5）满足各种管线的敷设，以保证室内平面布置更加灵活，空间使用更加完整。

（6）满足经济要求，适应建筑工业化。在结构选型、结构布置和构造方案确定时，应按建筑质量标准和使用要求，尽量减少材料消耗，降低成本，满足建筑工业化的需要。

10.1.3　相关术语

（1）面层：建筑地面直接承受各种物理和化学作用的表面层。

（2）结合层：面层与其下面构造层之间的连接层。

（3）找平层：在垫层或楼板面上进行抹平找坡的构造层。

（4）隔离层：防止建筑地面上各种液体或地下水、潮气透过地面的构造层。

（5）防潮层：防止建筑地基或楼层地面下潮气透过地面的构造层。

（6）填充层：在钢筋混凝土楼板上设置起隔声、保温、找坡或暗敷管线等作用的构造层。

（7）垫层：在建筑地基上设置承受并传递上部荷载的构造层。

（8）缩缝：防止混凝土垫层在气温降低时产生不规则裂缝而设置的收缩缝。

（9）伸缝：防止混凝土垫层在气温升高时在缩缝边缘产生挤碎或拱起而设置的伸胀缝。

（10）纵向缩缝：平行于施工方向的缩缝。

（11）横向缩缝：垂直于施工方向的缩缝。

10.2　钢筋混凝土楼板构造

钢筋混凝土楼板按施工方法的不同，可分为现浇整体式、预制装配式和装配整体式三种。由于抗震要求，目前工地上普遍采用现浇整体式钢筋混凝土楼板。

10.2.1　现浇整体式钢筋混凝土楼板

这种楼板是在施工现场经支立模板、绑扎钢筋、浇灌混凝土、养护等施工程序而成型的。它整体刚度好，但模板消耗大、工序繁多、湿作业量大、工期长，适合于抗震设防及整体性要求较高的建筑。

根据受力情况的不同，它分为板式楼板、梁板式楼板、井式楼板、无梁楼板和压型钢板组合楼板等几种。

1. 板式楼板

这种楼板是直接搁置在墙上的，它有单向板和双向板之分。当板的长边与短边之比大于 2 时，板基本上沿短边传递荷载，这种板称为单向板，板内受力筋沿短边配置；当板的长边与短边之比小于或等于 2 时，板内荷载双向传递，但短边方向内力较大，这种板称为双向板，板内受力主筋平行于短边配置，如图 10-5 所示。

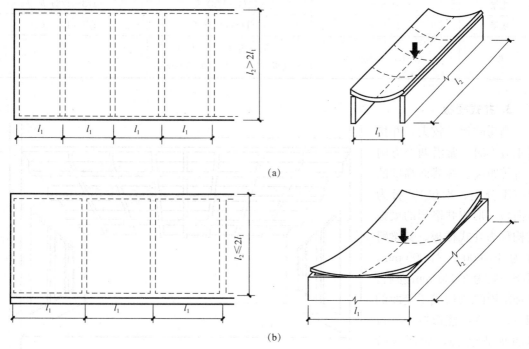

图 10-5　楼板的受力、传力方式

（a）单向板；（b）双向板

这种板的板底平整、美观，施工方便，适宜于厕所、厨房和走道等小跨度房间。

2. 梁板式楼板

当房间的跨度较大，为使楼板结构的受力与传力更加合理，常在楼板下设梁，以减小板的跨度，使楼板上的荷载先由板传给梁，然后由梁再传给墙或柱。这样的楼板结构称为梁板式楼板。其梁有主梁与次梁之分，楼板有单向板和双向板之分，如图10-6所示。

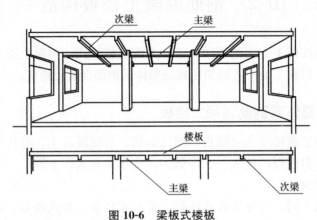

图 10-6　梁板式楼板

梁板式楼板常用的经济尺寸见表10-6。

表 10-6　梁板式楼板常用的经济尺寸

构件	经济尺寸		
名称	跨度/L	梁高、板厚/h	梁宽/b
主梁	5～8 m	(1/14～1/8) L	(1/3～1/2) h
次梁	4～6 m	(1/18～1/12) L	(1/3～1/2) h
板	1.5～3 m	简支板 (1/35) L 连续板 (1/40) L (60～80 mm)	

3. 井式楼板

当房间尺寸较大，并接近正方形时，常沿两个方向布置等距离、等截面高度的梁（不分主、次梁），板为双向板，形成井格形的梁板结构称为井式楼板。其梁跨常为 10 000～24 000 mm，板跨一般为 3 000 mm 左右。这种结构的梁构成了美丽的图案，在室内能形成一种自然的顶棚装饰，如图 10-7 所示。

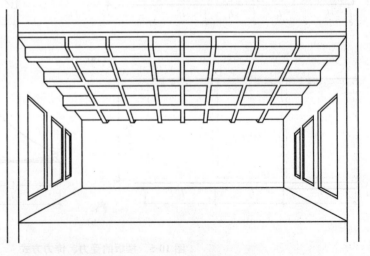

图 10-7　井式楼板

4. 无梁楼板

无梁楼板是框架结构中将楼板直接支承在柱子上的楼板，如图 10-8 所示。为了增大柱的支承面积和减小板的跨度，需在柱的顶部设柱帽和托板。无梁楼板的柱应尽量按方形网格布置，间距为 7 000～9 000 mm 较为经济。由于板跨较大，一般板厚应不小于 150 mm。

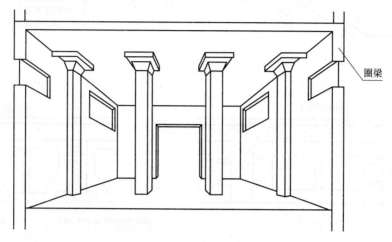

图 10-8　无梁楼板

无梁楼板与梁板式楼板比较，具有顶棚平整，室内净空大，采光、通风好，施工较简单等优点。它多用于楼板上荷载较大的商店、仓库、展览馆等建筑中。

5. 压型钢板组合楼板

压型钢板组合楼板实质上是一种钢与混凝土组合的楼板，是利用压型钢板作衬板与现浇混凝土浇筑在一起，搁置在钢梁上，构成整体性的楼板支承结构。它适用于需有较大空间的高层、多层民用建筑中。

压型钢板组合楼板主要由楼面层、组合板与钢梁几部分构成，在使用压型钢板组合楼板时，应注意以下几点：

（1）在有腐蚀的环境中应避免使用；

（2）应避免压型钢板长期暴露，以防钢板梁生锈，破坏结构的连接性能；

（3）在动荷载的作用下，应仔细考虑其细部设计，并注意保持结构组合作用的完整性和共振问题。

10.2.2　预制装配式钢筋混凝土楼板

这种楼板是指在构件预制厂或施工现场预先制作，然后运到工地进行安装的楼板。它提高了机械化施工水平，缩短了工期，促进了建筑工业化，在以前应用较为广泛。但在 2008 年"5·12"大地震后，由于这种楼板整体性较差、抗震性能很差，故目前只在少数非地震区使用（本书不再介绍）。

10.2.3　装配整体式钢筋混凝土楼板

这种楼板是一种预制装配和现浇相结合的楼板，它整体性强、节省模板。它包括叠合楼板、密肋空心砖楼板和预制小梁现浇板等，如图 10-9 所示。

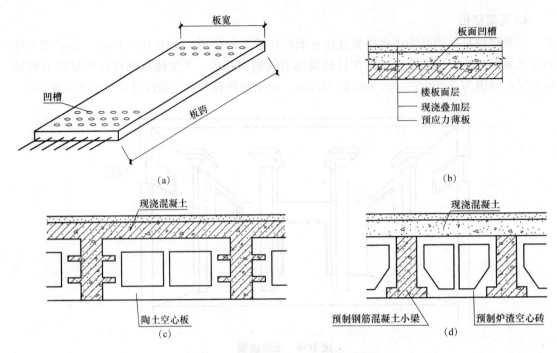

图 10-9　装配整体式钢筋混凝土楼板

(a) 混凝土板；(b) 叠合楼板；(c) 密肋空心砖楼板；(d) 预制小梁现浇板

10.3　楼地面构造

10.3.1　楼地面的构造要求

楼板层的面层和地坪层的面层统称为地面，它们的类型、构造要求和做法基本相同。地面类型的选择，应根据生产特征、建筑功能、使用要求和技术经济条件，经综合技术经济比较确定。当局部地段受到较严重的物理或化学作用时，应采取局部措施。

（1）具有足够的坚固性。即要求在各种外力作用下不易被磨损、破坏，且要求表面平整、光洁、易清洁和不起灰。

（2）保温性能好。作为人们经常接触的地面，应给人们以温暖、舒适的感觉，保证寒冷季节脚部舒适。

（3）具有一定的弹性。当人们行走时不致有过硬的感觉，同时有弹性的地面对减弱撞击声也有利。

（4）满足隔声要求。隔声要求主要在楼地面，可通过选择楼地面垫层的厚度与材料类型来达到。

（5）其他要求。对有水作用的房间，地面应防潮、防水；对有火灾隐患的房间，应防火、耐燃烧；对有酸碱作用的房间，则要求具有耐腐蚀的能力等。

10.3.2 地面类型的选择

（1）有清洁和弹性要求的地段，地面类型的选择应符合下列要求：

①有一般清洁要求时，可采用水泥石屑面层、石屑混凝土面层，如车库及其他没有过高清洁要求的其他库房。

②有较高清洁要求时，宜采用涂刷涂料的水泥类面层或其他板材、块材面层等，如一般大量使用类房间。

③有较高清洁和弹性等使用要求时，宜采用菱苦土或聚氯乙烯板面层。当上述材料不能完全满足使用要求时，可局部采用木板面层或其他材料面层。菱苦土面层不应用于经常受潮湿或有热源影响的地段。在金属管道、金属构件同菱苦土的接触处，应采取非金属材料隔离。

④有较高清洁要求的底层地面，宜设置防潮层。

⑤木板地面应根据使用要求，采取防火、防腐、防蛀等相应措施。

（2）有空气洁净度要求的建筑地面，其面层应平整、耐磨、不起尘，并易除尘、清洗。其底层地面应设防潮层。面层应采用不燃、难燃或燃烧时不产生有毒气体的材料，并宜有弹性与较低的导热系数。面层应避免眩光，面层材料的光反射系数宜为 0.15～0.35。必要时，还应不易积聚静电。

（3）空气洁净度为 100 级、1 000 级、10 000 级的地段，地面不宜设变形缝。

①空气洁净度为 100 级垂直层流的建筑地面，应采用格栅式通风地板，其材料可选择钢板焊接后电镀或涂塑、铸铝等。通风地板下宜采用现浇水磨石、涂刷树脂类涂料的水泥砂浆或瓷砖等面层。

②空气洁净度为 100 级水平层流、1 000 级和 10 000 级的地段，宜采用导静电塑料贴面面层、聚氨酯等自流平面层。导静电塑料贴面面层宜用成卷或较大块材铺贴，并应用配套的导静电胶粘合。

③空气洁净度为 10 000 级和 100 000 级的地段，可采用现浇水磨石面层，也可在水泥类面层上涂刷聚氨酯涂料、环氧涂料等树脂类涂料。

（4）现浇水磨石面层宜用铜条或铝合金条分格，当金属嵌条对某些生产工艺有害时，可采用玻璃条分格。

（5）生产或使用过程中有防静电要求的地段，应采用导静电面层材料，其表面电阻率、体积电阻率等主要技术指标应满足生产和使用要求并设置静电接地。导静电地面的各项技术指标应符合现行国家标准《数据中心设计规范》（GB 50174—2017）的有关规定。

（6）有水或非腐蚀性液体经常浸湿的地段，宜采用现浇水泥类面层。底层地面和现浇钢筋混凝土楼板，宜设置隔离层；装配式钢筋混凝土楼板，应设置隔离层。经常有水流淌的地段，应采用不吸水、易冲洗、防滑的面层材料并设置隔离层。隔离层可采用防水卷材类、防水涂料类和沥青砂浆等材料。

防潮要求较低的底层地面，也可采用沥青类胶泥涂覆式隔离层或增加灰土、碎石灌沥青等垫层。湿热地区非空调建筑的底层地面，可采用微孔吸湿、表面粗糙的面层。

采暖房间的地面，可不采取保温措施，但遇下列情况之一时，应采取局部保温措施：

①架空或悬挑部分直接对室外的采暖房间的楼层地面或对非采暖房间的楼层地面。

②当建筑物周边无采暖通风管沟时，严寒地区底层地面，在外墙内侧 0.5～1.0 m 范围内宜采取保温措施，其热阻值不应小于外墙的热阻值。

③季节性冰冻地区非采暖房间的地面以及散水、明沟、踏步、台阶和坡道等，当土壤标准冻深大于 600 mm 且在冻深范围内为冻胀土或强冻胀土时，宜采用碎石、矿渣地面或预制混凝土板面层。当必须采用混凝土垫层时，应在垫层下加设防冻胀层。

10.3.3　楼地面装修构造

楼地面的装修构造做法很多，下面仅介绍几种常见地面的构造处理。

1. 水泥砂浆地面

水泥砂浆地面简称水泥地面，其特点是坚固、耐磨，防潮、防水，构造简单、施工方便、造价低廉、吸湿能力差、容易返潮、易起灰、不易清洁。它是目前房地产开发企业清水房使用最普遍的一种低档地面（图 10-10）。

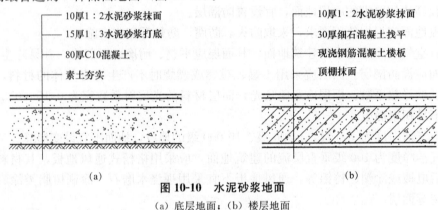

图 10-10　水泥砂浆地面

(a) 底层地面；(b) 楼层地面

2. 块材地面

凡利用各种人造的或天然的预制块材、板材镶铺在基层上的地面，称为块材地面。常用块材包括烧结普通砖、水泥花砖、缸砖、陶瓷地砖、陶瓷马赛克、人造石板、天然石板以及木地面等。它借助胶结材料铺砌或粘贴在结构层或垫层上。胶结材料既起粘结作用，又起找平作用。常用的胶结材料有水泥砂浆、沥青胶以及各种聚合物改性胶粘剂等（图 10-11）。

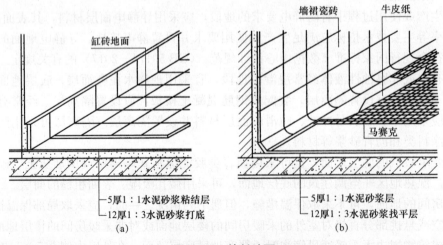

图 10-11　块材地面

(a) 缸砖地面；(b) 陶瓷马赛克地面

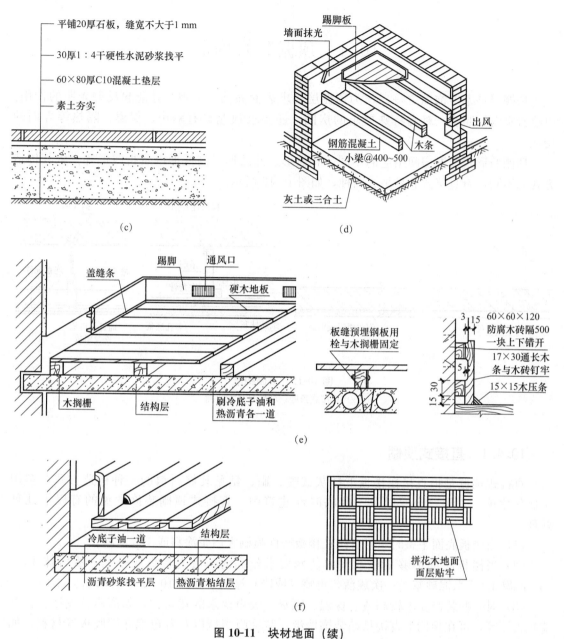

图 10-11 块材地面（续）

（c）石板地面；（d）空铺木地面；（e）实铺木地面；（f）粘贴地面

3. 卷材地面

卷材地面主要是用各种卷材、半硬质块材粘贴的地面。常见的有塑料地面、橡胶地毯地面以及无纺织地毯地面等。

4. 涂料地面

常见的涂料有水乳型、水溶型和溶剂型涂料。涂料地面要求基层坚实、平整，涂料与基层粘结牢固，不允许有掉粉、脱皮及开裂等现象。同时，涂层色彩要均匀，表面要光滑、清洁，给人以舒适、明净、美观的感觉。

10.4 顶棚装修构造

顶棚层是室内饰面之一。作为顶棚层要求表面光洁、美观，并能起反射光照的作用，以改善室内的照度。对有特殊要求的房间，还要求顶棚具有隔声、保温、隔热等方面的功能。

顶棚的形式根据房间用途的不同，有弧形、凹凸形、高低形以及折线形等；依其构造方式的不同，有直接式和悬吊式两种，如图 10-12 所示。

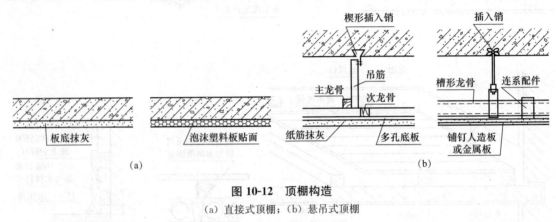

图 10-12　顶棚构造

(a) 直接式顶棚；(b) 悬吊式顶棚

10.4.1　直接式顶棚

直接式顶棚是指直接在楼板下抹灰或喷、刷、粘贴装修材料的一种构造方式，多用于居住建筑、工厂、仓库以及一些临时性建筑中。直接式顶棚装修常见的有以下几种处理：

（1）当楼板底面平整时，可直接在楼板底面喷刷大白浆涂料或 106 涂料。

（2）当楼板底部不够平整或室内装修要求较高时，可先将板底打毛，然后抹 10～15 mm厚 1：2 水泥砂浆，一次成活，再喷（或刷）涂料，如图 10-12 (a) 所示。

（3）对一些装修要求较高或有保温、隔热、吸声要求的建筑物，如商店营业厅、公共建筑大厅等，可在顶棚上直接粘贴装饰墙纸、装饰吸声板以及着色泡沫塑胶板等材料，如图 10-12 (a) 所示。

10.4.2　悬吊式顶棚

悬吊式顶棚简称吊顶，吊顶由吊筋、龙骨和板材三部分构成。常见的龙骨形式有木龙骨、轻钢龙骨、铝合金龙骨等；板材常用的有各种人造木板、石膏板、吸声板、矿棉板、铝板、彩色涂层薄钢板、不锈钢板等。

为提高建筑物的使用功能和观感，往往需借助于吊顶来解决建筑中的照明、给水排水管道、空调管、火灾报警、自动喷淋、烟感器、广播设备等管线的敷设问题，如图 10-12 (b) 所示。

10.5　阳台与雨篷构造

10.5.1　阳台

阳台是建筑中房间与室外接触的平台，人们可以利用阳台休息、乘凉、晾晒衣物、眺望或从事其他活动。它是多层尤其是高层住宅建筑中不可缺少的构件。

1. 阳台的类型

按阳台与外墙所处位置的不同，阳台可分为挑阳台、凹阳台、半挑半凹阳台以及转角阳台等几种形式，如图 10-13 所示。

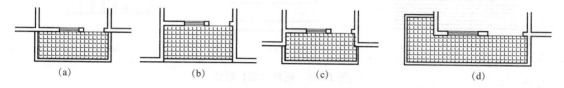

图 10-13　阳台形式

（a）挑阳台；（b）凹阳台；（c）半挑半凹阳台；（d）转角阳台

按阳台的结构布置形式的不同，阳台可分为压梁式、挑板式和挑梁式三种，如图 10-14 所示。

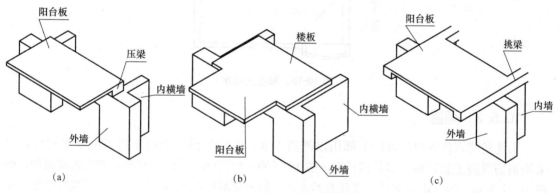

图 10-14　阳台的结构布置形式

（a）压梁式；（b）挑板式；（c）挑梁式

2. 阳台的细部构造

（1）栏杆的形式。阳台栏杆是在阳台周边设置的垂直构件，其作用一是承担人们倚扶的侧向推力，以保护人身安全；二是对整个建筑物起一定装饰作用。因此，作为栏杆既要考虑坚固，又要考虑美观。栏杆竖向净高一般不小于 1 050 mm，高层建筑不小于 1 100 mm，但不宜超过 1 200 mm，栏杆离地面 100 mm 高度内不应留空。从外形上看，栏杆有实体与空花之分，实体栏杆又称栏板。从材料上看，栏杆有砖砌、钢筋混凝土和金属之分，如图 10-15 所示。

（2）阳台排水。由于阳台外露，为防止雨水从阳台流入室内，阳台面标高应低于室内地面 20～30 mm，并在阳台地面靠墙一侧设地漏，阳台地面用防水砂浆作出 1% 的排水坡，将水导向地漏后排向排水管，如图 10-16 所示。

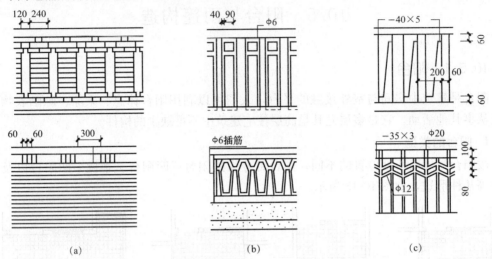

图 10-15 栏杆（板）形式

（a）砖栏杆；（b）钢筋混凝土栏杆；（c）金属栏杆

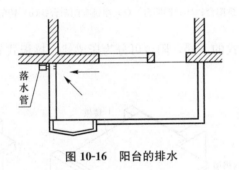

图 10-16 阳台的排水

10.5.2 雨篷

雨篷是建筑物入口处外门上部用以遮挡雨水、保护外门免受雨水侵害的水平构件，多采用钢筋混凝土悬臂板，其悬挑长度一般为 1 000～1 500 mm。雨篷有板式和梁板式两种，如图 10-17 所示。板式雨篷多做成变截面形式，一般板根部厚度不小于 70 mm，板端部厚度不小于 50 mm。梁板式雨篷为使其底面平整，常采用翻梁形式。当雨篷外伸尺寸较大时，其支承方式可采用立柱式，即在入口两侧设柱支承雨篷，形成门廊，立柱式雨篷的结构形式多为梁板式。

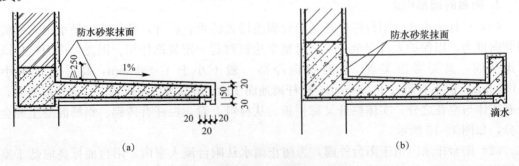

图 10-17 雨篷

（a）板式雨篷；（b）梁板式雨篷

雨篷在构造上需解决好两个问题：一是防倾覆，以保证雨篷梁上有足够的压力；二是板面上要做好防水和排水处理。采用刚性防水层，即在雨篷顶面用防水砂浆抹面；当雨篷面积较大时，也可采用柔性防水。通常沿板四周用砖砌或现浇混凝土做凸檐挡水，板面用防水砂浆抹面，防水砂浆应顺墙上卷至少300 mm。

雨篷表面的排水有两种：一种是无组织排水。雨水经雨篷边缘自由泻落，或雨水经滴水管直接排至地表；另一种是有组织排水。雨篷表面集水经地漏、雨水管有组织地排至地下。为保证雨篷排水通畅，雨篷上表面向外侧或滴水管处或向地漏处应做有1%的排水坡度。

➤ 本章小结

1. 楼地层的设计要求及构造组成。楼地层是直接与人、家具、设备等接触的部位，必须坚固、耐久。

2. 楼地层不仅承受着上部荷载，而且在水平方向对墙体、柱起着连接作用，在楼板的构造连接时，必须根据当地的抗震设防要求，用钢筋将楼板、墙、梁等连接在一起，以增强建筑物的整体刚度。

3. 在用水房间，必须对楼地层作防水、防潮处理，以避免渗漏和墙体受潮。

4. 对隔声要求比较高的房间，楼层应做隔声构造，以避免撞击传声。

5. 阳台和雨篷是建筑立面的重要组成部分。在阳台和雨篷的设计中，不仅要重视阳台和雨篷在结构与构造连接上保证安全、防止倾覆的问题，而且还要注意其造型的美观性。

6. 阳台栏杆和扶手、栏杆和阳台板以及栏杆扶手与墙体之间，要有可靠的连接和锚固措施。

➤ 复习思考题

1. 楼地层的设计要求是什么？
2. 现浇钢筋混凝土楼板的特点和适用范围是什么？
3. 装配整体式楼板有什么特点？
4. 压型钢板组合楼板由哪些部分组成？各起什么作用？
5. 楼板层和地坪层各由哪些部分组成？各起什么作用？
6. 简述用水房间地面的防水构造。
7. 楼板层如何隔绝撞击声？
8. 阳台分类有哪些？
9. 雨篷的作用是什么？
10. 图示楼层和地层的构造组成。
11. 图示阳台的结构布置方式。

第11章 墙 体

本章要点

　　本章主要介绍墙体的类型及设计要求，墙体的细部构造处理及墙体的装饰做法，砌块墙的构造处理要求及墙面外保温的处理要点。

11.1　墙体的类型与设计要求

11.1.1　墙体的类型

　　墙体的分类方法很多，根据其在建筑物中的位置、受力特点、材料选用、构造形式、施工方法的不同，可分为不同类型。

1. 按墙体在建筑平面上所处的位置分类

　　墙体按所处的位置不同，分为外墙和内墙。凡位于房屋四周的墙体称为外墙，它作为建筑的围护构件，起着挡风、遮雨、保温、隔热等作用；凡位于房屋内部的墙体称为内墙，内墙可以分隔室内空间，同时也起一定的隔声、防火等作用。

　　墙体按布置方向又可分为纵墙和横墙。沿建筑物纵轴方向布置的墙称为纵墙，它包括外纵墙和内纵墙，其中外纵墙又称为檐墙；沿建筑物横轴方向布置的墙称为横墙，它包括外横墙和内横墙，其中外横墙又称为山墙。

　　按墙体在门窗之间的位置关系，墙体可分为窗间墙、窗下墙和窗上墙。窗与窗、窗与门之间的墙称为窗间墙；门窗洞口下部的墙称为窗下墙，门窗洞口上部的墙称为窗上墙。

　　按墙体与屋顶之间的位置关系，墙体有女儿墙，即屋顶上部的房屋四周的墙。如图11-1所示。

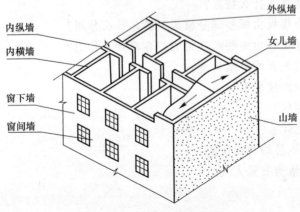

图11-1　墙体各部分名称

2. 按墙体的受力特点分类

根据受力特点不同，墙体可分为承重墙、非承重墙等。

凡直接承受楼板、屋顶等上部结构传来的垂直荷载和风作用、地震作用等水平荷载及自重的墙称为承重墙，它有承重内墙和承重外墙之分。

凡不直接承受上述这些外来荷载作用的墙体称为非承重墙。它包括自承重墙、隔墙、填充墙和幕墙。在非承重墙中，不承受外来荷载，仅承受自身重量并将其传至基础的墙称为自承重墙；仅分隔空间，不承受外力的墙称为隔墙；在框架结构中柱子间的墙，称为填充墙；悬挂在建筑物外部的轻骨架墙，称为幕墙（如金属幕墙、玻璃幕墙等）。

3. 按墙体的材料分类

按墙体所用材料的不同，墙体可分为砖墙、混凝土砌块墙、石材墙、板材墙、土坯墙、复合材料墙等。

用砖和砂浆砌筑的墙体称为砖墙，所用的砖有烧结普通砖、多孔砖、页岩砖、粉煤灰砖、灰砂砖、炉渣砖等，烧结普通砖又有红砖和青砖之分。其中，烧结普通砖中的黏土砖过去被广泛利用，但自2000年6月1日起，国家开始在住宅中限制使用黏土砖。到目前为止，大部分城市和地区已禁止使用了。

用加气混凝土砌块砌成的墙体称为混凝土砌块墙，它体积质量轻、可切割、保温隔声性能良好，多用于非承重的隔墙及框架结构的填充墙。用承重混凝土空心砌块砌成的墙体，称为承重混凝土空心砌块墙，一般适用于六层及以下住宅建筑。

用石材砌筑的墙体称为石材墙，它包括乱石墙、整石墙和包石墙等做法，主要用于山区或石材产区的低层建筑中。

以钢筋混凝土板材、加气混凝土板材、玻璃等为主要墙体材料做的墙称为板材墙，如近几年兴起的玻璃幕墙也属此类。

4. 按墙体的构造形式分类

按构造形式的不同，墙体可分为实体墙、空体墙和复合墙三种。

由烧结普通砖及其他实体砌块砌筑而成的不留空腔的墙称为实体墙，也叫作实心墙。

由多孔砖、空心砖或烧结普通砖砌筑而成的具有空腔的墙称为空体墙，如烧结多孔砖墙和空斗墙等。

由两种以上材料组合而成的墙称为复合墙，如加气混凝土复合板材墙。

5. 按墙体的施工方法分类

根据施工方法不同，墙体可分为块材墙、板筑墙和装配式板材墙三种。

块材墙是用砂浆等胶结材料将砖、石、砌块等组砌而成的墙体，如实砌砖墙。

板筑墙是在施工时，直接在墙体位置现场立模板，在模板内夯筑黏土或浇筑混凝土振捣密实而成的墙体，如现浇混凝土墙、夯土墙等。

装配式板材墙是预先在工厂制成墙板，再运至施工现场进行安装、拼接而成的墙体，如预制混凝土大板墙。

11.1.2 墙体的设计要求

1. 具有足够的强度和稳定性

墙体的强度是指墙体承受荷载的能力，它与所采用的材料、材料强度等级、墙体的截面面积、构造和施工方式有关。如钢筋混凝土墙体比同截面的砖墙体强度高；强度等级高的砖和砂浆砌筑的墙体比强度等级低的砖和砂浆砌筑的墙体强度高；相同材料和相同强度等级的墙体相比，其截面面积大的强度高。因此，作为承重墙的墙体，必须具有足够的强度，以保证结构的安全。

从墙体的受力情况来看，其稳定性与墙体的高度、长度和厚度及纵横向墙体间的距离有关。如高而薄的墙体比矮而厚的墙体稳定性差；长而薄的墙体比短而厚的墙体稳定性差；两端无固定的墙体比两端有固定的墙体稳定性差。因此，在进行墙体设计时，墙的稳定性必须通过验算来确定。当稳定性不够时应采取措施提高其稳定性，以保证满足墙体的强度和稳定性的要求。一般来讲，承重砖墙的厚度应不小于 180 mm。

提高墙体稳定性的措施有：增加墙厚，提高砌筑砂浆强度等级，增加墙垛、构造柱、圈梁，墙内加筋等。

2. 满足热工方面的要求

我国北方地区气候寒冷，要求外墙具有较好的保温能力，以减少室内热损失。我国南方地区气候炎热，除设计中应考虑朝阳、通风外，外墙还应具有一定的隔热性能。

墙厚应根据热工计算确定，也可通过增加墙体厚度、选择导热系数小的墙体材料等措施，提高墙体的保温隔热性能。

3. 满足隔声要求

为保证建筑的室内有一个良好的声学环境，墙体必须具有一定的隔声能力。

在设计中可通过选用密度大的墙体材料、增加墙厚、在墙体中设空气间层等措施提高墙体的隔声能力，一般 240 mm 厚的砖墙双面抹灰时，其隔声量可达 45 dB，基本上能满足隔声要求。

4. 满足防火要求

在防火方面，应符合《规范》中相应的燃烧性能和耐火极限的规定。当建筑物的占地面积或长度较大时，还应按《规范》要求划分防火区域，设置防火墙、防火门，防止火灾蔓延。

5. 满足防水、防潮要求

处在卫生间、厨房等用水房间的墙体以及地下室的墙体，应满足防水、防潮要求。设计时应通过选用良好的防水材料及恰当的构造做法，减少室内渗漏水的可能，保证墙体的坚固耐久，使室内有良好的卫生环境。

6. 适应建筑工业化要求

在大量的民用建筑中，墙体工程量所占比例较大，其劳动力消耗大、施工工期长，因此，必须通过提高机械化施工程度，提高工效，降低劳动强度，并应采用轻质、高强材料等措施来加快墙体改革，以减轻自重、降低成本。

11.2 砖墙的构造

砖墙是由砖和砂浆按一定的规律与砌筑方式组砌而成的砖砌体。我国采用砖墙的历史可从战国时期开始追溯至今，砖墙之所以有如此强的生命力，主要是由于取材容易、制造简单，既能承重又具有一定的保温、隔热、防火、防冻、隔声能力，而且施工时不需大型设备。但砖墙施工速度慢、工人劳动强度大、使用黏土砖消耗了大量的土地资源，因此，砖墙材料还有待进行改革，但从我国目前的实际情况来看，烧结普通砖砖墙预计在今后一段时期内还将在我国部分城市和地区广泛采用。

11.2.1　砖墙材料

砖墙主要材料是砖和砂浆。

1. 砖的种类和强度等级

砖按材料不同，可分为烧结普通砖、页岩砖、粉煤砖、灰砂砖、炉渣砖等；按形状不同，分为实心砖、多孔砖和空心砖等。其中，常用的是页岩砖，它以页岩为主要原料，经成型、干燥、焙烧而成。

砖的强度是以强度等级表示的，按《砌体结构设计规范》（GB 50003—2011）的规定有 MU30、MU25、MU20、MU15、MU10、MU7.5 六个级别，如 MU30 表示砖的极限抗压强度平均值为 30 MPa，即每平方毫米可承受 30 N 的压力。强度等级越高的砖，抗压强度越好，手工轧压成型的砖仅能达到 MU7.5。

2. 砂浆的种类和强度等级

砂浆是砌筑墙体的胶结材料。它将砖块胶结成为整体，并将砖块之间的空隙填平密实，以便于使上层砖块所承受的力能连续、均匀地逐层传递至下层砖块，保证整个砌体的强度。

砌筑墙体常用的砂浆有水泥砂浆、石灰砂浆、混合砂浆和黏土砂浆。水泥砂浆由水泥、砂和水拌和而成，属水硬性胶结材料。其强度高，但可塑性和保水性较差，适用于砌筑潮湿环境下的砌体。石灰砂浆由石灰膏、砂和水拌和而成，属气硬性材料。它的可塑性很好，但强度较低，尤其是遇水时强度即降低，所以适宜于砌筑干燥环境下的砌体。混合砂浆由水泥、石灰膏、砂和水拌和而成，既有较高的强度，也有良好的可塑性和保水性，故在民用建筑地面以上的砌体中被广泛采用。黏土砂浆是由黏土、砂和水拌和而成的，强度很低，仅适用于乡村民居土坯墙的砌筑。

砂浆强度也是以强度等级来表示的，按《砌体结构设计规范》（GB 50003—2011）的规定，普通砂浆主要有 M15、M10、M7.5、M5、M2.5 五个级别。专用砂浆强度等级有 Ms15、Ms10、Ms7.5、Ms5.0 四个级别。

11.2.2　砖墙的组砌方式

组砌是指砖块在砖砌体中排列组合的过程与方法。

1. 砖墙的组砌原则

为了保证墙体的强度，满足保温、隔热、隔声等要求，砌体的砖缝必须砂浆饱满、厚薄均匀；并且保证砖缝横平竖直、上下错缝、内外搭接，以避免形成竖向通缝，影响砖砌体的强度和稳定性。当外墙面作清水墙时，组砌还应考虑墙面图案的整体美观。

2. 砖墙的组砌方式

（1）实体砖墙的组砌。在实体砖墙的组砌中，长边平行于墙面砌筑的砖称为顺砖，垂直于墙面砌筑的砖称为丁砖，每排列一层砖称为一皮。实体砖墙通常采用一顺一丁、三顺一丁、十字式（也称梅花丁）、两平一侧和全顺等砌筑方式，如图 11-2 所示。

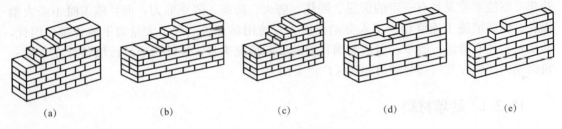

图 11-2　普通砖墙组砌方式

(a) 一顺一丁；(b) 三顺一丁；(c) 十字式；(d) 两平一侧；(e) 全顺

（2）空体砖墙的组砌。空体砖墙的组砌有三种情况，即多孔砖墙、空心砖墙和空斗墙。

①多孔砖墙用烧结多孔砖与砂浆砌筑而成。其砌筑方式有全顺、一顺一丁、梅花丁等。

②空心砖墙由烧结空心砖与水泥混合砂浆砌筑而成，一般采用全顺侧砌。

③空斗墙是用烧结普通砖砌筑而成的空心墙体，这种砌法在我国民间已流传很久，在民居中采用较多，有一眠一斗、无眠空斗、一眠三斗等几种砌筑方法，如图 11-3 所示。

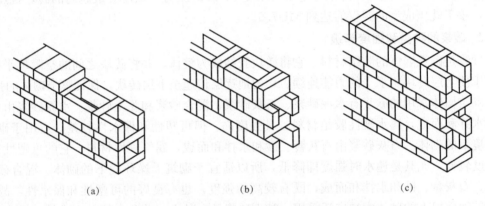

图 11-3　空斗墙砌筑方法

(a) 一眠一斗；(b) 无眠空斗；(c) 一眠三斗

所谓"斗"是指墙体中由两皮侧砌砖与横向拉结砖所构成的空间；而"眠"则是指墙体中沿纵向平砌的一皮顶砖。无论哪种砌筑方式，每隔一块斗砖都必须砌筑一块或两块顶砖，同时墙面不应有竖向通缝。

空斗墙的墙厚一般为 240 mm，这种墙与同厚度的实体墙相比，可节省砖 25%～35%，同时还可减轻自重，它在三层及三层以下的民用建筑中采用较多，但有下列情况则不宜采用：

①土质软弱可能引起建筑物不均匀沉陷的地区；

②门窗洞口的面积占墙面面积 50% 以上；

③建筑物有振动荷载；

④地震烈度在 6 度及 6 度以上地区。

在构造上，空斗墙要求在门、窗洞口的侧边以及墙体与承重砖柱连接处，在墙壁转角、勒脚及内、外墙交接处，均应采用眠砖实砌；在楼板、梁、屋架、檩条等构件下的支座处墙体，应采用眠砖实砌三皮以上，如图 11-4 所示。

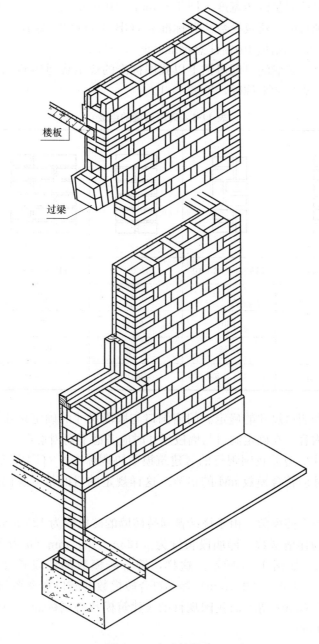

图 11-4　空斗墙构造

（3）复合墙。复合墙是用两种或两种以上的材料做成的墙体。这种墙体的主体结构为烧结普通砖或钢筋混凝土，其内侧一般为复合轻质保温板材。常用的材料有充气石膏板、水泥聚苯板、纸面石膏聚苯板等，它多用于居住建筑。

3. 墙厚与局部尺寸的确定

我国标准烧结普通砖的规格尺寸为 240 mm×115 mm×53 mm，每块砖的质量为 2.5～2.65 kg。长宽厚之比为 4：2：1（包括 10 mm 灰缝），即长：宽：厚＝250：125：63＝4：2：1，即 4 块砖厚＋3 个灰缝＝2 个砖宽＋1 个灰缝＝1 个砖长。

用标准砖砌筑墙体时是以砖宽度（即 115 mm＋10 mm＝125 mm）的倍数为模数，即砖模数。这与我国现行的《建筑模数协调标准》（GB/T 50002—2013）中的基本模数 M＝100 mm 不协调，因此，在使用中需注意标准砖的这一特征。

（1）砖墙的厚度。砖墙的厚度习惯上以我国标准的烧结普通砖砖长为基数来称呼，工程上又常以它们的标志尺寸来称呼，见表 11-1。

表 11-1　砖墙厚度的组成　　　　　　　　　　　　　　　　mm

砖的断面	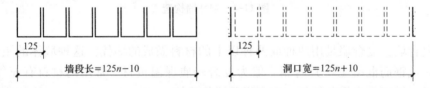				
尺寸组成	115×1	115×1+53+10	115×2+10	115×3+20	115×4+30
构造尺寸	115	178	240	365	490
标志尺寸	120	180	240	370	490
工程称谓	12 墙	18 墙	24 墙	37 墙	49 墙
习惯称谓	半砖墙	3/4 砖墙	一砖墙	一砖半墙	两砖墙

（2）墙段长度和洞口尺寸的确定。门窗洞口与墙段尺寸的确定是建筑扩大初步设计或施工图设计的重要内容。在确定洞口与墙段尺寸时应考虑下列因素：

①门窗洞口尺寸应遵循我国现行的《建筑模数协调标准》（GB/T 50002—2013）的规定。即门窗洞口尺寸应符合模数 nM 的倍数。这样规定的目的是减少门窗规格，有利于实现建筑工业化。

②墙段尺寸应符合砖模数。由于烧结普通砖砖墙的砖模数为 125 mm，所以以墙段长度和洞口宽度都应以此为递增基数。即墙段长度为（$125n-10$）mm（n 为半砖数），洞口宽度为（$125n+10$）mm，如图 11-5 所示。这样，符合砖模数的墙段长度系列为 115、240、365、490、615、740、865、990（mm）等；符合砖模数的洞口宽度系列为 135、260、385、510、635、760、885（mm）等。而我国现行的《建筑模数协调标准》（GB/T 50002—2013）中，基本模数为 100 mm。

```
125                        125
墙段长=125n-10            洞口宽=125n+10
```

图 11-5　墙段长度和洞口宽度

在设计施工中，房屋的开间、进深采用了扩大模数 3M 的倍数，门窗洞口亦采用 3M 的倍数，在 1 m 内的小洞口采用 M 的倍数。这样在同一墙段中采用两种模数，必然会在设计、施工中出现不协调矛盾，要协调这一矛盾就必然导致出现大量的砍砖（也叫作找砖），而砍砖过多又会影响砌体强度和稳定性，也给施工带来了麻烦。因此，解决这一矛盾的根本方法就是改革现行烧结普通砖的规格，使砖模与基本模数 M 统一起来。但在没有改革烧结普通砖规格之前，协调开间进深尺寸与墙段洞口尺寸的理想办法就是调整砖墙的竖直灰缝大小，使墙段洞口尺寸有少许变动，使之与房屋开间进深尺寸吻合。根据建筑工程施工质量验收规范的规定，允许竖缝宽度为 8～12 mm，使墙段在这一范围内有少许的调整余地。例如 740 mm 这一标准墙段，它是 6 个半砖与 5 个灰缝之和，若灰缝按 8～12 mm 变动，740 mm 墙段尺寸可调整的幅度为 730～750 mm。但是，墙段短，灰缝数量少，调整范围小；反之，墙段长，灰缝数量多，调整范围大。故设计时，墙段长度小于 1 000 mm 时，宜使其符合砖模数；墙段长度超过 1 000 mm 时，可不再考虑砖模数。调整墙段和门窗洞口尺寸是一项非常烦琐而细致的工作，常常需要反复多次，才能使之与房屋开间进深尺寸协调一致。

③门窗洞口位置和墙段尺寸除满足上述要求外，还应满足结构需要的最小尺寸要求。为了避免应力集中在长度小墙段上而导致墙体的破坏，对转角处的墙段和承重窗间墙尤应注意，如图 11-6 所示。

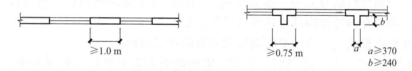

图 11-6　多层房屋窗间墙宽度限值

④在抗震设防地区，墙段长度除应符合上述要求外还应符合现行《建筑抗震设计规范（2016 年版）》（GB 50011—2010）的要求，见表 11-2。

表 11-2　抗震设计规范的最小墙段长度　　　　　　　　　　　　　　　　　mm

构造类别	设计烈度			备注
	6、7 度	8 度	9 度	
承重窗间墙		1 200	1 500	
承重外墙尽端墙段	1 000	1 200	1 500	在墙角设钢筋混凝土构造柱时，不受此限制
内墙阳角至门洞边		1 500	2 000	

11.2.3　砖墙的细部构造

砖墙的细部构造包括墙脚（勒脚、墙身防潮层、踢脚、散水、明沟等）、窗台、门窗过梁、墙身加固措施、变形缝等。

1. 墙脚

墙脚一般是指基础以上、底层窗台以下的墙段。由于墙脚所处的位置常受到飘雨、地表水和土壤中水的侵蚀，致使墙身受潮，饰面层发霉脱落，影响环境卫生和人体健康。因此，在构造上应采取必要的防护措施，增强墙脚的耐久性。

（1）勒脚。勒脚是外墙身接近室外地面处的表面保护和饰面处理部分，也叫作外墙的墙脚。其高度一般是指位于室内地坪与室外地面的高差部分，有时为了立面的装饰效果，也将建筑物底层窗台以下的部分视为勒脚。勒脚的作用是加固墙身，防止外界机械作用力碰撞破坏；保护近地面处的墙体，防止地表水、雨雪、冰冻对墙脚的侵蚀；用不同的饰面材料处理墙面，增强建筑物立面美观。所以，要求勒脚坚固耐久、防水防潮和饰面美观。勒脚的构造做法，如图 11-7 所示。

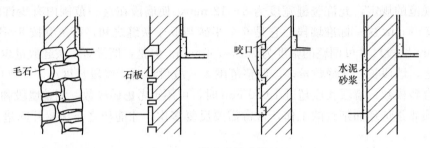

图 11-7　勒脚的构造做法

（2）墙身防潮层。在墙身中设置防潮层的目的是防止土壤中的水分或潮气沿基础墙中微小毛细管上升而导致墙身受潮、墙面受损。因此，为了提高建筑物的耐久性，保持室内干燥、卫生，必须在内外墙脚部位连续设置防潮层。

防潮层在构造形式上，有水平防潮层和垂直防潮层两种。

①防潮层的位置。水平防潮层一般应在室内地面不透水垫层（如混凝土）范围以内，以隔绝地潮对墙身的影响。通常，在 −0.060 m 标高处设置，而且至少要高于室外地坪 100~150 mm，以防雨水溅湿墙身。当地面垫层为透水材料（如碎石、炉渣等）时，水平防潮层的位置不设在垫层范围内而应设在平齐或高于室内地面一皮砖的地方，即在 +0.060 m 处。当两相邻房间之间室内地面有高差时，应在墙身内设置高低两道水平防潮层，并在靠土壤一侧设置垂直防潮层，将两道水平防潮层连接起来，以避免回填土中的潮气侵入墙身。如采用混凝土或石砌勒脚时，可以不设水平防潮层，还可以将地圈梁提高至室内地坪以下来代替水平防潮层。墙身防潮层的位置，如图 11-8 所示。

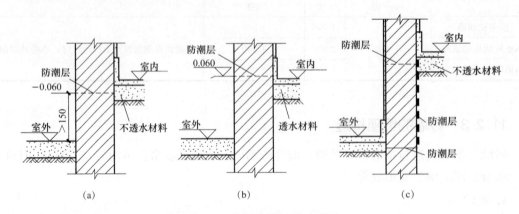

图 11-8　墙身防潮层的位置

（a）地面垫层为不透水材料；（b）地面垫层为透水材料；（c）室内地面有高差

②水平防潮层的做法。水平防潮层的做法一般有三种，即油毡防潮层、防水砂浆防潮层和细石混凝土防潮层，如图 11-9 所示。

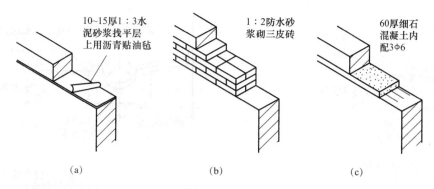

图 11-9　墙身水平防潮层

(a) 油毡防潮层；(b) 防水砂浆防潮层；(c) 细石混凝土防潮层

③垂直防潮层的做法。在需设垂直防潮层的墙面（靠回填土一侧）先用1：2的水泥砂浆抹面15～20 mm厚，再刷冷底子油一道，刷热沥青两道；也可直接采用掺有3％～5％防水剂的砂浆抹面15～20 mm厚的做法。

（3）踢脚。踢脚是外墙内侧或内墙两侧的下部和室内地面与墙交接处的构造。其目的是加固并保护内墙脚，遮盖墙面与楼地面的接缝，防止此处渗漏水、掉灰或扫地时污染墙面。踢脚的高度一般在100～150 mm，有时为了突出墙面效果或防潮，也可将其延伸至900～1 800 mm（这时即成为墙裙）。常用的面层材料是木材、缸砖、油漆等，但设计、施工时应尽量选用与地面材料相一致的面层材料（图11-10）。

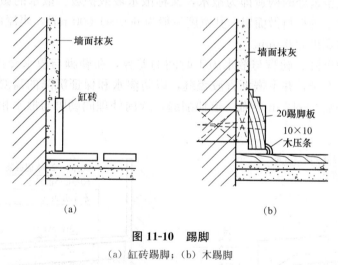

图 11-10　踢脚

(a) 缸砖踢脚；(b) 木踢脚

（4）明沟与散水。为了防止屋顶落水或地表水侵入勒脚而危害基础，必须沿建筑物外墙四周设置明沟或散水，以便将积聚在勒脚附近的积水及时排离墙脚。

①明沟。明沟是设置在外墙四周的排水沟，所起作用是将积水有组织地导向集水井，使其流入排水系统，以保护外墙基础。明沟一般用素混凝土现浇或用砖石铺砌成180 mm宽、150 mm深的矩形、梯形或半圆形沟槽，然后用水泥砂浆抹面。同时，沟底应设有不小于1％的坡度，以保证排水通畅。明沟一般设置在墙边，当屋面为自由落水时，明沟必须外移，使其沟底中心线与屋面檐口对齐，如图11-11所示。

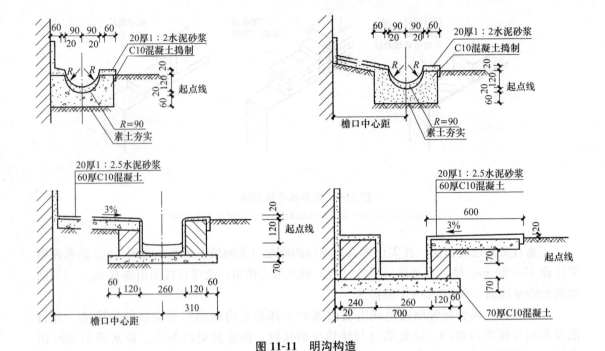

图 11-11　明沟构造

②散水。为了将积水及时排离建筑物，将建筑物外墙四周地面做成 3%～5% 的倾斜坡面，以便将雨水散至远处的构造即为散水，又称散水坡或护坡。散水的做法很多，一般可用水泥砂浆、混凝土等材料做面层，其宽度一般为 600～1 000 mm，当屋面为自由落水时，其宽度应比屋檐挑宽出 200 mm。

由于建筑物的沉降、勒脚与散水施工时间的差异，在勒脚与散水交接处应留有缝隙，在缝内填粗砂或米石子，并上嵌沥青胶盖缝，以防渗水和保证沉降的需要。同时，散水整体面层纵向距离每隔 6～12 m 应做一道伸缩缝，缝内处理同勒脚与散水相交处的处理，如图 11-12 所示。

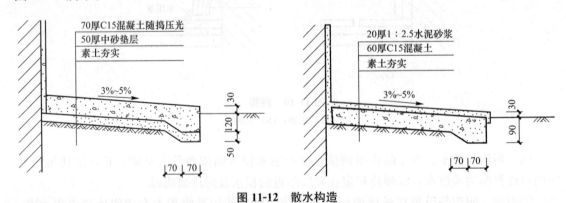

图 11-12　散水构造

单做散水适用于降雨量较小的北方地区；单做明沟或将明沟与散水合做适用于降雨量较大的南方地区。如果是季节性冰冻地区的散水，还需在垫层下加设 300 mm 厚的防冻胀层，防冻胀层应选用砂石、炉渣、石灰土等非冻胀材料。

2. 窗台

窗洞口下部设置的防水构造称为窗台。其作用是将窗面上流淌下的雨水排除，以防污染墙面。

窗台的构造做法有砖砌窗台和预制混凝土窗台两种。其形式有悬挑窗台和不悬挑窗台两种。对处于阳台等处的窗因不受雨水冲刷，可不必设悬挑窗台；如果外墙面为贴面砖时，也可不设悬挑窗台。悬挑窗台常采用顶砌一皮砖出挑 60 mm 或将一砖侧砌并出挑 60 mm，也可采用钢筋混凝土窗台，如图 11-13 所示。

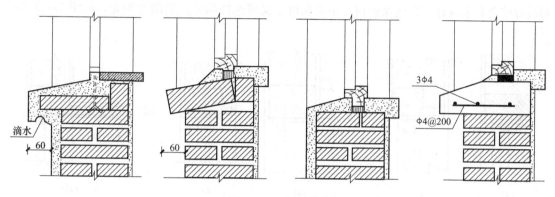

图 11-13　窗台构造

悬挑窗台底部边缘应设滴水线处理，以防雨水对墙面的影响。但实践证明，悬挑窗台无论是否做滴水线，在窗台下部墙面都会出现脏水流淌的痕迹，影响立面美观，为此现在不少建筑物中取消了悬挑窗台。

有时，为了突出立面装饰效果，可在窗洞口周围由带挑楣的过梁、窗台和窗边挑出的立砖形成窗套；也可将几个窗台连做或将所有的窗台连通形成水平线条即腰线，如图 11-14 所示。

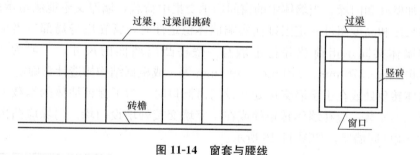

图 11-14　窗套与腰线

3. 门窗过梁

设置在门窗洞口上方的用来支承门窗洞口上部砌体和楼板传来的荷载，并把这些荷载传给门窗洞口两侧墙体的水平承重构件，称为过梁。有时，为了丰富建筑的立面，常结合过梁进行立面装饰处理。

当门窗洞口较大或洞口上部有集中荷载时，常采用钢筋混凝土过梁，它承载力强，一般不受跨度的限制，预制装配施工速度快，是最常用的一种过梁，现浇的也可以。一般过梁宽度同墙厚，高度及配筋应通过计算确定，并应为 60 mm 的整倍数，如 120 mm、

180 mm、240 mm 等。过梁在洞口两侧伸入墙内的长度，应不小于 240 mm，以保证过梁有足够的支承长度和承压面积。对于外墙中的门窗过梁，为了防止飘落到墙面的雨水沿门窗过梁向外墙内侧流淌，在过梁底部抹灰时要注意做好滴水处理。

过梁的断面形式有一字式和 L 式，一字式多用于内墙和混水墙；L 式多用于外墙和清水墙。在寒冷地区，为防止钢筋混凝土过梁产生冷桥问题，也可将外墙洞口的过梁断面做成 L 式或组合式过梁，如图 11-15 所示。

有时为配合立面装饰、简化构造、节约材料，常将过梁与圈梁、悬挑雨篷、窗楣板或遮阳板等结合起来设计。它既保护窗户不受雨淋，又可遮挡部分直射的太阳光，如图 11-15（e）所示。

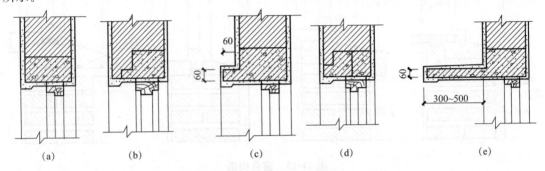

图 11-15　钢筋混凝土过梁形式

（a）一字式；（b）L 式；（c）窗套式；（d）组合式；（e）窗楣式

4. 墙身加固措施

对于多层砖混结构的承重墙，由于可能受上部集中荷载、开设门窗洞以及地震等其他因素的影响，会造成墙体的强度及稳定性有所降低，因此，必须考虑对墙身采取适当的加固措施，通常有以下几种措施：

（1）增加壁柱和门垛。当墙体中的窗间墙承受集中荷载，墙厚又不能满足承载力要求，或由于墙体长度和高度超过一定限度而影响墙体稳定性时，常在墙身局部适当位置增设壁柱，使之和墙体共同承担荷载并稳定墙身。壁柱凸出墙面的尺寸，一般为 120 mm×370 mm、240 mm×370 mm、240 mm×490 mm 等，或根据结构构造计算确定。

当在墙体转角处或在丁字墙交接处开设门窗洞口时，为了保证墙体的承载力及稳定性和便于门窗框的安装，应在墙体转角处或在丁字墙交接处增设门垛。门垛应凸出墙面不少于 120 mm，宽度同墙厚，如图 11-16 所示。

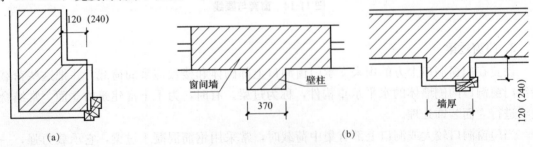

图 11-16　门垛与壁柱

（a）壁柱；（b）门垛

（2）设置圈梁。沿建筑物外墙四周及部分内墙的水平方向设置的连续闭合的梁称为圈梁，又称腰箍。圈梁配合楼板共同作用，可提高建筑物的空间刚度及整体性，增加墙体的稳定性，减少因地基不均匀沉降而引起的墙身开裂。在抗震设防地区，圈梁与构造柱组合在一起形成骨架，可提高抗震能力，对抗震有利。

圈梁有钢筋砖圈梁和钢筋混凝土圈梁两种。钢筋砖圈梁多用于非抗震设防地区，它是将前述钢筋砖过梁沿外墙和部分内墙连续闭合而成的。钢筋混凝土圈梁的宽度同墙厚，在寒冷地区，为了防止"冷桥"现象，其宽度可略小于墙厚，但不应小于 180 mm，高度一般不小于 120 mm。

钢筋混凝土圈梁在墙身上的位置应根据结构构造确定。当只设一道圈梁时，应设在屋面檐口下面；当设几道时，可分别设在屋面檐口下面、楼板底面或基础顶面；有时，为了节约材料，可以将门窗过梁与其合并处理。

钢筋混凝土圈梁在墙身上的数量应根据房屋的层高、层数、墙厚、地基条件、地震等因素综合考虑。对于单层建筑来讲：当墙厚不大于 240 mm，檐口高度在 5～8 m 时，应在檐口下面设一道圈梁；当檐口高度大于 8 m 时，应再增设一道圈梁，并保持圈梁间距不大于 4 m。对于多层建筑来讲：当墙厚不大于 240 mm，层数不多于四层时，可以只设一道，超过四层时应适当增设；当地基为软弱土时，应在基础顶面再增设一道。

按构造要求，圈梁必须是连续闭合的梁，不能中断，但在特殊情况下，当遇有门窗洞口致使圈梁局部截断时，应在洞口上部增设配筋和混凝土强度、截面尺寸均不变的附加圈梁。附加圈梁与圈梁搭接长度应不小于其垂直间距的 2 倍，且不得小于 1 m，如图 11-17 所示。但对有抗震要求的建筑物，圈梁不宜被洞口截断。

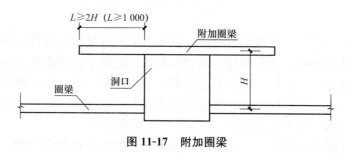

图 11-17　附加圈梁

（3）抗震措施。按《建筑抗震设计规范（2016 年版）》（GB 50011—2010）的规定，对多层砖混结构建筑应视其总高度、横墙间距、圈梁的设置、墙体的局部尺寸等情况增设钢筋混凝土构造柱，以提高建筑物的抗震能力。

钢筋混凝土构造柱一般设在外墙转角、内外墙交接处、较大洞口两侧、较长墙段的中部及楼梯、电梯四角等部位。设置构造柱时，必须使其与圈梁紧密连接，形成空间骨架，以增强房屋的整体刚度，提高墙体抵抗变形的能力，做到即使墙体受震开裂，也能裂而不倒。

构造柱的最小截面尺寸应为 240 mm×180 mm；构造柱的最小配筋量应为纵向钢筋 4Φ12，箍筋 Φ6@200～250。构造柱下端应锚固在钢筋混凝土基础或基础梁内，无基础梁时应伸入底层地坪下 500 mm 处，上端应锚固在顶层圈梁或女儿墙压顶内，以增强其稳定性，如图 11-18 所示。

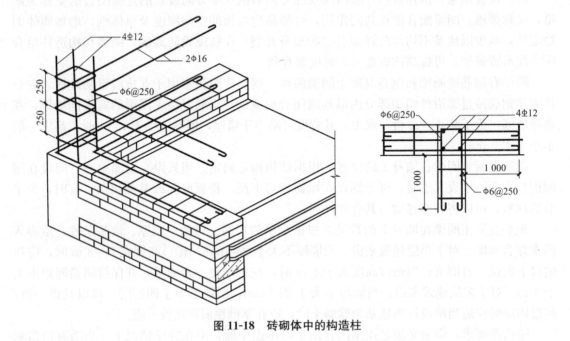

图 11-18   砖砌体中的构造柱

11.3   砌块墙的构造

砌块墙是用砌块和砂浆砌筑成的墙体,可作为工业与民用建筑的承重墙和围护墙。砌块可以采用混凝土或利用工业废料和地方材料制成。它既不占用耕地又解决了环境污染问题,具有生产投资少、见效快、生产工艺简单、节约能源、不需要大型的起重运输设备等优点,一般适用于 6 层以下的住宅、学校办公楼以及单层厂房。采用砌块作为墙体材料是我国目前墙体材料改革的主要方向之一,应大力发展和推广。

砌块按单块重量和幅面大小,可分为小型砌块、中型砌块和大型砌块。小型砌块尺寸较小,重量较轻,型号较多,使用较灵活,适应面广;但小型砌块墙体多为手工砌筑,施工劳动量较大。中型、大型砌块的尺寸较大,重量较重,适于机械起吊和安装,可提高劳动生产率;但型号不多,不如小型砌块灵活。砌块材料分为普通混凝土砌块、加气混凝土砌块、轻集料混凝土砌块。砌块的构造分为空心砌块和实心砌块,空心砌块的孔有方孔、圆孔、扁孔等几种,如图 11-19 所示。

小型砌块高度为 115～380 mm,单块质量不超过 20 kg,便于人工砌筑;中型砌块高度为 380～980 mm,单块质量在 20～350 kg 内;大型砌块高度大于 980 mm,单块质量大于350 kg。大型砌块体积和质量较大,人工搬运不便,一般较少应用;我国目前采用中小型砌块较多。

砌块的尺寸比较大,砌筑不够灵活。因此,在设计时应绘出砌块排列组合图,并注明每一砌块的型号和编号,以便施工时按图进料和安装,如图 11-20 所示。

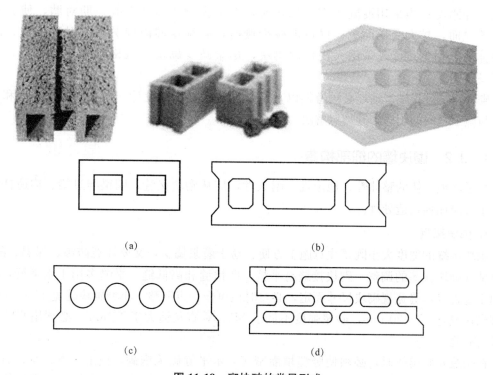

图 11-19　砌块砖的常见形式

(a)、(b) 单排方孔；(c) 单排圆孔；(d) 多排扁孔

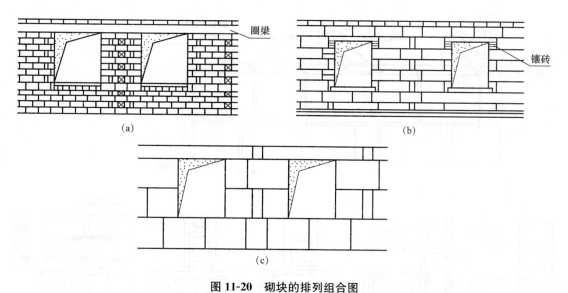

图 11-20　砌块的排列组合图

(a) 小型砌块排列；(b) 中型砌块排列；(c) 大型砌块排列

11.3.1　砌块的主砌原则

力求排列整齐、有规律性，以便于施工；上下皮错缝搭接，避免通缝；纵横墙交接处和转角处砌块也应彼此搭接，有时还应加钢筋，以提高墙体的整体性，保证墙体

的强度和刚度；当采用混凝土空心砌块时，上下皮砌块应孔对孔、肋对肋，使其有足够的接触面，扩大受压面积；尽可能减少镶砖，必须镶砖时应分散、对称布置，以保证砌体受力均匀；优先采用大规格的砌块，尽量减少砌块的规格，充分利用吊装机械的设备能力。

砌块建筑进行施工前，必须遵循以上原则进行反复排列设计，通过试排来发现和分析设计与施工之间的矛盾，并加以解决。

11.3.2 砌块墙的细部构造

为了增强墙体的整体性、稳定性、耐久性，应从砌块接缝、圈梁与过梁、构造柱设置等几个方面加强构造处理。

1. 砌块接缝

砌块接缝的宽度大小既要注意施工方便、易于灌浆捣实，又要注意防渗、保温、隔声，还要估计砌块误差的调整。砌块接缝有平缝、凹槽缝和高低缝。平缝多用于水平缝，凹缝多用于垂直缝，缝宽视砌块尺寸而定，必要时也可作一点调整。小型砌块缝宽 10～15 mm，中型砌块缝宽 15～20 mm，砂浆强度不低于 M5。垂直灰缝大于 40 mm，必须用 C10 细石混凝土灌缝。

在砌筑安装砌块时，必须使竖缝填灌密实，水平缝砌筑饱满，使上、下、左、右砌块能更好地连接。在砌筑过程中，若出现局部不齐或缺少某些特殊规格砌块时，常以烧结普通砖填砌，砌块接缝处理如图 11-21 所示。

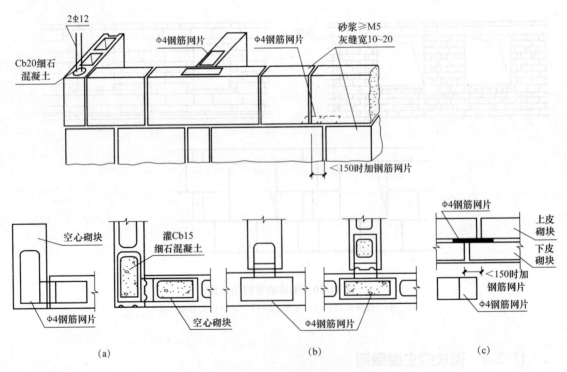

图 11-21　砌缝的构造处理

（a）转角配筋；（b）丁字墙配筋；（c）错缝配筋

2. 圈梁与过梁

圈梁的作用是加强砌块墙体的整体性，可预制和现浇。圈梁通常与过梁合用，在抗震设防区，圈梁设置在楼板同一标高处，将楼板与之联牢箍紧，形成闭合的平面框架，对抗震有很大的作用。

现浇圈梁整体性好，对墙身加固有利，但现场施工复杂。预制圈梁一般采用 U 形预制块代替模板，然后在凹槽内配筋，再浇灌混凝土，如图 11-22 所示。

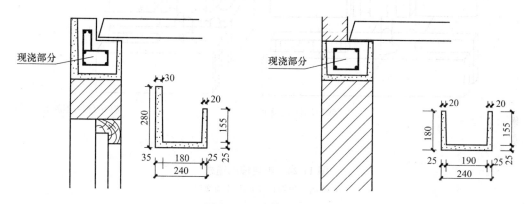

图 11-22　砌块预制圈梁

过梁是砌块墙中的重要构件，它既起着承受门窗洞口上部荷载的作用，又是一种可调节的砌块。当圈梁与过梁位置接近时，可以将过梁与圈梁合并考虑。

预制过梁之间一般采用焊接方法连接，以提高其整体性，如图 11-23 所示。

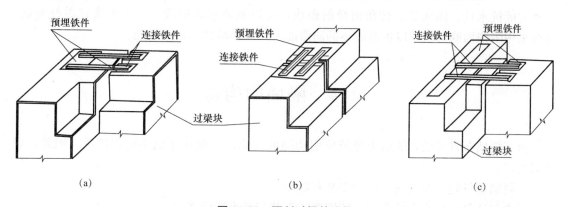

图 11-23　预制过梁的连接
（a）转角连接；（b）通长连接；（c）丁字连接

3. 砌块墙构造柱

在外墙转角以及内外墙交接处应增设构造柱，将砌块在垂直方向连成整体，如图 11-24 所示。同时，构造柱与圈梁、基础应有较好的连接，以提高其抗震能力。

4. 门窗部位构造

门窗过梁与阳台一般采用预制钢筋混凝土构件，门窗固定可用预埋木块、铁件锚固或膨胀木块、膨胀螺栓固定等。

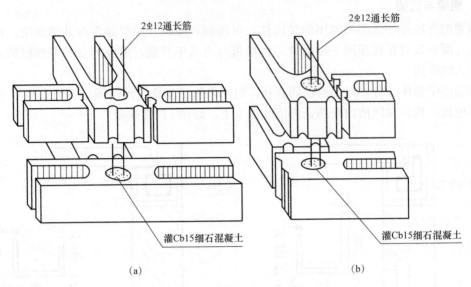

图 11-24　砌块墙构造柱

（a）外墙转角处；（b）内外墙交接处

5. 勒脚

砌块建筑的勒脚，根据具体情况而定，硅酸盐、加气混凝土等吸水性较大的砌块，不宜做勒脚。

6. 砌块墙外装饰面的处理

对能抗水且表面光洁、棱角清楚的砌块，可以做清水墙嵌缝。一般砌块宜做外饰面，也可采用带饰面的砌块，以提高墙体的防渗能力，改善墙体的热工性能。

11.4　隔墙的构造

由于隔墙布置灵活，能适应建筑使用功能的变化，在现代建筑中应用广泛。因此，设计时要求：

①隔墙重量轻、厚度薄，便于安装和拆卸；

②要保证隔墙的稳定性良好，特别要注意其与承重墙的连接；

③要具有一定的隔声、防火、防潮和防水能力，以满足建筑的使用功能。

常见的隔墙有块材隔墙、骨架隔墙和板材隔墙。

11.4.1　块材隔墙

块材隔墙是指用普通砖、空心砖、加气混凝土砌块等块材砌筑的墙。常用的有普通砖隔墙和砌块隔墙。

（1）普通砖隔墙。一般采用半砖隔或 1/4 砖顺砌或侧砌而成，其标志尺寸为 120 mm、60 mm，如图 11-25 所示。

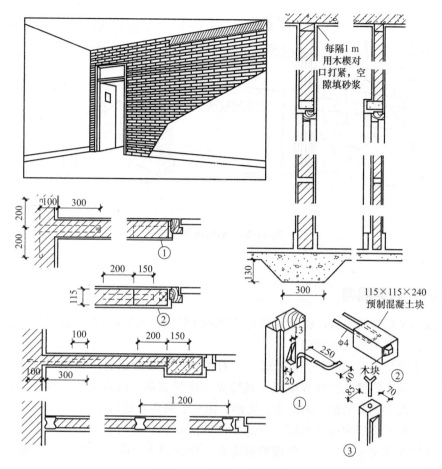

图 11-25　半砖隔墙构造

对半砖隔墙来讲，当砌筑砂浆为 M2.5 时，墙的高度不宜超过 3.6 m，长度不宜超过 5 m；当砌筑砂浆为 M5 时，墙的高度不宜超过 4 m，长度不宜超过 6 m；当高度超过 4 m 时，应在门窗过梁处设通长钢筋混凝土带；当长度超过 6 m 时，应设砖壁柱。

为了加强半砖隔墙与承重墙或柱之间的牢固连接，一般沿高度每隔 500 mm 砌入 2φ4 的通长钢筋，还应沿隔墙高度每隔 1 200 mm 设一道 30 mm 厚水泥砂浆层，内放 2φ6 拉结钢筋予以加固。同时，在隔墙顶部与楼板相接处，应将砖斜砌一皮，或留出约 30 mm 的空隙，以防上部结构变形时对隔墙产生挤压破坏，并用塞木楔打紧，然后用砂浆填缝。隔墙上有门时，需预埋防腐木砖、铁件，或将带有木楔的混凝土预制块砌入隔墙中，以便固定门框。

这种墙坚固耐久、隔声性能好、布置灵活，但稳定性差、自重大、湿作业量大、不易拆装。

（2）砌块隔墙。目前，常采用加气混凝土砌块、粉煤灰硅酸盐砌块，以及水泥炉渣空心砖等砌筑隔墙。其墙厚一般为 90～120 mm，在砌筑时应先在墙下部实砌 3～5 皮烧结普通砖再砌砌块。砌块不够整块时，宜用烧结普通砖填补。同时，还要对其墙身进行加固处理，构造处理的方法同普通砖隔墙，如图 11-26 所示。

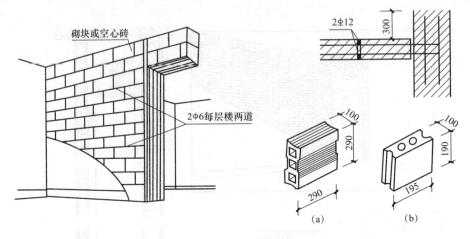

图 11-26　砌块隔墙构造

11.4.2　骨架隔墙

　　骨架隔墙又称立筋隔墙，由骨架和面层两部分组成。它是以骨架为依托，把面层钉结、涂抹或粘贴在骨架上形成的隔墙。

　　骨架有木骨架、轻钢骨架、石膏骨架、石棉水泥骨架和铝合金骨架等。如木骨架由上槛、下槛、墙筋、斜撑及横撑等组成。其特点是质轻墙薄、构造简单、拆装方便、不受部位限制、具有较大的灵活性，但防水、防潮、防火、隔声性能较差。

　　面层有人造板面层和抹灰面层，根据不同的面板和骨架材料，可分别采用钉子、自攻螺钉、膨胀铆钉或金属夹子等，将面板固定在立筋骨架上。隔墙的名称是依据不同的面层材料而定的。

11.4.3　板材隔墙

　　板材隔墙是指单块轻质板材的高度相当于房间净高的隔墙，它不依赖骨架，可直接装配而成。它具有自重轻、安装方便、施工速度快、工业化程度高的特点。目前，多采用加气混凝土条板、石膏条板、碳化石灰板（图 11-27）、石膏珍珠岩板以及各种复合板（如泰柏板）等。

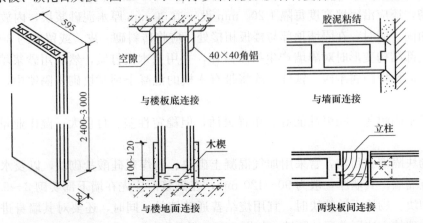

图 11-27　碳化石灰板隔墙

11.5 墙面装修

11.5.1 墙面装修的作用及分类

墙面装修是建筑装饰中的重要内容之一，它可以保护墙体、提高墙体的耐久性；改善墙体的热工性能、光环境和卫生条件；还可以美化环境，丰富建筑的艺术形象。

按其所处的部位不同，墙面装修可分为室外装修和室内装修；按材料及施工方式的不同，可分为抹灰类、贴面类、涂料类、裱糊类和铺钉类五大类。

11.5.2 墙面装修构造

1. 抹灰类

抹灰又称粉刷，是我国传统的饰面做法。其材料来源广泛，造价低廉，应用广泛。

抹灰分为一般抹灰和装饰抹灰两类。一般抹灰有石灰砂浆、混合砂浆、水泥砂浆等；装饰抹灰有水刷石、干粘石、斩假石、水泥拉毛等。但是由于施工较为烦琐，故目前已基本不用。

2. 贴面类

贴面类装修是指将各种天然石材或人造板、块，通过绑、挂或直接粘贴于基层表面的装修做法。它具有耐久性好、装饰性强、容易清洗等优点。常用的贴面材料有花岗石板、大理石板、水磨石板、水刷石板、面砖、陶瓷砖、马赛克和玻璃制品等。

（1）石板材墙面装修。它包括天然石材和人造石材，天然石材强度高、结构密实、不易污染、装修效果好，但加工复杂、价格昂贵，多用于高级墙面装修中。人造石板一般由白水泥、彩色石子、颜料等配合而成，又具有天然石材花纹和质感、重量轻、表面光洁、色彩多样、造价较低等优点。

石板安装时，为保证石板饰面的坚固和耐久，一般应先在墙身或柱内预埋 φ6 铁箍，在铁箍内立 φ8～φ10 竖筋和横筋，形成钢筋网；再用双股铜线或镀锌钢丝穿过事先在石板上钻好的孔眼，将石板绑扎在钢筋网上，上下两块石板用不锈钢卡销固定。石板与墙之间一般留 30 mm 缝隙，上部用定位活动木楔做临时固定，校正无误后，在板与墙之间分层浇筑 1∶2.5 水泥砂浆，每次灌入高度不应超过 200 mm。待砂浆初凝后，取掉定位活动木楔，继续上层石板的安装，如图 11-28 所示。

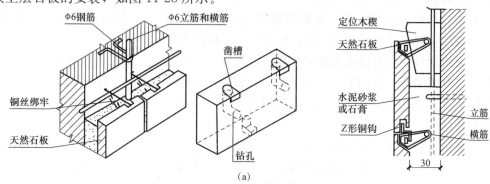

(a)

图 11-28　石板墙面装修

（a）天然石板墙面装修

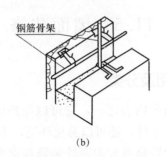
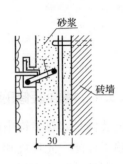

(b)

图 11-28　石板墙面装修（续）

(b) 人造石板墙面装修

（2）陶瓷砖墙面装修。面砖多数是以陶土和瓷土为原料，压制成型后煅烧而成的饰面块。由于面砖既可以用于墙面又可用于地面，所以也被称为墙地砖。面砖分挂釉和不挂釉、平滑和有一定纹理质感等不同类型。无釉面砖主要用于高级建筑外墙面装修，釉面砖主要用于高级建筑内外墙面及厨房、卫生间的墙裙贴面。面砖质地坚固、防冻、耐蚀、色彩多样。陶土面砖常用的规格有 113×77×17、145×113×17、233×113×17 和 265×113×17（mm）等；瓷土面砖常用的规格有 108×108×5、152×152×5、100×200×7、200×200×7（mm）等。

陶瓷马赛克是以优质陶土烧制而成的小块瓷砖，有挂釉和不挂釉之分。常用规格有 18.5×18.5×5、39×39×5、39×18.5×5（mm）等，有方形、长方形和其他不规则形状。马赛克一般用于内墙面，也可用于外墙面装修。马赛克与面砖相比，造价较低。与陶瓷马赛克相似的玻璃马赛克是透明的玻璃质饰面材料，它质地坚硬、色泽柔和典雅，具有耐热、耐蚀、不龟裂、不褪色、雨后自洁、自重轻、造价低的特点，是目前应用广泛的理想材料之一。

面砖的铺贴方法是将墙（地）面清洗干净后，先抹 15 mm 厚 1∶3 水泥砂浆打底找平，然后抹 5 mm 厚 1∶1 水泥细砂砂浆粘贴面砖。镶贴面砖须留出缝隙，面砖的排列方式和接缝大小对立面效果有一定影响，通常有横铺、竖铺、错开排列等几种方式。马赛克一般按设计图纸要求，在工厂反贴在标准尺寸为 325 mm×325 mm 的牛皮纸上，施工时将纸面朝外，整块粘贴在 1∶1 水泥细砂砂浆上，用木板压平，待砂浆硬结后，洗去牛皮纸即可。

3. 涂料类

涂料类墙面装修是指利用各种涂料敷于基层表面而形成完整、牢固的膜层，从而起到保护和装饰墙面作用的一种装修做法。它具有造价低、装饰性好、工期短、工效高、自重轻，以及操作简单、维修方便、更新快等特点，目前应用广泛，并具有较好的发展前景。按其成膜物的不同，涂料可分为无机涂料和有机涂料两大类。

（1）无机涂料。它有普通无机涂料和无机高分子涂料之分。普通无机涂料，如石灰浆、大白浆、可赛银浆等，多用于一般标准的室内装修。无机高分子涂料有 JH80-1 型、JH80-2 型、JHN84-1 型、F832 型、LH-82 型、HT-1 型等，多用于外墙面装修和有耐擦洗要求的内墙面装修。

（2）有机涂料。它有溶剂型涂料、水溶性涂料和乳液涂料三类。溶剂型涂料有传统的油漆涂料、苯乙烯内墙涂料、聚乙烯醇缩丁醛内（外）墙涂料、过氯乙烯内墙涂料等；常见的水溶性涂料有聚乙烯醇水玻璃内墙涂料（即 106 涂料）、聚合物水泥砂浆饰面涂层、改性水玻璃内墙涂料、108 内墙涂料、ST-803 内墙涂料、JGY-821 内墙涂料、801 内墙涂料等；乳液涂料又称乳胶漆，常见的有乙丙乳胶涂料、苯丙乳胶涂料等，多用于内墙装修。

建筑涂料的施涂方法，一般分刷涂、滚涂和喷涂。施涂时，后一遍涂料必须在前一遍涂料干燥后进行，否则易发生皱皮、开裂等质量问题。每遍涂料均应施涂均匀，各层结合牢固。当采用双组分和多组分涂料时，应严格按产品说明书规定的配合比使用，根据使用情况可分批混合，并在规定时间内用完。

在湿度较大，特别是遇明水部位的外墙和厨房、厕所、浴室等房间内施涂时，应选用优质腻子，待腻子干燥、打磨整光、清理干净后，再选用耐洗刷性较好的涂料和耐水性能好的腻子材料（如聚醋酸乙烯乳液水泥腻子等），以确保涂层质量。

用于外墙的涂料，考虑到其长期直接暴露于外，经受日晒雨淋的侵蚀，因此要求除应具有良好的耐水性、耐碱性外，还应具有良好的耐洗刷性、耐冻融循环性、耐久性和耐污染性。当外墙施涂涂料面积过大时，可以外墙的分格缝、墙的阴角处或落水管等处为分界线，在同一墙面应用同一批号的涂料，每遍涂料不宜施涂过厚，涂料要均匀，颜色应一致。

目前，涂料饰面会在正立面等涂料饰面较少处每层高线设置与涂料颜色一致的塑料条，山墙面等大面积涂料外墙则每隔 500～700 mm 设置一条，以防止涂料开裂。

4. 裱糊类

裱糊类墙面装修是将各种装饰性的墙纸、墙布、织锦等卷材类的装饰材料裱糊在墙面上的一种装修做法。常用的装饰材料有 PVC 塑料壁纸、复合壁纸、玻璃纤维墙布等。裱糊类墙体饰面装饰性强、造价较经济、施工方法简捷高效、材料更换方便，并且在曲面和墙面转折处粘贴，可以顺应基层，获得连续的饰面效果。

5. 铺钉类

铺钉类墙面装修是将各种天然或人造薄板镶钉在墙面上的装修做法，其构造与骨架隔墙相似，由骨架和面板两部分组成。施工时先在墙面上立骨架（墙筋），然后在骨架上铺钉装饰面板。

骨架分木骨架和金属骨架两种，采用木骨架时，为考虑防火安全，应在木骨架表面涂刷防火涂料。骨架间及横档的距离一般根据面板的尺度而定。为防止因墙面受潮而损坏骨架和面板，常在立筋前先于墙面抹一层 10 mm 厚的混合砂浆，并涂刷热沥青两道或粘贴油毡一层。

室内墙面装修用的面板，一般采用硬木条板、胶合板、纤维板、石膏板及各种吸声板等。硬木条板装修是将各种截面形式的条板密排，竖直镶钉在横撑上，其构造如图 11-29 所示。

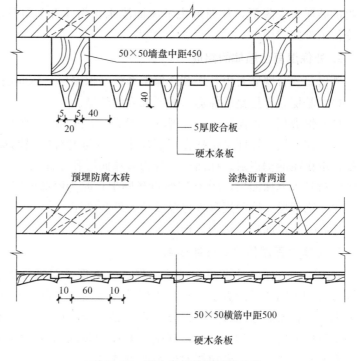

图 11-29 硬木条板墙面装修构造

11.5.3 外墙外保温

2009年9月25日,公安部与住房和城乡建设部联合下发公通字〔2009〕46号文件《民用建筑外保温系统及外墙装饰防火暂行规定》,要求建筑行业、设计制造企业一定要认真贯彻执行此文件。此文件的核心是消除只考虑建筑外保温而不考虑外墙装饰不防火的做法。

外墙外保温系统是指由保温层、保护层和固定材料(胶粘剂、锚固件等)构成并且适用于安装在外墙外表面的非承重保温构造总称。外墙外保温工程是指将外墙外保温系统通过组合、组装、施工或安装固定在外墙外表面上形成建筑物实体的工程。

1. 外墙外保温技术在住宅设计中的应用

随着我国每年10亿平方米的民用建筑投入使用,建筑能耗占总能耗的比例已从1978年的10%上升到目前的27.5%,大力发展节能型住宅,不仅能节约能源开支,还能给住户带来许多切实的好处。

节能住宅采用的围护结构能有效地改善居室的热环境。由于节能住宅外墙穿上了一件"棉袄"(外墙保温系统),头上戴了"帽子"(增强屋面保温),外窗采用了中空玻璃保温窗,因此,在冬季居民会明显地感到节能住宅比普通住宅温暖舒适,即使需要开空调取暖,耗电量也明显低于普通住宅。

夏季,由于通过外墙进入室内的热量大大减少,屋面上有了隔热、通风的措施,窗户使用能反射太阳热量的玻璃或者有外遮阳,使节能住宅的隔热性能大大提高。夏季需要空调降温的时间相应减少,无疑会减少住户的电费支出。

节能住宅的中空玻璃窗可降低外界的噪声分贝,能给住户提供宁静的家居环境。而建筑所穿的节能"衣帽",还能有效地保护住宅的围护结构,使外界温度变化、雨水侵蚀对建筑物的破坏大大降低,从而解决了屋面渗水、墙体开裂等住宅顽症,延长了建筑物寿命,也降低了维修费用。

2. 外保温复合墙体的组成

外保温复合墙体是由基层和外保温系统(保温层、抹面层、饰面层)组合而成的墙体。

(1)基层。基层是外保温系统所依附的外墙。

(2)保温层。保温层是由保温材料组成,在外保温系统中起保温作用的构造层。

(3)抹面层。抹面层是抹在保温层上,中间夹有增强网保护保温层,并起防裂、防水和抗冲击作用的构造层。抹面层可分为薄抹面层和厚抹面层。用于EPS板和胶粉EPS颗粒保温浆料时为薄抹面层,用于EPS钢丝网架板时为厚抹面层。

(4)饰面层。饰面层是外保温系统的外装饰层。

抹面层和饰面层总称为保护层。

3. 外墙外保温体系的性能要求

我国外墙外保温技术正在迅速发展,已出现了多种外墙外保温体系。采用不同材料、不同做法的不同体系的竞争,有利于建筑技术的进步和建筑质量的提高。但只有满足了基本要求,工程质量才能有基本保证。以膨胀聚苯乙烯为保温材料、带抹灰层的外墙外保温体系是应用非常广泛的一种。根据国外的经验和国内取得的成果,业界提出了对外墙外保温体系的基本要求,主要包括对体系的性能要求、对工程的要求,特别是常见质量缺陷的避免，以及对材料和配件的要求等，以供研究、设计和施工参考。

（1）保温性能。保温性能是外墙外保温质量的一个关键性指标。为此，应按所用材料的实际热工性能，经过热工计算得出足够的厚度，以满足节能设计标准对当地建筑的要求。与此同时，还应采取适当的建筑构造措施，避免局部产生热桥问题。一般来说，永久性的机械锚固、临时性的固定以至穿墙管道，或者外墙上的附着物的固定，往往会造成局部热桥。在设计和施工中，应力求使此种热桥对外墙的保温性能不会产生明显的影响，也不致以后产生影响墙面外观的痕迹（如锈斑）。

当外墙外保温体系采用钢丝网架与聚苯乙烯或岩棉板组合的保温板材时，其保温性能应根据实际构造及组成材料的热工性能参数经计算或测试确定。保温层厚度应考虑穿过的钢丝及其他热桥的影响。

常见热桥还包括梁柱等钢筋混凝土部位，因其导热性能较加气混凝土和节能保温砌块等填充墙体强，所以在自保温体系的节能系统中，会强制要求对梁柱等热桥部位作外保温处理，一般采用外敷保温浆料等形式。

（2）稳定性。与基层墙体牢固结合，是保证外保温层稳定性的基本环节。对于新建墙体，其表面处理工作一般较容易做好；但对于既有建筑，必须对其面层状况进行认真的检查，如果面层存在疏松、空鼓情况，则必须认真清理，以确保保温层与墙体紧密结合。

外保温体系应能抵抗下列因素综合作用的影响，即在当地最不利的温度与湿度条件下，承受风力、自重以及正常碰撞等各种内外力相结合的负载，在如此严酷的条件下，保温层不致与基底分离、脱落。

保温板用胶粘剂或机械锚固件固定时，必须满足所在地区、所处高度及方位的最大风力，以及在潮湿状态下保持稳定性。胶粘剂必须是耐水的，机械锚固件应不会被腐蚀。

外墙因为不同材料收缩率的不同，常常会产生裂缝等问题，对此可在不同材料交界处挂网加以解决，常见的加气混凝土自保温体系会要求内外满挂网。

当外饰面为涂料时，一般使用耐碱玻纤布；为面砖时，一般使用镀锌钢丝网。

当保温板材厚度大于 40 mm 时，因其厚度太厚，会导致固定锚栓固定不稳，在此种情况下，禁止使用面砖外饰面。

（3）防火处理。尽管保温层处于外墙外侧，防火处理仍不容忽视。在采用聚苯乙烯泡沫板作外保温材料时，必须采用阻燃型板材；外保温墙体表面及窗口等侧面，必须全部用防火材料严密包覆，不得有敞露部位；在建筑物超过一定高度时，需有专门的防火构造处理，例如，每隔一层设一防火隔离带；在每个防火隔断处或门窗口，网布及覆面层砂浆应折转至砖石或混凝土墙体处并予以固定，以保护聚苯乙烯泡沫板，避免在起火时蔓延；采用厚型抹灰面层，有利于提高保温层的耐火性能。

（4）热湿性能。

①水密性。外保温墙体的表面（包括面层、接缝处、孔洞周边、门窗洞口周围等处）应采取密闭措施，使其具有良好的防水性能，避免雨水进入内部造成损坏。

国外许多工程实践证明，当多孔面层或者面层中存在缝隙时，在雨水渗入和严寒受冻的情况下，容易遭受冻坏。

②墙内凝结。水蒸气在墙体内部或者在保温层内部凝结都是有害的，应采取适当的技术措施加以避免。

在新建墙体干燥过程中，或者在冬季条件下，当室内温度较高一侧的水蒸气向室外迁移时墙内水蒸气可能凝结。在室内湿度较低以及室内墙面隔汽状况良好时，可以避免由于墙内水蒸气迁移所产生的凝结。

通过凝结计算，可以得出在一定气候条件下（室内外空气温度及湿度），某种构造的墙体在不同层次处的水蒸气渗透状况。

③温度效应。外保温墙体应能耐受当地最严酷的气候及其变化。无论是高温还是严寒的气候，都不应使外保温体系产生不可逆的损害或变形。外墙外表面温度剧烈变化（可达 50 ℃）时，例如，在经过较长时间的暴晒后突然降下阵雨，或者在暴晒后进行遮阴，应采取措施，避免墙体的变形缝及抹灰接缝的边缘（如门窗洞口、边角处、穿墙管道周边等）产生裂缝。

（5）耐撞击性能。外墙外保温体系应能耐受正常交通往来的人体及搬运物品产生的碰撞。在经受一般性的属于偶然或者故意的碰撞时，不致对外保温体系造成损害。在其上安装空调器或用常规方法放置维修设施时，面层不致开裂或者穿孔。

（6）受主体结构变形的影响。当所附着的主体结构产生正常变形，如发生收缩、徐变、膨胀等情况时，外墙外保温体系不致产生任何裂缝或者脱开。

（7）耐久性。外墙外保温构造的平均寿命，在正常使用与维修的条件下，应达到 25 年以上，这就要求：

①外墙外保温体系的各种组成材料，应该具有化学的与物理的稳定性，其中包括：保温材料、胶粘剂、固定件、加强材料、面层材料、隔汽材料、密封膏等。

②所有材料所具有的性能，或通过防护、处理，应做到在结构的寿命期内，在正常使用条件下，由于干燥潮湿或电化腐蚀，以及由于昆虫、真菌或藻类生长，或者由于啮齿动物的破坏等种种侵袭，都不致造成损害。

③所有材料相互间应该是彼此相容的；所用材料与面层抹灰质量，均应符合有关国家标准的质量要求。

上述的各项性能，在受到各种内外力的作用下，在外墙外保温体系的整个寿命期内均应得以保持，特别是在温度与湿度变化的反复作用下，对其性能不致造成损害。

当然，在外墙保温体系的寿命期内，应按照需要进行维修。

4. 外墙外保温体系的材料

（1）EPS 板。EPS 板是由可发性聚苯乙烯珠粒经加热预发泡后在模具中加热成型而制得的具有闭孔结构的聚苯乙烯泡沫塑料板材。

（2）胶粉 EPS 颗粒保温浆料。胶粉 EPS 颗料保温浆料是由胶粉料和 EPS 颗粒集料组成，并且 EPS 颗粒体积比不小于 80％的保温灰浆。

（3）EPS 钢丝网架板。EPS 钢丝网架板是由 EPS 板内插腹丝，外侧焊接钢丝网构成的三维空间网架芯板。

（4）胶粘剂。胶粘剂是用于 EPS 板与基层以及 EPS 板之间粘结的材料。

（5）抹面胶浆。抹面胶浆是在 EPS 板薄抹灰外墙外保温系统中用于做薄抹面层的材料。

（6）抗裂砂浆。抗裂砂浆是以由聚合物乳液和外加剂制成的抗裂剂、水泥和砂按一定比例制成的能满足一定变形而保持不开裂的砂浆。

（7）界面砂浆。界面砂浆是用以改善基层或保温层表面粘结性能的聚合物砂浆。

（8）机械固定件。机械固定件是用于将系统固定于基层上的专用固定件。

5. 外墙外保温工程在施工中的基本规定

2005 年 3 月 1 日由中华人民共和国原建设部批准开始施行的《外墙外保温工程技术规程》

（JGJ 144—2004）规定：

（1）外墙外保温工程应能适应基层的正常变形而不产生裂缝或空鼓。

（2）外墙外保温工程应能长期承受自重而不产生有害的变形。

（3）外墙外保温工程应能承受风荷载的作用而不产生破坏。

（4）外墙外保温工程应能耐受室外气候的长期反复作用而不产生破坏。

（5）外墙外保温工程在罕遇地震发生时不应从基层上脱落。

（6）高层建筑外墙外保温工程应采取防火构造措施。

（7）外墙外保温工程应具有防水渗透性能。

（8）外保温复合墙体的保温、隔热和防潮性能应符合国家现行标准《民用建筑热工设计规范》（GB 50176—2016）、《严寒和寒冷地区居住建筑节能设计标准》（JGJ 26—2010）、《夏热冬冷地区居住建筑节能设计标准》（JGJ 134—2010）和《夏热冬暖地区居住建筑节能设计标准》（JGJ 75—2012）的有关规定。

（9）外墙外保温工程各组成部分应具有物理、化学稳定性。所有组成材料应彼此相容并应具有防腐性。在可能受到生物侵害（鼠害、虫害等）时，外墙外保温工程还应具有防生物侵害性能。

（10）在正确使用和正常维护的条件下，外墙外保温工程的使用年限应不少于 25 年。

6. 外墙外保温系统的检验

（1）对外墙外保温系统做耐候性检验。

（2）外墙外保温系统经耐候性检验后，不得出现饰面层起泡或剥落、保护层空鼓或脱落等破坏，不得产生渗水裂缝。具有薄抹面层的外保温系统，抹面层与保温层的拉伸粘结强度不得小于 0.1 MPa，并且破坏部位应位于保温层内。

（3）对胶粉 EPS 颗粒保温浆料外墙外保温系统进行抗拉强度检验，抗拉强度不得小于 0.1 MPa，并且破坏部位不得位于各层界面。

（4）EPS 板现浇混凝土外墙外保温系统做现场粘结强度检验。

（5）EPS 板现浇混凝土外墙外保温系统现场粘结强度不得小于 0.1 MPa，并且破坏部位应位于 EPS 板内。

（6）外墙外保温系统其他性能应符合表 11-3 规定。

表 11-3　外墙外保温系统性能要求

检验项目	性能要求	试验方法
抗风荷载性能	系统抗风压值不小于风荷载设计值。 EPS 板薄抹灰外墙外保温系统、胶粉 EPS 颗粒保温浆料外保温系统、EPS 板现浇混凝土外墙外保温系统和 EPS 钢丝网架板现浇混凝土外墙外保温系统安全系数 K 应不小于 1.5，机械固定 EPS 钢丝网架板外墙外保温系统安全系数 K 应不小于 2	《外墙外保温工程技术规程》（JGJ 144—2004）附录 A 第 A.3 节；由设计要求值降低 1 kPa 作为试验起点
抗冲击性	建筑物首层墙面以及门窗口等易受碰撞部位：10J 级；建筑物二层以上墙面等不易受碰撞部位：3J 级	附录 A 第 A.5 节
吸水量	水中浸泡 1 h，只带有抹面层和带有全部保护层的系统的吸水量均不得大于或等于 1.0 kg/m²	附录 A 第 A.6 节

检验项目	性能要求	试验方法
耐冻融性能	30 次冻融循环后： 保护层无空破、脱落、无渗水裂缝；保护层与保温层的拉伸粘结强度不小于 0.1 MPa，破坏部位应位于保温层	附录 A 第 A.4 节
热阻	复合墙体热阻符合设计要求	附录 A 第 A.9 节
抹面层不透水性	2 h 不透水	附录 A 第 A.10 节
保护层水蒸气渗透阻	符合设计要求	附录 A 第 A.11 节

注：水中浸泡 24 h，只带有抹面层和带有全部保护层的系统的吸水量均小于 0.5 kg/m² 时，不检验耐冻融性能

（7）对胶粘剂进行拉伸粘结强度检验。

（8）胶粘剂与水泥砂浆的拉伸粘结强度在干燥状态下不得小于 0.6 MPa，浸水 48 h 后不得小于 0.4 MPa；与 EPS 板的拉伸粘结强度在干燥状态和浸水 48 h 后均不得小于 0.1 MPa，并且破坏部位应位于 EPS 板内。

（9）应按《外墙外保温技术规程》（JGJ 144—2004）附录 A 第 A12.2 条规定对玻纤网进行耐碱拉伸断裂强力检验。

（10）玻纤网经向和纬向耐碱拉伸断裂强力均不得小于 750 N/50 mm，耐碱拉伸断裂强力保留率均不得小于 50%。

（11）外保温系统其他主要组成材料性能应符合表 11-4 规定。

按规程规定的检验项目应为型式检验项目，型式检验报告有效期为 2 年。

表 11-4 外墙外保温系统组成材料性能要求

检验项目		性能要求		试验方法
		EPS 板	胶粉 EPS 颗粒保温浆料	
保温材料	密度/(kg·m⁻³)	18～22	—	GB/T 6343—2009
	干密度/(kg·m⁻³)	—	180～250	GB/T 6343—2009（70℃恒重）
保温材料	导热系数/[W·(m·K)⁻¹]	≤0.041	≤0.060	GB/T 10294—2008
	水蒸气渗透系数/[ng·(m·h·Pa)⁻¹]	符合设计要求	符合设计要求	附录 A 第 A.11 节
	压缩性能/MPa（形变 10%）	≥0.10	≥0.25（养护 28 d）	GB/T 8813—2008
	抗拉强度/MPa 干燥状态	≥0.10	≥0.10	附录 A 第 A.7 节
	抗拉强度/MPa 浸水 48 h 取出后干燥 7 d	—		
	线性收缩率/%	—	≤0.3	GB/T 8811—2008
	尺寸稳定性/%	≤0.3	—	GB/T 8811—2008
	软化系数	—	≥0.5（养护 28d）	JGJ 51—2002
	燃烧性能	阻燃型	—	GB/T 10801.1—2002
	燃烧性能级别	—	B₁	GB 8624—2012

检验项目	性能要求		试验方法
	EPS 板	胶粉 EPS 颗粒保温浆料	
EPS 钢丝网架板	热阻/(m² · K · W⁻¹)	腹丝穿透型	≥0.73（50mm 厚 EPS 板） ≥1.5（100mm 厚 EPS 板）	附录 A 第 A.9 节
		腹丝非穿透型	≥1.0（50mm 厚 EPS 板） ≥1.6（80mm 厚 EPS 板）	
	腹丝镀锌层			符合 QB/T 3897—1999 规定
抹面胶浆、抗裂砂浆、界面砂浆	与 EPS 板或胶粉 EPS 颗粒保温浆料拉伸粘结强度/MPa	干燥状态和浸水 48 h 后≥0.10，破坏界面应位于 EPS 板或胶粉 EPS 颗粒保温浆料	附录 A 第 A.8 节
饰面材料	必须与其他系统组成材料相容，应符合设计要求和相关标准规定		
锚栓	符合设计要求和相关标准规定		

注：参照中华人民共和国行业标准《外墙外保温工程技术规程》（JGJ 144—2004）。

7. 外墙外保温系统构造和技术要求

（1）EPS 板薄抹灰外墙外保温系统（以下简称 EPS 板薄抹灰系统）由 EPS 板保温层、薄抹面层和饰面涂层构成，EPS 板用胶粘剂固定在基层上，薄抹面层中满铺玻纤网（图 11-30）。

（2）建筑物高度在 20 m 以上时，在受负风压作用较大的部位宜使用锚栓辅助固定。

（3）EPS 板宽度不宜大于 1 200 mm，高度不宜大于 600 mm。

（4）必要时应设置抗裂分隔缝。

（5）EPS 板薄抹灰系统的基层表面应清洁、无油污、脱模剂等妨碍粘结的附着物。凸起、空鼓和疏松部位应剔除并找平。找平层应与墙体粘结牢固，不得有脱层、空鼓、裂缝，面层不得有粉化、起皮、爆灰等现象。

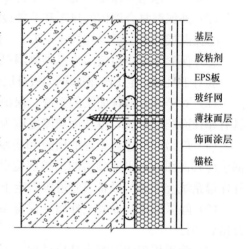

基层
胶粘剂
EPS板
玻纤网
薄抹面层
饰面涂层
锚栓

图 11-30　EPS 板薄抹灰系统

（6）应按《外墙外保温工程技术规程》（JGJ 144—2004）附录 B 第 B.1 节规定做基层与胶粘剂的拉伸粘结强度检验，粘结强度不应低于 0.3 MPa，并且粘结界面脱开面积不应大于 50%。

（7）粘贴 EPS 板时，应将胶粘剂涂在 EPS 板背面，涂胶粘剂面积不得小于 EPS 板面积的 40%。

（8）EPS 板应按顺砌方式粘贴，竖缝应逐行错缝。EPS 板应粘贴牢固，不得有松动和空鼓。

（9）墙角处 EPS 板应交错互锁 [图 11-31 (a)]。门窗洞口四角处 EPS 板不得拼接，应采用整块 EPS 板切割成形，EPS 板接缝应离开角部至少 200 mm [图 11-31 (b)]。

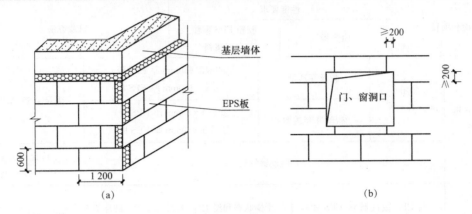

图 11-31　EPS 板排列
（a）墙角；（b）门窗洞口

（10）应做好系统在檐口、勒脚处的包边处理。装饰缝、门窗四角和阴阳角等处应做好局部加强网施工。变形缝处应做好防水和保温构造处理。

8. 外保温复合墙体的设计与施工

（1）设计选用外保温系统时，不得更改系统构造和组成材料。

（2）外保温复合墙体的热工和节能设计应符合下列规定：

①保温层内表面温度应高于 0 ℃；

②外保温系统应包覆门窗框外侧洞口、女儿墙以及封闭阳台等热桥部位；

③对于机械固定 EPS 钢丝网架板外墙外保温系统，应考虑固定件、承托件的热桥影响。

（3）对于具有薄抹面层的系统，保护层厚度应不小于 3 mm 并且不宜大于 6 mm。对于具有厚抹面层的系统，厚抹面层厚度应为 25～30 mm。

（4）应做好外保温工程的密封和防水构造设计，确保水不会渗入保温层及基层，重要部位应有详图。水平或倾斜的出挑部位以及延伸至地面以下的部位应作防水处理。在外墙外保温系统上安装的设备或管道应固定于基层上，并应做密封和防水设计。

（5）除采用现浇混凝土外墙外保温系统外，外保温工程的施工应在基层施工质量验收合格后进行。

（6）除采用现浇混凝土外墙外保温系统外，外保温工程施工前，外门窗洞口应通过验收，洞口尺寸、位置应符合设计要求和质量要求，门窗框或辅框应安装完毕。伸出墙面的消防梯、水落管、各种进户管线和空调器等的预埋件、连接件应安装完毕，并按外保温系统厚度留出间隙。

（7）外保温工程的施工应具备施工方案，施工人员应经过培训并经考核合格。

（8）基层应坚实、平整。保温层施工前，应进行基层处理。

（9）EPS 板表面不得长期裸露，EPS 板安装上墙后应及时做抹面层。

（10）薄抹面层施工时，玻纤网不得直接铺在保温层表面，不得干搭接，不得外露。

（11）外保温工程施工期间以及完工后 24 h 内，基层及环境空气温度不应低于 5 ℃。夏季应避免阳光暴晒，在 5 级以上大风天气和雨天不得施工。

（12）外保温施工各分项工程和子分部工程完工后应做好成品保护。

1. 墙体的类型、作用及设计要求，选择正确的构造方法，以达到既实用、安全，又美观、经济的最佳效果。

2. 墙体的保温、隔热与隔声，重点要注意影响保温与隔热的各种因素，选择正确的构造方法。

3. 墙体的细部构造包括墙垛、壁柱、过梁、圈梁、构造柱、窗台、勒脚、散水、明沟、防潮层等。其中，墙垛和壁柱是为增加墙体的刚度和稳定性，防止墙体变形而设置的；圈梁和构造柱是为了拉结墙体，以增加墙体的整体性和抗震性而设计的；过梁是为了承受洞口上部荷载并将其传给洞口两侧墙体设计的；勒脚和踢脚用于保护墙体并起到美观作用；对于防潮层、散水和明沟，要注意其各种构造措施及各自的特点。另外，防火墙一般设在防火性能要求比较高的建筑中，如一些重要的建筑或人流比较密集的场所。

4. 隔墙主要是分隔建筑物的室内空间；幕墙是现代民用建筑尤其是公共建筑外墙面的一种新型的墙面装饰。

复习思考题

1. 墙体按其受力特点、构造形式、施工方法不同，可分为哪几种类型？

2. 墙体在设计上有哪些要求？

3. 确定砖墙厚度的因素有哪些？

4. 为什么墙体会产生凝水？墙体的保温措施有哪些？

5. 砖砌体的加固措施有哪些？

6. 试述砌块墙的特点和设计要求。

7. 勒脚的作用是什么？其常用做法有哪些？

8. 墙身水平防潮层的做法有哪些？水平防潮层应设在什么位置？

9. 什么情况下设置垂直防潮层？试简述其构造做法。

10. 构造柱起什么作用？一般设置在什么位置？

11. 散水和明沟的作用是什么？其构造做法有哪几种？

12. 圈梁的位置和数量如何确定？

13. 什么情况下设附加圈梁？附加圈梁如何设置？

14. 隔墙有哪些类型？

15. 绘制勒脚与散水的节点图。

16. 绘制附加圈梁与原圈梁的构造关系。

17. 绘制窗洞口上部和下部节点图。

18. 图示水平防潮层的构造做法。

第12章 门窗与遮阳设施

本章要点

本章主要介绍门窗的形式与尺度及设计要求，重点介绍金属与塑钢门窗的构造处理及门窗的安装要求，简单介绍遮阳设施的类型及构造。

12.1 门窗的分类与尺度

门和窗是建筑的主要构造组成部分，也是主要围护结构之一，但其不具备结构方面的功能。门在建筑中的主要作用是交通联系、紧急疏散，并兼有采光、通风的功能；窗在建筑中的主要作用是采光、通风、接受日照和供人眺望。

在设计门窗时，必须根据有关规范和建设的使用要求来决定其形式及尺度。造型要美观大方，构造应坚固、耐久，开启灵活，还应具有保温、隔声、防雨、防火、防风沙等作用。规格类型应尽量统一，并符合《建筑模数协调标准》（GB/T 50002—2013）的要求，以降低成本和适应建筑工业化生产的需要。

12.1.1 门的分类与尺度

1. 门的分类

（1）按门的开启方式分类。门按开启的方式不同，可分为平开门、弹簧门、推拉门、折叠门、转门等，如图 12-1 所示。

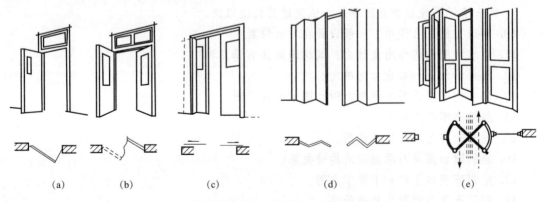

图 12-1 门的开启方式

（a）平开门；（b）弹簧门；（c）推拉门；（d）折叠门；（e）转门

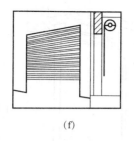

(f)

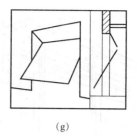

(g)

图 12-1 门的开启方式（续）

（f）卷帘门；（g）翻板门

①平开门。平开门是水平开启的门，门的铰链装于门扇的一侧与门框相连，使门扇围绕铰链轴转动。平开门分单扇、双扇和内开、外开等形式。平开门构造简单、开启灵活、加工制作简便、易于维修，是建筑中最常见、使用最广泛的门（图 12-2）。

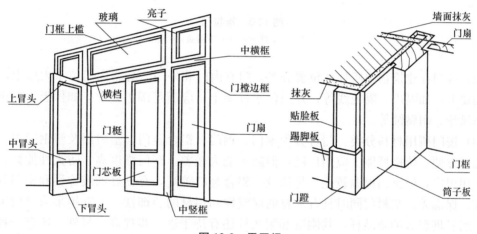

图 12-2 平开门

②弹簧门。弹簧门开启方式与普通平开门相同，所不同处是以弹簧铰链代替普通铰链，借助弹簧的力量使门扇能向内、向外开启，并可经常保持关闭。

③推拉门。推拉门开启时，门扇沿上下设置的轨道左右滑行。其通常分为单扇和双扇，也可做成双轨多扇或多轨多扇，开启时门扇可隐藏于墙内或悬于墙外。根据轨道的位置，推拉门可分为上挂式和下滑式。推拉门占用面积小、受力合理、不易变形，但构造复杂（图 12-3）。

④折叠门。由多扇门拼合而成，开启后门扇可折叠在一起推移到洞口的一侧或两侧，占用空间少。简单的折叠门，可以只在侧边安装铰链。复杂的还要在门的上边或下边装导轨及转动五金配件。

⑤转门。由两个固定的弧形门套和垂直旋转的门扇构成。门扇可分为三扇或四扇，绕竖轴旋转。转门对隔绝室外气流有一定作用，可作为寒冷地区公共建筑的外门，但不能作为疏散门。当转门设置在疏散门口时，需在两旁另设疏散用门。

另外，还有上翻门、升降门、卷帘门等形式，一般用于门洞口较大、有特殊要求的房间。

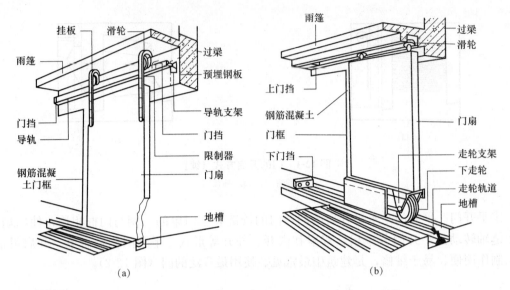

图 12-3　推拉门

(a) 上挂式；(b) 下滑式

(2) 按门在建筑物中所处的位置分类。门有内门和外门之分。内门位于内墙上，应满足分隔要求，如隔声、隔视线等；外门位于外墙上，应满足围护要求，如保温、隔声、防雨、防风沙、耐腐蚀等。

(3) 按门所用材料分类。门可分为木门、钢门、铝合金门、塑料门及塑钢门等。木门制作加工方便、价格低廉、应用广泛，但防火能力较差。钢门强度高、防火性能好，在建筑上应用很广，但钢门保温较差、易锈蚀。铝合金门美观，有良好的装饰性和密闭性，但成本高、保温差。塑料门同时具有木材的保温性和铝材的装饰性，是近年来为节约木材和有色金属发展起来的新品种，其刚度和耐久性还有待于进一步提高。另外，还有一种全玻璃门，主要用于标准较高的公共建筑出入口，它具有简洁、美观、视线无阻挡及构造简单等特点（图 12-4）。

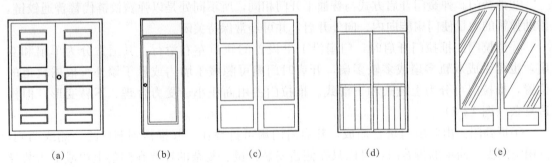

图 12-4　各种材质的门

(a) 木门；(b) 钢门；(c) 铝合金门；(d) 塑钢门；(e) 无框玻璃门

(4) 按门的使用功能分类。门可分为一般门和特殊门两种。特殊门具有特殊的功能，构造复杂，一般用于对门有特别的要求时使用，如保温门、防盗门、隔声门、防火门、防射线门等。

2. 门的尺度

门的尺度通常指门的高度和宽度尺寸，应满足人流疏散，搬运家具、设备及与建筑物的比例关系等，并要符合现行《建筑模数协调标准》（GB/T 50002—2013）的规定。

一般民用建筑门的高度不宜小于 2 100 mm。门上方设有亮子时，亮子高度一般为 300～600 mm，则门洞高度为门扇高加亮子高，再加门框及门框与墙间的缝隙尺寸。公共建筑大门高度可视需要适当加高。

门的宽度：单扇门为 700～1 000 mm，双扇门为 1 200～1 800 mm。宽度在 2 100 mm 以上时，为防止门扇过宽而产生翘曲变形及不利于开启，则做成三扇门、四扇门或双扇带固定扇的门。辅助房间（如浴厕、储藏室等）门的宽度可略窄些，一般为 700～800 mm。

为了使用方便，一般民用建筑门均编制成标准图，在图上注明类型（如材料）及有关尺寸，设计时可按需要直接选用（图 12-5）。

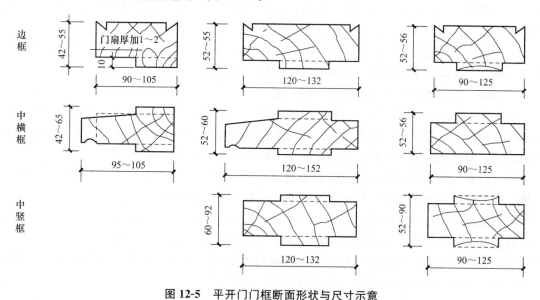

图 12-5 平开门门框断面形状与尺寸示意

12.1.2 窗的分类与尺度

1. 窗的分类

（1）按窗的开启方式分类（图 12-6）。

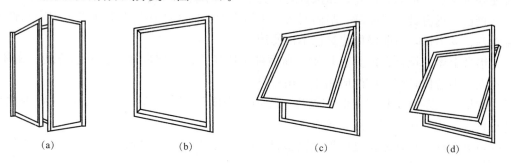

图 12-6 窗的开启方式

（a）平开窗；（b）固定窗；（c）上悬窗；（d）中悬窗

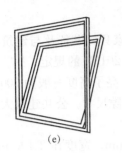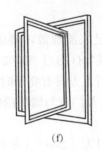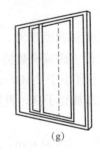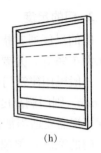

图 12-6 窗的开启方式（续）

(e) 下悬窗；(f) 立转窗；(g) 水平推拉窗；(h) 垂直推拉窗

①平开窗。平开窗是将玻璃安装在窗扇上，再由铰链连接安装在窗扇一侧与窗框相连，向外或向内水平开启的窗。有单扇、双扇、多扇及向外开与向内开之分。平开窗构造简单、开启灵活、制作维修方便，是民用建筑中使用最广泛的窗。

②固定窗。固定窗是将玻璃直接镶嵌在窗框上，不能开启的窗。一般只要求有采光、眺望功能，如走道的采光窗和一般窗的固定部分。固定窗构造简单，密闭性好。

③悬窗。根据铰链和转轴位置的不同，悬窗可分为上悬窗、中悬窗和下悬窗。上悬窗一般向外开，防雨好，多作为外门和窗上的亮子；下悬窗一般向内开，通风较好，不防雨，不能用作外窗，一般用于内门上的亮子；中悬窗是在窗扇两边中部装水平转轴，窗扇绕水平轴旋转，对挡雨、通风有利，并且开启易于机械化，故常用作大空间建筑的高侧窗。

④立转窗。立转窗的窗扇可以沿竖轴转动。竖轴可设在窗扇中心，也可以略偏于窗扇一侧。立转窗的通风效果好，但密闭性能较差，不宜用于寒冷和多风沙的地区。

⑤推拉窗。推拉窗是窗扇沿着导轨或滑槽推拉开启的窗。根据推拉方向的不同，推拉窗可分为水平推拉窗和垂直推拉窗两种。水平推拉窗需要在窗扇上下设轨槽，垂直推拉窗要有滑轮及平衡措施。推拉窗开启时不占据室内外空间，窗扇和玻璃尺寸可以较大，但它不能全洞口开启，通风面积受限，使得通风效果受到影响。

⑥百叶窗。窗扇一般用塑料、金属或木材等制成小板材，与两侧框料相连接，有固定式和活动式两种。百叶窗的采光效率低，主要作用为遮阳、防雨及通风。

（2）按窗框的材料分类。按窗所用的材料不同，窗可分为木窗、钢窗、铝合金窗和塑料窗等单一材料的窗以及塑钢窗、玻璃钢窗等复合材料的窗。

①木窗。木窗多采用不易变形的松木、杉木制作而成，具有制作简单，密封性能、保温性能好等优点，但防火性差、耐久性差，为了节约木材，外窗一般不应采用木窗。

②钢窗。钢窗具有强度高、坚固耐久、不易变形、便于拼接组合等优点。但密闭性差、保温性差、易生锈，目前民用建筑已不再使用。

③铝合金窗。铝合金窗具有轻质、高强度、造型美观、坚固耐久、开启方便、密闭性好等优点，但造价较高，广泛应用于民用建筑中。

④塑钢窗。塑钢窗具有保温、隔热、隔声、密闭性好、开启方便、装饰性好等优点，但造价较高，广泛应用于民用建筑中。

⑤玻璃钢窗。玻璃钢窗是由玻璃钢型材装配而成，具有耐腐蚀性强、外形美观等优点，通常用于化学工业建筑。

（3）按镶嵌材料分类。按窗扇所镶嵌的材料不同，窗可分为玻璃窗、百叶窗和纱窗等。

（4）按窗的层数分类。按窗的层数分类，窗可分为单层窗和双层窗两种。其中，单层窗构造简单、造价低，多用于一般建筑中；而双层窗的保温、隔声、防尘效果好，多用于对窗有较高功能要求的建筑中。双层窗扇和双层中空玻璃窗的保温、隔声性能优良，是节能窗的理想类型。

2. 窗的尺度

窗的尺度应根据采光、通风与日照的需要来确定且兼顾建筑立面设计的要求，并要符合现行《建筑模数协调标准》（GB/T 50002—2013）的规定。

为使窗坚固耐久，一般平开窗的窗扇高度为 800~1 200 mm，宽度不宜大于 500 mm。我国大部分地区标准窗的尺寸均采用 3M 的扩大模数，常用的高、宽尺寸有 600 mm、900 mm、1 200 mm、1 500 mm、1 800 mm、2 100 mm、2 400 mm。

12.2 木门窗构造

12.2.1 门窗的组成

1. 门的组成

门一般由门框、门扇、五金件及其附件组成。

（1）门框。门框又称门樘，是门与墙体的连接部分，由上框、边框、中横框和中竖框榫接而成。亮子又称腰头窗，在门上方，起着辅助采光和通风的作用。

由于门框周围的抹灰极易脱落，影响卫生和美观，因此，门框与墙体接缝处应用木压条盖缝，装修标准较高的建筑还可加设筒子板和贴脸板。

（2）门扇。门扇一般由上、中、下冒头和边梃组成骨架，中间固定门芯板。根据门芯板所用的材料不同，门又可分为镶板门、夹板门、玻璃门、百叶门和纱门等。

（3）五金件。五金件一般由铰链、插销、门锁、拉手和门碰等组成。

（4）附件。门的附件有贴脸板和筒子板等。

①贴脸板：在门的使用过程中，由于门在开关过程中会产生撞击与振动，门洞口墙体与门框之间缝隙填塞的砂浆会脱落而影响美观，将用料 20 mm×45 mm 的木板条内侧开槽，可刨成各种断面的线脚以掩盖缝隙，即为贴脸板，如图 12-7 所示。

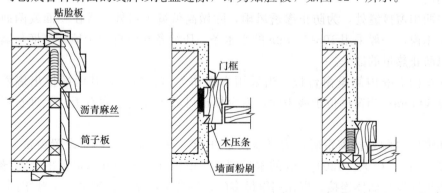

图 12-7 门框位置、门贴脸板及筒子板

②筒子板：室内装修标准较高时，往往在门洞口的上侧和两侧墙面均用木板镶嵌墙体，即为筒子板。如图 12-7 所示。

2. 窗的组成

窗一般由窗框、窗扇、五金件及附件组成，如图 12-8 所示。

（1）窗框。窗框又称窗樘，是窗与墙体的连接部分，由上框、中框、边框、中横框和中竖框组成。在有亮子窗或横向窗扇数较多时，应设置中横框和中竖框。

（2）窗扇。窗扇是窗的主体部分，分为活动扇和固定扇两种，一般由上冒头、下冒头、边梃等组成骨架，中间固定玻璃、窗纱或百叶等，如图 12-8 所示。

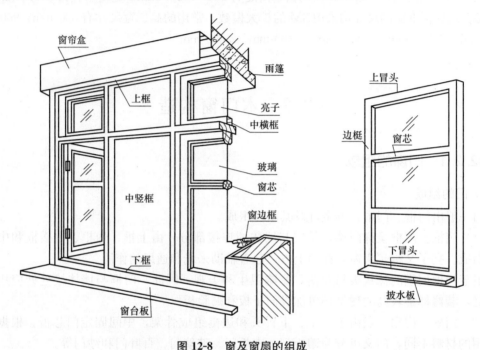

图 12-8 窗及窗扇的组成

（3）五金件。五金件主要有铰链、风钩、插销、拉手、导轨、转轴和滑轮等。

（4）附件。窗的附件主要包括贴脸板、压缝条、窗台板及窗帘盒等，当建筑的室内装修标准较高时，窗洞口周围可增设这些附件。

①贴脸板：同门。

②压缝条：在两扇窗接缝处，为防止渗透风雨，除做高低缝盖口外，常在一面或两面加钉压缝条。对于木窗，一般采用 10～15 mm 的小木条，压缝条有时也用于填补窗框与墙体之间的缝隙，以防止热量的散失。

③窗台板：在窗的下框内侧设窗台板。当采用木板作为窗台板时，其两端挑出墙面30～40 mm，板厚 30 mm；当窗框位于墙中时，窗台板也可以用预制水磨石板、大理石板或钢筋混凝土板。

④窗帘盒：在窗的内侧悬挂窗帘时，为遮盖窗帘杆和窗帘上部的栓环而设置窗帘盒。窗帘盒三面采用 25 mm×（100～150）mm 的木板镶成，窗帘杆一般为开启灵活的金属导轨，采用角钢或钢板支撑与墙体连接。现在用得最多的是铝合金或塑钢窗帘盒，美观牢固、构造简单。

12.2.2 平开木门的构造

1. 门框

门框的断面形式与门的类型、门扇的层数有关，断面尺寸主要考虑接榫牢固、门的类型和木工在制作时刨光损耗。下料尺寸应大于净断面尺寸，一般按单刨光 3 mm、双刨光 5 mm 计算。故门框的下料尺寸：安装两层门扇时，厚度×宽度为（60～70）mm×（130～150）mm；安装一层门扇时，为（50～70）mm×（100～120）mm。为了便于门扇与门框的密闭，门框上要有铲口，铲口宽度一般比门扇厚度大于 2 mm，铲口深一般为 8～10 mm。为了有利于门框的嵌固和门框与墙体抹灰层的密闭性，在靠墙的一面常开 1～2 道凹槽（栽口）。凹槽的形状可分为矩形或三角形。门框的安装按施工方法分塞口和立口两种。塞口，是在墙砌好后再安装门框；立口，即用支撑先立门框再砌墙，如图 12-9 所示。门框与墙的固定，通常在门洞两侧每隔 500～600 mm 预埋木砖，用圆钉与门框固定。立口还可将门的上横框各向外伸出 120 mm 砌入墙体中。

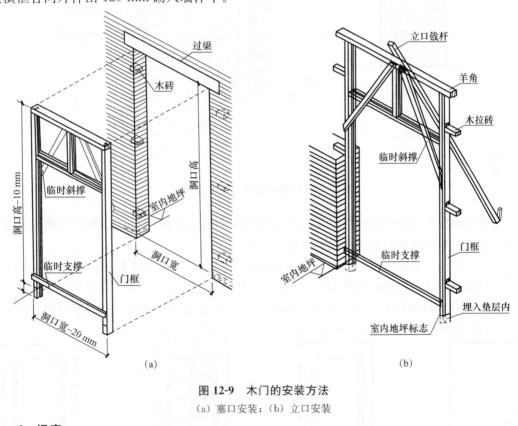

(a)   (b)

图 12-9 木门的安装方法

（a）塞口安装；（b）立口安装

2. 门扇

常用的木门扇有镶板门、夹板门、拼板门和玻璃门等。

（1）镶板门。镶板门是一种常用的门，它由边梃、上冒头、中冒头和下冒头构成骨架，然后骨架内镶装门芯板或玻璃而构成。门扇的边梃与上冒头和中冒头的断面尺寸相同，厚度为 40～50 mm，宽度为 100～200 mm，下冒头宽度一般为 160～250 mm。门芯板一般采用 10～12 mm 厚的木板拼成，也可采用其他人工板材，如胶合板、纤维板、塑料板等。

（2）夹板门。夹板门用断面较小的方木做成骨架，两边粘贴面板而成。骨架一般由边框与中间的肋条构成。骨架要求满足一定的刚度和强度，间距要满足一定的规范要求，在门锁处需另加上木方满足其强度要求。门扇面板多采用人工板材，如胶合板、塑料板和硬质纤维板等。

（3）拼板门。拼板门的构造与镶板门相同，门扇由骨架和拼板组成，因其自重较大，但坚固耐久，多用于库房、车间的外门，如图 12-10 所示。

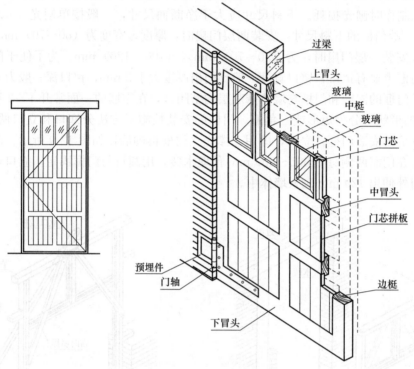

图 12-10　拼板门构造（单面直拼门）

有骨架的拼板门称为拼板门，而无骨架的拼板门称为实拼门；有骨架的拼板门又分为单面直拼门、单面横拼门和双面保温拼板门三种。

（4）玻璃门。玻璃门的门扇构造与镶板门基本相同，只是门芯板用玻璃代替，用于要求采光与透明的出入口处，如图 12-11所示。在现代公共建筑中，外门有时采用厚度不小于12 mm 的钢化玻璃镶在上、下冒头上，不设边梃，上部装转轴铰链，下部装地弹簧的平开门；也有的用红外线感应来控制门的启闭，即自动感应水平推拉门。

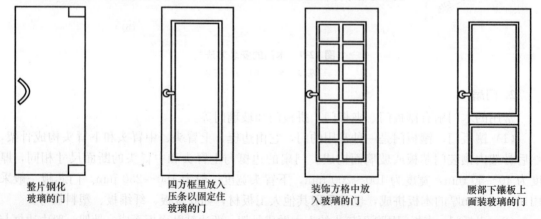

图 12-11　玻璃门构造

12.3　金属与塑钢门窗

12.3.1　金属门窗

建筑工程中常用的金属门窗有钢门窗和铝合金门窗两种。

1. 钢门窗

钢门窗与木门窗相比具有强度高、刚度大，耐久、耐火性能好，外形美观以及便于工厂化生产等特点。另外，钢门窗的透光系数较大，与同样大小洞口的木门窗相比，其透光面积增加 15% 左右，但钢窗易受酸碱和有害气体的腐蚀，其加工精度和观感稍差，目前较少在民用建筑中使用。我国钢门窗的生产已具备标准化、工厂化和商品化的特点，各地均有钢门窗的标准图供设计者选用。

钢窗的料型有实腹式（图 12-12）和空腹式两大类型。

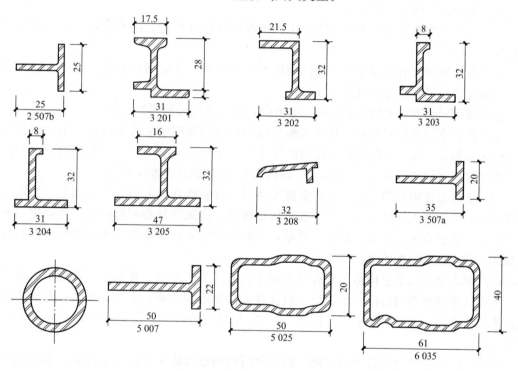

图 12-12　实腹式钢窗料型与规格

钢窗一般采用塞口法安装，窗框与洞口四周通过预埋铁件用螺栓牢固连接。固定点间距为 500～700 mm。在砖墙上安装时多用预留孔洞，将"燕尾"铁脚插入洞口，并用砂浆嵌牢。在钢筋混凝土梁或墙柱上则先预埋铁件，将钢窗的"Z"形铁脚焊接在预埋铁板上。

钢窗玻璃的安装方法与木窗不同，一般先用油灰打底，然后用弹簧夹子或钢皮夹子将玻璃嵌固在钢窗上，再用油灰封闭。

钢门的安装方法采用塞口法，门框与洞口四周通过预埋铁件用螺钉牢固连接。钢门的构造做法可参照钢窗的构造做法。

2. 铝合金门窗

（1）铝合金门窗的特点。

①质量轻。铝合金门窗用料省、质量轻，平均每 1 m² 耗用铝材只有 8～12 kg（钢门窗为 17～20 kg），较钢门窗轻 50% 左右。

②性能好。密封性好，气密性、水密性、隔声性、隔热性都较钢、木门窗有显著提高。因此，在装设空调设备的建筑中，对防火、隔声、保温、隔热有特殊要求的建筑中，以及多台风、多暴雨、多风沙地区的建筑中更适合用铝合金门窗。

③耐腐蚀、坚固耐用。铝合金门窗不需要涂涂料，氧化层不褪色、不脱落，表面不需要维修。铝合金门窗强度高，刚性好，坚固耐用，开闭轻便灵活，无噪声，安装速度快。

④色泽美观。铝合金窗框料型材表面经过氧化着色处理后，即可保持铝材的银白色，又可以制成各种柔和的颜色或带色的花纹，如古铜色、暗红色、黑色等。还可以在铝材表面涂刷一层聚丙烯酸树脂保护装饰膜，制成的铝合金门窗造型新颖大方，表面光洁，外形美观、色泽牢固，增加了建筑立面和内部的美观。

（2）铝合金门窗的设计要求。

①应根据使用和安全要求确定铝合金门窗的风压强度性能、雨水渗透性能、空气渗透性能综合指标。

②组合门窗设计宜采用定型产品门窗作为组合单元。非定型产品的设计应考虑洞口最大尺寸和开启扇最大尺寸的选择和控制。

③外墙门窗的安装高度应有限制。必要时，还应进行风洞模型试验。

（3）铝合金门窗框料系列。系列名称是以铝合金门窗框厚度的构造尺寸来区别各种铝合金门窗的称谓，如平开门门框厚度构造尺寸为 50 mm 宽，即称为 50 系列铝合金平开门；推拉窗窗框厚度构造尺寸为 90 mm 宽，即称为 90 系列铝合金推拉窗等。

（4）铝合金窗窗框的安装。铝合金窗安装时，将窗框在抹灰前立于窗洞处，与墙内预埋件对正，然后用木楔将三边固定。校正后用焊接、膨胀螺栓和射钉固定，其固定点不得少于两点。窗框安装好后与窗洞口的缝隙，一般采用软质材料堵塞。不得将窗外框直接埋入墙体，防止碱对窗框的腐蚀。

（5）铝合金窗的节点构造。铝合金窗的开启方式有平开窗、推拉窗、固定窗、旋转窗等。下面就推拉窗的构造作简单介绍。铝合金推拉窗造型美观、采光面积大、开启不占空间。推拉窗常用的有 90 系列、70 系列、60 系列、55 系列等。其中，90 系列目前被广泛采用。

铝合金门的特性与铝合金窗相同。铝合金门的构造及施工方法可参照铝合金窗的构造做法。

12.3.2　塑钢门窗

塑钢门窗是以聚乙烯（简称 PVC）与氯化聚乙烯共混树脂为主体，加上一定比例的添加剂，经挤压成各种中空异型材，在型材内腔中塞入以薄壁型钢制成的衬钢，以增加型材的刚度。型材通过切割、钻孔、熔接等方法拼接，制成外框。塑钢窗具有耐酸、耐碱、耐腐蚀、防尘、阻燃自熄、强度高、不变形、色调和谐等特点。气密性、水密性一般比同类窗大 2～5 倍。

塑钢门与塑钢窗设计通常采用定型的型材，可根据不同地区、不同气候、不同环境、不同建筑物和不同的使用要求，选用不同的门窗系列。塑钢门和塑钢窗系列主要有60、66平开系列，62、73、77、80、85、88和95推拉系列等，均为多腹腔异型材，可以组装成单框单玻、单框双玻、单框三玻的固定窗、平开窗、推拉窗、平开门、推拉门、地弹簧门等门窗。

塑钢窗按其使用性能分为"一般型"和"全防腐型"两大类。两者的塑料型材本身均具有抗腐蚀性能，但其五金件的材质选择不同。"一般型"塑钢窗所选用的五金件，主要是金属制品，适用于一般工业与民用建筑；"全防腐型"塑钢窗，除紧固件特制外，所有配套的"五金件"均为优质工程塑料制品。适用于有氯、氯化氢、硫化氢、二氧化硫等腐蚀性气体作用下的化工、冶金、造纸、纺织等工业建筑，以及沿海盐雾地区的民用建筑。

塑钢门的安装过程及节点构造同塑钢窗。

此外，当建筑对塑料窗的外观要求较高时，可以采用在塑料型材外侧包上彩色铝合金饰面型材的制作方法，即铝塑窗。铝塑窗的外观与铝合金窗相似，不褪色且观感效果好。

断桥式铝塑复合窗是铝塑窗家族中性能最为突出的，它是用塑料型材将室内外两层铝合金面材分隔开，杜绝了热桥现象。同时，具有外形美观、气密性好、隔声效果好、节能效果好的特点。

12.4　门窗的安装

门窗的安装应根据不同使用要求选择适当的位置，其安装方法主要有塞口法和立口法两种。

12.4.1　门框在墙洞中的位置

门框在墙洞中的位置，主要根据门的开启方式及墙体厚度不同，分为门框外平、门框居中、门框内平和门框内外平四种，如图 12-13 所示。一般多与门窗开启方向一侧平齐，以尽可能使门窗开启后能贴近墙面。由于门框周围的抹灰极易脱落，影响卫生与美观，因此，门框与墙体接缝处应用木压条盖缝，装修标准较高，还可加设筒子板和贴脸板。

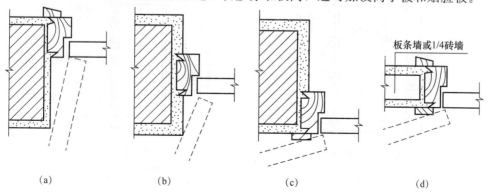

(a)　　　　　(b)　　　　　(c)　　　　　(d)

图 12-13　门框在墙洞中的位置
（a）外平；（b）居中；（c）内平；（d）内外平

12.4.2 窗框在墙洞中的位置

窗框在墙洞中的位置，主要根据房间的使用要求和墙体的厚度不同分为窗框内平、窗框外平和窗框居中三种形式，如图 12-14 所示。

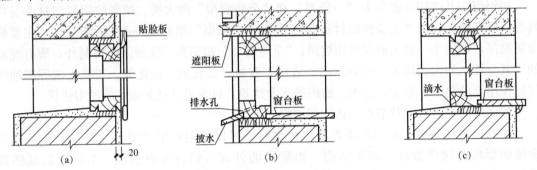

图 12-14 窗框在墙洞中的位置

(a) 内平；(b) 外平；(c) 居中

（1）窗框内平。窗框内表面与墙体装饰层内表面相平，窗扇向内开启时紧贴内墙面，不占室内空间。

（2）窗框外平。增加了内窗台的面积，但窗框的上部易进雨水，为提高其防水性能，需在洞口上方加设雨篷。

（3）窗框居中。窗框位于墙厚的中间或偏向室外一侧，下部留有内、外窗台以利于排水。

12.4.3 门窗的安装方法

门窗的安装包括门窗框的安装和门窗扇与门窗框的安装两部分。

1. 门窗框的安装方法

门窗框的安装方法分立口法和塞口法两种，如图 12-15 所示。目前，绝大部分建筑的门窗施工采用塞口法安装。

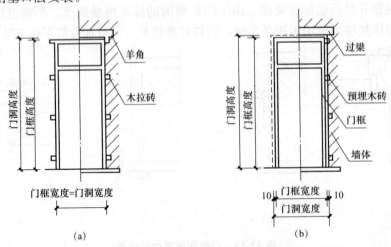

图 12-15 门窗框的安装方法

（a）立口法；（b）塞口法

（1）立口法。立口法是砌墙时将门窗框立在相应的位置，找正后继续砌墙。这种安装方法的优点是门窗框与墙体连接紧密牢固，但安装门窗框和砌墙两道工序相互交叉进行，会影响施工进度，并且容易对门窗造成损坏。

（2）塞口法。塞口法是砌墙时将门窗洞口预留出来，预留的洞口一般比门窗框外包尺寸大 30～40 mm，当整幢建筑的墙体砌筑完工后，再将门窗框塞入洞口并固定。这种安装方法的优点是工序无交错，不影响施工进度，但门窗与墙体之间的缝隙较大，应加强固定和对缝隙的密闭处理。

塞口法安装门窗前应先将房屋中需装门窗的洞口清理干净、整理平整，按照图纸上门窗的尺寸及代号来确定此窗框所在的位置，然后再将窗框上的卡板（宽 10 mm、长150 mm、厚 1.5 mm 的镀锌铁条）依次扳出，把窗框放到相应的洞口中（注意窗框的内外和上下不要放反），窗框与墙体的间隙间应用木楔垫起（起定位作用），应保证窗（门）框与洞口四边的间隙基本上一致，木楔不要楔得太紧，以门窗不摇动为好。

塑钢窗现在使用较广泛，窗框主要由开有一条安装槽的窗框塑料型材和开有一条安装槽的内衬钢管及安装环组成，安装环能在安装槽内滑动，所以能方便地与墙体预埋件连接，使窗框安装既简单方便，又整齐统一，符合现代建筑设计需要。配合使用带有翻边的连接钢管时，可使异型窗的窗框之间相互直接连接，具有结构设计合理、机械强度高、便于组装等优点，又能方便地与墙体预埋件安装连接，特别适合新建房屋使用。

2. 门窗扇与门窗框的安装

门窗扇与门窗框一般是通过铰链和螺栓来连接的。对于推拉门窗，则通过滑轮和滑道来连接。

12.5　遮阳设施

12.5.1　遮阳设施的作用

炎热的夏季，阳光直射到室内会使室内温度过高并产生眩光，从而影响人们的正常工作、生活和学习，因此有些建筑或建筑的特殊房间门窗洞口处要设置遮阳设施。

遮阳设施的主要作用是避免阳光直射室内，防止室内局部过热，减少太阳辐射热及产生的眩光。

遮阳的方式很多，如窗帘、百叶窗、窗前绿化、雨篷、外廊等都可以达到一定的遮阳效果。但对一般建筑而言，当室内气温在 29 ℃以上，太阳辐射强度大于 240 kcal/（$m^2 \cdot h$），阳光照射室内超过 1 h，照射深度超过 0.5 m 时，应采取遮阳措施。

本节主要介绍根据专门的遮阳设计在窗前加设遮阳板进行遮阳的措施。

12.5.2　遮阳设施的类型

建筑遮阳设施的类型很多，主要有简易遮阳、绿化遮阳和固定遮阳三种类型。

1. 简易遮阳

简易遮阳是利用苇席、篷布、竹帘、木百叶等制作成可以活动的遮阳设施，如图 12-16

所示。简易遮阳构造简单、经济、灵活性强，但耐久性差，主要用于标准较低的建筑、临时性建筑或有特殊风格要求的建筑装饰中。

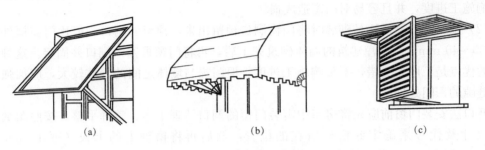

图 12-16 简易遮阳的类型

(a) 苇席遮阳；(b) 篷布遮阳；(c) 木百叶遮阳

2. 绿化遮阳

绿化遮阳是通过在房屋附近种植树木或攀爬植物来遮阳，一般用于低层建筑。

3. 固定遮阳

固定遮阳一般做成永久性遮阳板，它不仅能起到遮阳、隔热的作用，还可以挡雨、丰富美化建筑立面，主要用于标准较高的建筑。

固定遮阳板按其形状和效果而言，其基本形式可分为水平遮阳、垂直遮阳、综合遮阳、挡板遮阳四种，如图 12-17 所示。

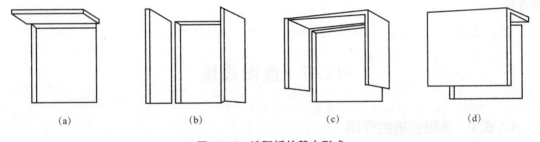

图 12-17 遮阳板的基本形式

(a) 水平遮阳；(b) 垂直遮阳；(c) 综合遮阳；(d) 挡板遮阳

（1）水平遮阳。在窗的上方设置一定宽度的遮阳板，能够遮挡高度角较大的从窗户上方照射下来的阳光，适用于窗口朝南及其附近朝向的窗户。

（2）垂直遮阳。在窗的两侧设置一定宽度的垂直方向的遮阳板，能够遮挡太阳高度角较小的从窗户两侧斜射进来的阳光，适用于窗口朝南或南偏东及南偏西朝向的窗户。

（3）综合遮阳。它是以上两种遮阳板的综合，能够遮挡太阳高度角较大的从窗户上方照射下来的阳光，也能够遮挡高度角较小的从窗户两侧斜射进来的阳光。遮阳效果比较明显且均匀，适用于南、东南、西南及其附近朝向的窗户。

（4）挡板遮阳。在窗户的前方离窗户一定距离设置与窗户平行方向的垂直的遮阳板，能够有效地遮挡太阳高度角较小的从窗户正方照射进来的阳光，适用于窗口朝东、西及其附近朝向的窗户。但此种遮阳板遮挡了视线和风，为此，可做成百叶式或活动式的挡板。

12.5.3 遮阳板建筑立面处理

遮阳板一般采用预制或现浇混凝土板，也可以采用钢构架、压型金属板等。目前，以现浇钢筋混凝土遮阳板应用较为普遍。

在窗外设置遮阳板，会对室内的通风、采光、视线均产生不利的影响。因此，遮阳构造设计要根据采光、通风、遮阳、建筑造型和立面设计的要求统筹考虑，遮阳板布置宜整齐有规律，通常将水平遮阳板或垂直遮阳板连续布置，形成较好的立面处理效果，如图 12-18 所示。

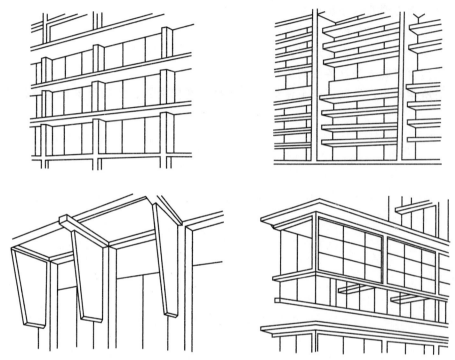

图 12-18　遮阳板的建筑立面处理效果

➤ 本章小结

1. 门和窗是房屋建筑的重要组成部分，也是房屋建筑中的两个重要的围护构件，对于保证建筑物正常、安全、舒适地使用具有很大的作用。

2. 门的主要作用是交通联系、分隔和围护建筑空间，兼起采光、通风的作用。

3. 窗的主要作用是采光、通风，兼起分隔、围护、观望和递物的作用。

4. 门窗对于建筑物的立面装饰和造型起着非常重要的作用。

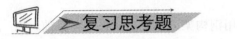

复习思考题

1. 门窗的主要作用有哪些?

2. 门按开启方式如何划分? 其使用范围如何?

3. 窗按开启方式如何划分? 其使用范围如何?

4. 门窗的尺度有何要求?

5. 门窗分别由哪几部分组成?

6. 简述铝合金窗安装的主要过程。

7. 简述塑钢窗安装的主要过程。

8. 简述门窗安装方法及各自的优缺点。

9. 根据所学知识, 绘制铝合金窗框与墙体的连接构造图、塑钢窗窗框与墙体的连接构造图。

第13章 屋 顶

本章要点

本章主要介绍屋顶的类型及设计要求、平屋顶构造、坡屋顶构造、屋顶保温与隔热构造。重点掌握有关平屋顶的形式、卷材防水屋面和刚性防水屋面的构造组成及屋顶的保温与隔热构造。

13.1 屋顶的类型及设计要求

13.1.1 屋顶的类型

根据屋顶的外形和坡度划分，屋顶可以分为平屋顶、坡屋顶和其他形式的屋顶。

（1）平屋顶。屋面通常采用防水性能好的材料，但为了排水也要设置坡度，平屋顶的坡度小于5％，常用的坡度范围为2％～3％，其一般构造是用现浇的钢筋混凝土屋面板作基层，上面铺设卷材防水层或其他类型防水层（图13-1）。

 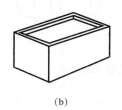 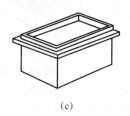 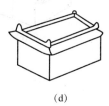

（a）	（b）	（c）	（d）

图13-1 平屋顶的形式

（a）挑檐；（b）女儿墙；（c）挑檐女儿墙；（d）盝（盒）顶

（2）坡屋顶。传统常用的屋顶类型，屋面坡度大于10％，有单坡、双坡、四坡、歇山等多种形式，单坡顶用于跨度小的房屋，双坡和四坡顶用于跨度较大的房屋。传统的坡屋顶的屋面多以各种小块瓦作为防水材料，所以坡度一般较大；但用波形瓦、镀锌钢板等作为防水材料时，坡度也可以较小。坡屋顶排水快，保温、隔热性能好，但是承重结构的自重较大，施工难度也较大（图13-2）。现在的坡屋顶建筑多为建筑造型需要设置，坡屋顶的屋面材料采用钢筋混凝土，而瓦材只起装饰作用。

（3）其他形式的屋顶。随着科学技术的发展，出现了许多新型的屋顶结构形式，如拱结构、薄壳结构、悬索结构、膜结构、网架结构等。这类屋顶受力合理，能充分发挥材料的力学性能，节约材料，但施工复杂，造价较高，多用于较大跨度的大型公共建筑（图13-3）。

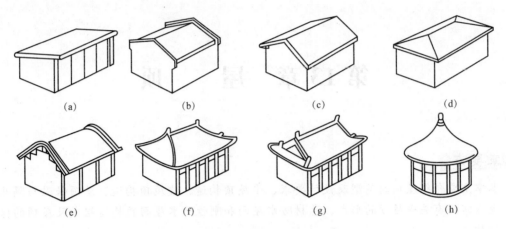

图 13-2　坡屋顶的形式

(a) 单坡顶；(b) 硬山双坡顶；(c) 悬山双坡顶；(d) 四坡顶；

(e) 卷棚顶；(f) 庑殿顶；(g) 歇山顶；(h) 圆攒尖顶

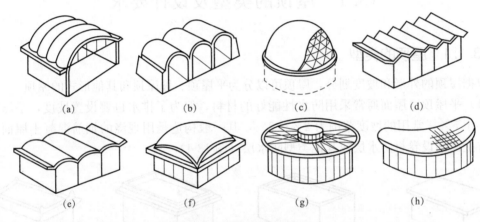

图 13-3　其他形式的屋顶

(a) 双曲拱屋顶；(b) 砖石拱屋顶；(c) 球形网壳屋顶；(d) V 形网壳屋顶

(e) 筒壳屋顶；(f) 扁壳屋顶；(g) 车轮形悬索屋顶；(h) 鞍形悬索屋顶

13.1.2　屋顶的设计要求

1. 功能要求

屋顶应具有良好的围护作用，并具有防水、保温和隔热性能。其中，防止雨水渗漏是屋顶的基本功能要求，也是屋顶设计的核心。

（1）防水要求。屋顶防水是屋顶构造设计最基本的功能要求。一方面，屋面应该有足够的排水坡度及相应的一套排水设施，将屋面积水顺利排除；另一方面，要采用相应的防水材料，采取妥善的构造做法，防止渗漏。

（2）保温和隔热要求。屋面为外围护结构，应具有一定的热阻能力，以防止热量从屋面过分散失。在北方寒冷地区，为保持室内正常的温度，减少能耗，屋顶应采取保温措施；南方炎热地区的夏季，为避免强烈的太阳辐射和高温对室内的影响，屋顶应采取隔热措施。

2. 结构要求

屋顶要求具有足够的强度、刚度和稳定性，能承受风、雨、雪、施工、上人等荷载，地震区还应考虑地震荷载对它的影响，满足抗震的要求，并力求做到自重轻、构造层次简单；就地取材、施工方便；造价经济、便于维修。

3. 建筑艺术要求

屋顶是建筑外形的重要组成部分，又称为"建筑的第五立面"，要满足人们对建筑艺术即美观方面的需求。中国古建筑的重要特征之一就是有变化多样的屋顶外形和装修精美的屋顶细部，现代建筑也应注重屋顶形式及其细部设计。

13.1.3 屋面防水的"导"与"堵"

屋面防水功能主要是依靠选用不同的屋面防水盖料和与之相适应的排水坡度，经过合理的构造设计后精心施工而达到的。屋面的防水盖料和排水坡度的处理方法，可以从"导"和"堵"两个方面来概括，它们之间以既相互依赖又相互补充的辩证关系，来作为屋面防水的构造设计原则。

"导"——按照屋面防水盖料的不同要求，设置合理的排水坡度，使得降至屋面的雨水，因势利导地排离屋面，以达到防水的目的。

"堵"——利用屋面防水盖料在上下左右的相互搭接，形成一个封闭的防水覆盖层，以达到防水的目的。

在屋面防水的构造设计中，"导"和"堵"总是相辅相成和相互关联的。出于各种防水材料的特点和铺设方式的不同，处理方式也随之不同。例如，瓦屋面和波形瓦屋面，瓦本身的密实性和瓦的相互搭接体现了"堵"的概念。而屋面的排水坡度体现了"导"的概念，一块一块面积不大的瓦，只依靠相互搭接，是不可能防水的，只有采取了合理的排水坡度，才能达到屋面防水的目的。这种以"导"为主，以"堵"为辅的处理方式，是以"导"来弥补"堵"的不足。而卷材屋面以及刚性屋面等，是以大面积的覆盖来达到"堵"的要求，但是为了使屋面雨水能迅速排除，还是需要有一定的排水坡度。也就是采取了以"堵"为主，以"导"为辅的处理方式。

13.1.4 屋面防水等级

根据建筑物的防水等级和建筑类别，对建筑物的防水设防有以下要求，见表 13-1。

表 13-1 屋面防水等级和设防要求

防水等级	建筑类别	设防要求
Ⅰ级	重要建筑和高层建筑	两道防水设防
Ⅱ级	一般建筑	一道防水设防

13.2 平屋顶构造

13.2.1 平屋顶组成

平屋顶主要应解决承重、防水、保温隔热三方面的问题，由于各种材料性能上的差别，目前很难有一种材料兼备以上三种作用，因此形成了平屋顶多层次的构造特点，使承重、防水、保温隔热多种材料叠合在一起，各尽其能。

1. 承重层

平屋顶的承重层与钢筋混凝土楼板相同，可采用现浇钢筋混凝土板，现浇屋面板整体性好、屋面刚度大、无接缝，渗漏的可能性较少。由于目前平屋顶的漏水问题已是较为普遍的建筑质量问题，结构层的钢筋混凝土板也可以做成防渗钢筋混凝土板，以保证结构层的防渗漏作用。

屋面板一般直接支承于墙上，当房间较大时，可增设梁，形成梁板结构。屋面板应有足够的刚度，减少板的挠度和变形，防止因屋面板变形而导致防水层开裂。

2. 防水层

防水层是平屋顶防水构造的关键。由于平屋顶的坡度很小，屋面雨水不易排走，要求防水层本身必须是一个封闭的整体，不得有任何缝隙，否则，即使所采用的防水材料本身的防水性能很好，也不能达到预期的防水效果。工程实践证明，雨水渗漏的部位，大都是由于破坏了防水层的封闭整体性的结果。如地基沉陷、外加荷载、地震等因素使承重基层位移变形，导致防水层开裂漏水，再如檐沟、泛水、烟囱等交接处的防水层处理不严密，出现裂缝而漏水或者受自然气候的影响而开裂漏水等。所以在设计与施工中应采取有效措施，使防水层形成一个封闭的整体。目前常用的防水层有柔性防水层和刚性防水层两种。

3. 其他构造

保温、隔热层应根据气候特点选择材料及构造方案，其位置则视具体情况而定。一般保温层设置在承重层与防水层之间，通风隔热层可设置在防水层之上或承重层之下。

防水层应铺设在平整且具有一定强度的基层上，通常须设置找平层。有时，为了使防水层粘结牢固，需设结合层；为了避免防水层受自然气候的直接影响和使用时的磨损，应在防水层上设置保护层；为了防止室内水蒸气渗入保温层，使保温材料受潮降低保温效果，故在保温层下加设隔汽层等。总之，各种构造层次的设置，是根据各种构造设计方案的需要，以及所选择的材料性能而定。

13.2.2 平屋顶的排水

1. 排水坡度

屋面排水通畅，必须选择合适的屋面排水坡度。从排水角度考虑，排水坡度越大越好；但从平屋顶的造型及使用功能（上人活动）等的角度考虑，又要求坡度越小越好。在实际工程中，平屋顶的排水坡度一般控制在 $i < 5\%$。根据屋面材料的表面粗糙程度和功能需要而定，常见的不上人防水卷材屋面和混凝土屋面，多采用 $3\% \sim 5\%$ 的排水坡度，而上人屋面多采用 $1\% \sim 2\%$ 的排水坡度。

2. 排水方式

平屋顶的排水坡度较小，要把屋面上的雨、雪水尽快地排除而不积存，就要组织好屋顶的排水系统。屋顶排水可分为有组织排水和无组织排水两类，排水系统的组织又与檐部做法有关，要与建筑外观结合起来统一考虑。

（1）外檐自由落水。外檐自由落水又称无组织排水。屋面伸出外墙，形成挑出的外檐，使屋面的雨水经外檐自由落下至地面。这种做法构造简单、经济，但落水时，雨水将会溅湿勒脚，有风时雨水还可能冲刷墙面。此种方式一般适用于低层及雨水较少（年降雨量<900 mm）的地区。

（2）外檐沟排水。屋面可以根据房屋的跨度和外形需要，做成单坡、双坡或四坡排水，同时相应地在单面、双面或四面设置排水檐沟（图13-4）。雨水从屋面排至檐沟，沟内垫出不小于0.5%的纵向坡度，把雨水引向雨水口，经落水管排泄到地面的明沟和集水井并排到地下的城市排水系统中。为了上人或造型需要，也可在外檐内设置栏杆或易于泄水的女儿墙 ［图13-4（d）］。

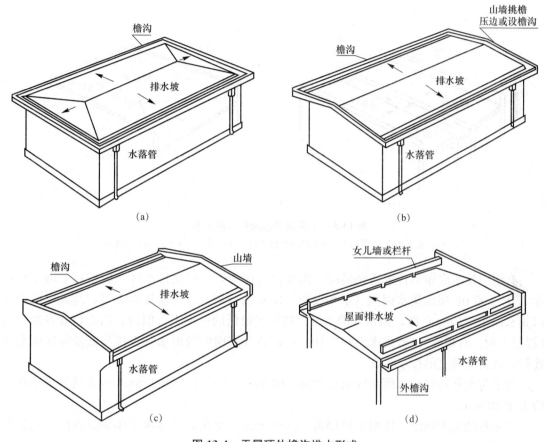

图13-4 平屋顶外檐沟排水形式

（a）四周檐沟；（b）四周檐沟或山墙挑檐压边；

（c）两面檐沟，山墙山顶；（d）两面檐沟，设女儿墙

（3）女儿墙内檐排水。设有女儿墙的平屋顶，可在女儿墙里面设内檐沟 ［图13-5（a）］或近外檐处垫排水坡 ［图13-5（b）］，雨水口可穿过女儿墙，在外墙外面设落水管，也可在外墙的里面设管道井并设落水管。

（4）内排水。大面积、多跨、高层以及特种要求的平屋顶常做成内排水方式 ［图13-5（c）、（d）］，雨水经雨水口流入室内落水管，再由地下管道把雨水排到室外排水系统。

有组织排水适用于以下情况：当年降雨量>900 mm的地区，檐口高度>8 m；年降雨量<900 mm的地区，而檐口高度>10 m时。另外，临街建筑不论檐口高度如何，为了避免屋面雨水落入人行道，均需采用有组织排水。

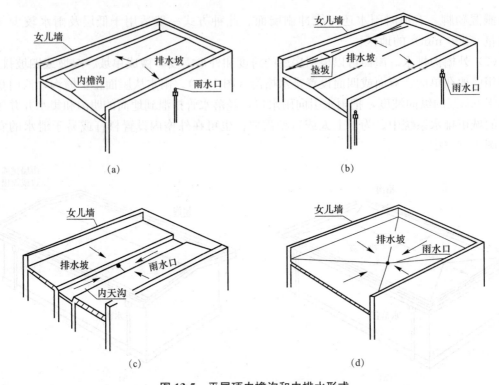

图 13-5 平屋顶内檐沟和内排水形式

(a) 女儿墙内檐沟；(b) 女儿墙内垫排水坡；(c) 内天沟排水；(d) 内排水

有组织排水应做到排水通畅简捷，雨水口负荷均匀。屋面排水区一般按每个雨水口排除 150～200 m² 屋面集水面积（水平投影）雨水进行划分。当屋顶有高差，高处屋面雨水口集水面积＜100 m² 时，雨水管的水可直接排在较低的屋面上，但应在出水口处设防护板（混凝土板、石板等）。若集水面积＞100 m²，高处屋面应设雨水管直接与低处屋面雨水管连接，或自成独立的排水系统。

为了防止暴雨时积水倒灌或雨水外泄，檐沟净宽不应小于 200 mm，分水线处最小深度应大于 80 mm。

雨水管的最大间距：挑檐平屋顶为 24 000 mm，女儿墙外排水平屋顶及内檐沟暗管排水平屋顶为 18 000 mm。雨水管直径：民用建筑为 75～100 mm，常用直径为 100 mm。

3. 排水坡度的形式

（1）搁置坡度。搁置坡度也称撑坡或结构找坡。屋顶的结构层根据屋面排水坡度搁置成倾斜（图 13-6），再铺设防水层。这种做法不需另加找坡层，荷载轻、施工简便、造价低，但不另吊顶棚时，建筑顶层房间顶面稍有倾斜。房屋平面凹凸变化时应另加局部垫坡 [图 13-6 （d）]。

（2）垫置坡度。垫置坡度也称填坡或材料找坡。屋顶结构层可像楼板一样水平搁置，采用价廉、质轻的材料如炉渣加水泥或石灰等来垫置屋面排水坡度，上面再做防水层（图 13-7）。垫置坡度不宜过大，避免徒增材料消耗和荷载。须设保温层的地区，也可用保温材料来形成坡度。

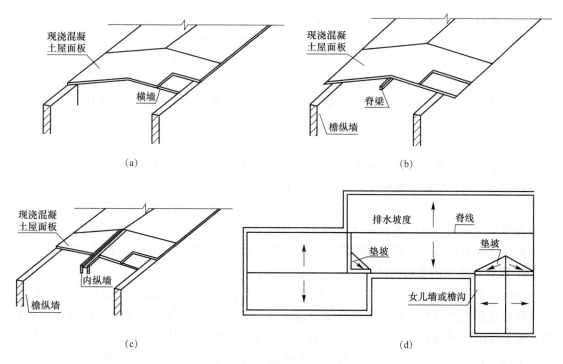

图 13-6　平屋顶搁置坡度

（a）横墙搁置屋面板；（b）纵墙搁置屋面板；（c）纵梁搁置屋面板；（d）搁置屋面板的局部垫坡

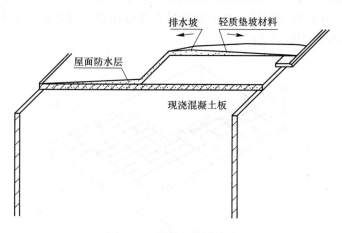

图 13-7　平屋顶垫置坡度

13.2.3　刚性防水屋面

刚性防水屋面，是以防水砂浆抹面或密实混凝土浇捣而成的刚性材料防水层，其主要优点是施工方便、节约材料、造价经济和维修较为方便；缺点是对温度变化和结构变形较为敏感，施工技术要求较高，较易产生裂缝而渗漏水。

1. 刚性防水层的构造

刚性屋面的水泥砂浆和混凝土在施工时，当用水量超过水泥水凝过程所需的用水量，多余的水在硬化过程中，逐渐蒸发形成许多空隙和互相连贯的毛细管网；另外，过多的水分在砂石集料表面，形成一层游离的水，相互之间也会形成毛细通道。这些毛细通道都是使砂浆或混凝土收水干缩时表面开裂和屋面的渗水通道。由此可见，普通的水泥砂浆和混凝土是不能作为刚性屋面防水层的，必须经过以下几种防水措施，才能作为屋面的刚性防水层。

（1）增加防水剂。防水剂是由化学原料配制的，通常为憎水性物质、无机盐或不溶解的肥皂，如硅酸纳（水玻璃）类、氯化物或金属皂类制成的防水粉或浆。掺入砂浆或混凝土后，能与之生成不溶性物质，填塞毛细孔道，形成憎水性壁膜，以提高其密实性。

（2）采用微膨胀。在普通水泥中掺入少量的矾土水泥和二水石膏粉等所配置的细石混凝土，在结硬时产生微膨胀效应，抵消混凝土的原有收缩性，以提高抗裂性。

（3）提高密实性。控制水胶比，加强浇筑时的振捣，均可提高砂浆和混凝土的密实性。细石混凝土屋面在初凝前表面用铁滚碾压，使余水压出，初凝后加少量干水泥，待收水后用铁板压平、表面打毛，然后盖席浇水养护，从而提高面层密实性并避免表面的龟裂。

2. 刚性防水层的变形与防止

刚性防水屋面最严重的问题是防水层在施工完成后出现裂缝而漏水。裂缝的原因很多，有气候变化和太阳辐射引起的屋面热胀冷缩；有屋面板受力后的挠曲变形；有墙身坐浆收缩、地基沉陷、屋面板徐变以及材料收缩等对防水层的影响。其中，最常见的原因是屋面层在室内外、早晚、冬夏及太阳辐射所产生的温差所引起的胀缩、移位、起挠和变形。

为了适应防水层的变形，常采用以下几种处理方法：

（1）配筋。细石混凝土屋面防水层的厚度一般为 40 mm，为了提高其抗裂和应变的能力，常配置 Φ6@200 的双向钢筋。由于裂缝易在面层出现，钢筋宜置于中层偏上，使上面有 15 mm 保护层即可（图 13-8）。

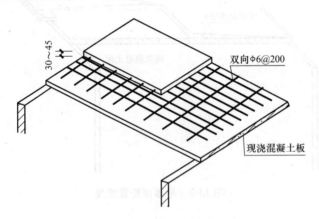

图 13-8　细石混凝土配筋防水屋面

（2）设置分仓缝。分仓缝也称分格缝，是防止屋面不规则裂缝，适应屋面变形而设置的人工缝。分仓缝应设置在屋面温度年温差变形的许可范围内（图 13-9）和结构变形的敏感部位。

由此可见，分仓缝服务的面积宜控制在 15～25 m²，间距控制在 3 000～5 000 mm 为好。在预制屋面板为基层的防水层，分仓缝应设置在支座轴线处和支承屋面板的墙和大梁的上部较为有利。长条形房屋，进深在 10 000 mm 以下者可在屋脊设纵向缝；进深大于 10 000 mm 者，最好在每坡中某一板缝上再设一道纵向分仓缝（图 13-10）。

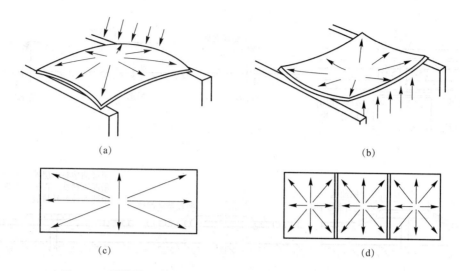

图 13-9　刚性屋面室外温差变形与分仓缝间距大小的应力变化关系

(a) 阳光辐射下，屋面内外温度不同出现起鼓状变形；(b) 室外气候低，室内温度高，出现挠起状变形；

(c) 长形屋面，温度引起内应力变形大（对角线最大）；(d) 设分仓缝后，内应力变形小

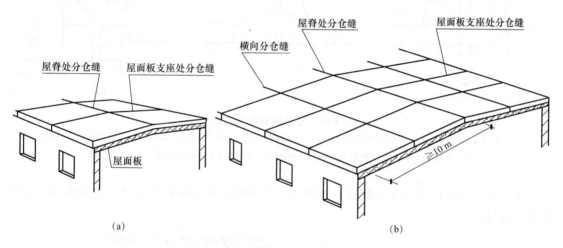

图 13-10　刚性屋面分仓缝的划分

(a) 房屋进深小于 10 m 时，分仓缝的划分；(b) 房屋进深大于 10 m 时，分仓缝的划分

分仓缝宽度可做 20 mm 左右，为了有利于伸缩，缝内不可用砂浆填实，一般用油膏嵌缝，厚度为 20～30 mm，为不使油膏下落，缝内用弹性材料泡沫塑料或沥青麻丝填底 [图 13-11 (a)]。

为了施工方便，近来混凝土刚性屋面防水层施工中，常将大面积细石混凝土防水层一次性连续浇筑，然后用电锯切割分仓缝。这种做法，切割缝宽度只有 5～8 mm，对温差的胀缩尚可适应，但无法进行油膏灌缝，只能按图 13-11 (d) 所示用铺卷材层方式进行防水。

横向支座的分仓缝为了避免积水，常将细石混凝土面层抹成凸出表面 30～40 mm 高的梯形或弧形的分水线 [图 13-11 (b)]，为了防止油膏老化，可在分仓缝上用卷材贴面 [图 13-11 (c)、(d)]，也有在防水层的凸口上盖瓦而省去嵌缝油膏的做法 [图 13-11 (g)]，但要注意盖瓦坐浆方法，不能因坐浆太满，而产生爬水现象 [图 13-11 (f)]。

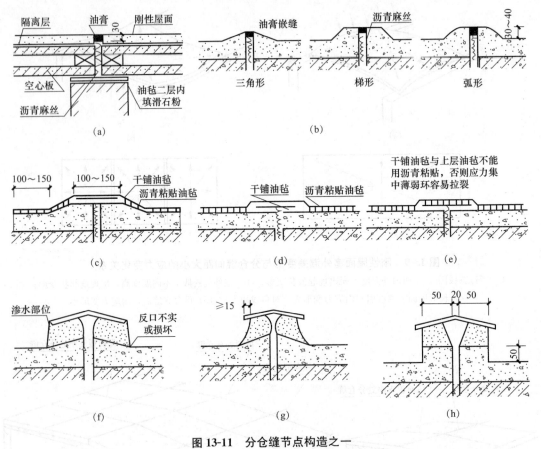

图 13-11　分仓缝节点构造之一

（a）平缝油膏嵌缝；（b）凸形缝油膏嵌缝；（c）凸缝油毡盖缝；（d）平缝油毡盖缝；（e）贴油毡错误做法；

（f）坐浆不正确引起爬水渗水；（g）正确做法，坐浆缩进；（h）作出反口，坐浆正确

刚性防水屋面的纵向分仓缝构造如图 13-12 所示。在屋面有高差处，与墙体也应分开留有分仓缝。

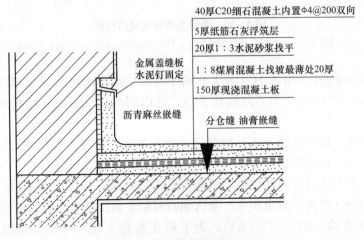

图 13-12　分仓缝节点构造之二

（3）设置浮筑层。浮筑层即隔离层，是在刚性防水层与结构层之间增设一隔离层，使上下分离以适应各自的变形，从而减少由于上下层变化不同而相互制约。一般先在结构层上面用水泥砂浆找平，再用废机油、沥青、油毡、黏土、石灰砂浆、纸筋石灰等做隔离层（图13-13）。有保温层或找坡层的屋面，可利用保温层作为隔离层，然后再做刚性防水层。

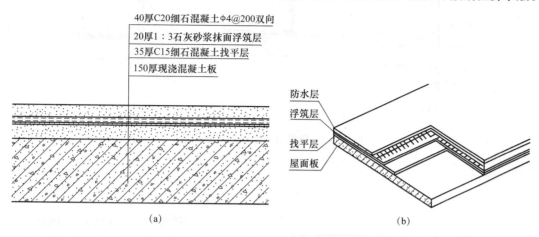

（a）　　　　　　　　　　　　　（b）

图 13-13　刚性防水屋面设置浮筑层构造

（a）刚性防水屋面浮筑层示例；（b）浮筑屋面构造层次

另外，设计刚性防水屋面时还应注意以下几方面的问题：

（1）材料方面。细石混凝土强度等级应≥C20，宜采用普通硅酸盐水泥。

（2）结构方面。刚性防水屋面的支承结构，应有良好的整体性，为防止屋面板产生过大变形，选择屋面板时应以板的刚度作为主要依据，同时考虑施工荷载。

（3）施工方面。为了使屋面板与防水层更紧密的结合，屋面板应先浇水湿润，并纵、横各刷一道水胶比为0.6的纯水泥浆。

浇混凝土后，应用质量为30～50 kg的石滚，来回纵横滚压，直到压出似拉毛状的水泥浆时，随即抹平。使表面光滑平整，当防水层表面能走动且不留脚印时，覆盖浇水养护7昼夜。

屋面宜做结构找坡，坡度不宜小于3%。屋面板下的非承重墙应与板底脱开20 mm，缝内填弹性材料如沥青麻丝等。

3. 刚性防水屋面的节点构造

（1）泛水构造。泛水是指屋面防水层与凸出构件之间的防水构造。凡屋面防水层与垂直墙面的交接处均须作泛水处理，如山墙、女儿墙和烟囱等部位。一般做法是将细石混凝土防水层直接引申到垂直墙面上60 mm×60 mm的凹槽内嵌固（图13-14），泛水高度应大于250 mm，细石混凝土内的钢筋网片也应同时上弯。这种处理方式是使原来为水平面的缝升高为垂直面的缝，采用"导"的方式来弥补"堵"的不足。这种构造形式对现浇屋面基层时较为有效。

（2）檐口构造。

①自由落水挑檐。可采用钢筋混凝土屋面板直接挑出，将细石混凝土防水层做到檐口，但要做好屋面板的滴水线［图13-15（a）］；也可利用细石混凝土直接支模挑出，除设置滴水线外，挑出长度不宜过大，要有负弯矩钢筋并设浮筑层［图13-15（b）］。

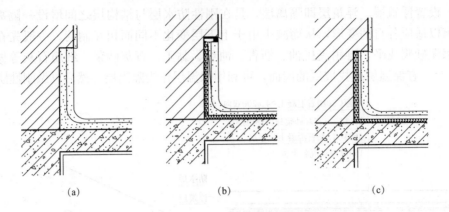

图 13-14 刚性防水屋面的泛水构造

(a) 挑砖抹滴水线；(b) 油膏嵌缝；(c) 薄钢板盖缝

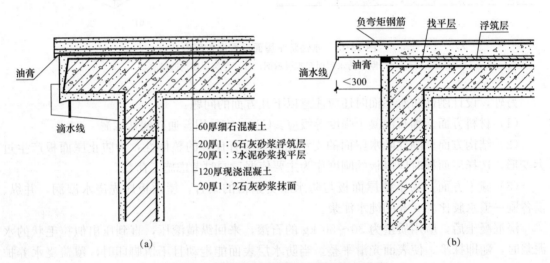

图 13-15 刚性防水屋面自由落水檐口构造

(a) 屋面直接挑檐口；(b) 挑梁檐口构造

②檐沟挑檐。采用现浇檐沟要注意其与屋面板之间变形不同可能引起的裂缝渗水（图 13-16）。

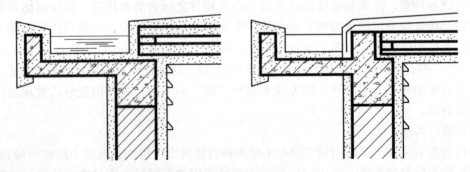

图 13-16 刚性防水檐沟构造

③包檐外排水。有女儿墙的外排水，一般采用侧向排水的雨水口，在接缝处应嵌油膏，最好上面再贴一段卷材或玻璃布刷防水涂料，铺入管内不少于 50 mm［图 13-17（a）］；也可加设外檐沟，女儿墙开洞［图 13-17（b）］。

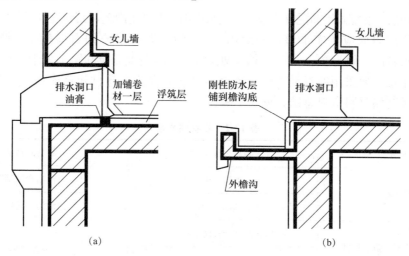

图 13-17　刚性防水屋面包檐外排水构造

（a）包檐外排水；（b）外檐沟包檐外排水

13.2.4　柔性防水屋面

柔性防水屋面是将柔性的防水卷材或片材用胶结材料粘贴在屋面上，形成一个大面积的封闭防水覆盖层。其是典型的以"堵"为主的防水构造。这种防水层材料有一定的延伸性，有利于直接暴露在大气层的屋面适应结构的温度变形，故称柔性防水屋面，也称卷材防水屋面。

我国过去一直沿用沥青油毡作为屋面的主要防水材料，这种防水屋面的优点是造价经济，有一定的防水能力，但须热施工、污染环境、低温脆裂、高温流淌、7～8 年即要重修。为改变这种情况，一批新的卷材或片材防水材料已得到普通应用，常用的有 APP 改性沥青卷材、三元丁橡胶防水卷材、OMP 改性沥青卷材、氯丁橡胶卷材、氯化聚乙烯-橡胶共混防水卷材、水乳 LYX-603 防水卷材、铝箔面油毡等。这些材料的优点是冷施工、弹性好、寿命长，但目前有些价格较高。其节点构造如图 13-18 所示。

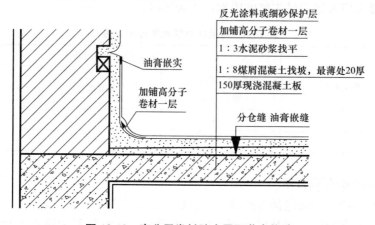

图 13-18　高分子卷材防水屋面节点构造

1. 卷材防水屋面的基本构造

卷材防水屋面由结构层、找平层、防水层和保护层组成，它适用于防水等级为Ⅰ～Ⅳ级的屋面防水。

（1）结构层为装配式钢筋混凝土板时，应采用细石混凝土灌缝，其强度等级不应小于C20。

（2）找平层表面应压实平整，一般用1:3的水泥砂浆或细石混凝土，厚度为20～30 mm，排水坡度一般为2‰～3‰，檐沟处为1‰。构造上需设间距不大于6 m的分格缝。

（3）防水层主要采用沥青类卷材、高聚物改性沥青防水卷材和合成高分子防水卷材三类，根据相关建筑材料资料总结，见表13-2。

表13-2 卷材防水层

卷材分类	卷材名称举例	卷材胶粘剂
沥青类卷材	石油沥青油毡	石油沥青玛琋脂
	焦油沥青油毡	焦油沥青玛琋脂
高聚物改性沥青防水卷材	SBS改性沥青防水卷材	热熔、自粘、粘贴均有
	APP改性沥青防水卷材	
合成高分子防水卷材	三元乙丙丁基橡胶防水卷材	丁基橡胶为主体的双组分A与B液1:1配合比搅拌均匀
	三元乙丙橡胶防水卷材	
	氯化聚乙烯-橡胶共混防水卷材	BX-12及BX-12乙组分
	聚氯乙烯防水卷材	胶粘剂配套供应
	氯丁橡胶防水卷材	CY-409液
	再生胶防水卷材	氯丁胶胶粘剂
	氯磺化聚乙烯防水卷材	CX-401胶

（4）保护层分为不上人屋面保护层和上人屋面保护层。

2. 卷材厚度的选择

为了确保防水工程质量，使屋面在防水层合理使用年限内不发生渗漏，除卷材的材质因素外，其厚度也应考虑为最主要的因素，见表13-3。

表13-3 每道卷材防水层最小厚度   mm

防水等级	合成高分子防水卷材	高聚物改性沥青防水卷材		
		聚酯胎、玻纤胎、聚乙烯胎	自粘聚酯胎	自粘无胎
Ⅰ级	1.2	3.0	2.0	1.5
Ⅱ级	1.5	4.0	3.0	2.0

3. 卷材防水层的铺贴方法

卷材防水层的铺贴方法包括冷粘法、自粘法、热熔法等。

（1）冷粘法铺贴卷材是在基层涂刷基层处理剂后，将胶粘剂涂刷在基层上，然后再把卷材铺贴上去。

（2）自粘法铺贴卷材是在基层涂刷基层处理剂的同时，撕去卷材的隔离纸，立即铺贴卷材，并在搭接部位用热风加热，以保证接缝部位的粘结性能。

（3）热熔法铺贴卷材是在卷材宽幅内用火焰加热器喷火均匀加热，直到卷材表面有光亮黑色即可粘合，并压粘牢，厚度小于 3 mm 的高聚物改性沥青卷材禁止使用。当卷材贴好后还应在接缝口处用 10 mm 宽的密封材料封严。

以上粘贴卷材的方法主要用于高聚物改性沥青防水卷材和合成高分子防水卷材防水屋面，在构造上一般是采用单层铺贴，极少采用双层铺贴。

4. 卷材防水屋面的排水设计

首先将屋面划分为若干个排水区，然后通过适宜的排水坡和排水沟，分别将雨水引向各自的落水管再排至地面。屋面排水的设计原则是排水通畅简捷，雨水口负荷均匀。具体步骤是：

（1）确定屋面坡度的形成方法和坡度大小。

（2）选择排水方式，划分排水区域。

（3）确定天沟的断面形式及尺寸。

（4）确定落水管所用材料和大小及间距。单坡排水的屋面宽度不宜超过 12 000 mm，矩形天沟净宽不宜小于 200 mm，天沟纵坡最高处离天沟上口的距离不小于 120 mm。落水管的内径不宜小于 75 mm，落水管间距一般为 18 000～24 000 mm，每根落水管可排除约 200 m² 汇水面积的屋面雨水，如图 13-19 所示。

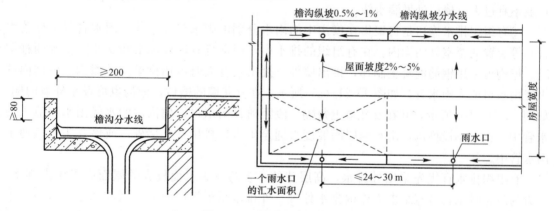

图 13-19　屋面排水组织设计

5. 卷材防水屋面的节点构造

卷材防水屋面在檐口、屋面与凸出构件之间、变形缝、上人孔等处特别容易产生渗漏，所以应加强这些部位的防水处理。

（1）泛水。泛水高度不应小于 250 mm，转角处应将找平层做成半径不小于 20 mm 的圆弧或 45°斜面，使防水卷材紧贴其上，贴在墙上的卷材上口易脱离墙面或张口，导致漏水，因此上口要作收口和挡水处理，收口一般采用钉木条、压薄钢板、嵌砂浆、嵌配套油膏和盖镀锌薄钢板等处理方法。对砖女儿墙，防水卷材收头可直接铺压在女儿墙压顶下，压顶应作防水处理；也可在墙上留凹槽，卷材收头压入凹槽内固定密封，凹槽上部的墙体也应作防水处理；对钢筋混凝土墙，防水卷材的收头可采用金属压条钉压，并用密封材料封固，如图 13-20 所示。进出屋面的门下踏步也应作泛水收头处理，一般将屋面防水层沿墙向上翻起至门槛踏步下，并覆以踏步盖板，踏步盖板伸出墙外约 60 mm。

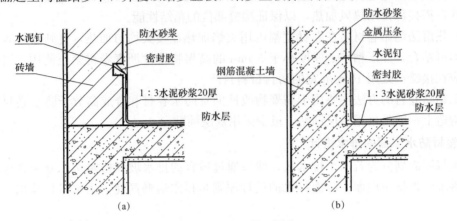

图 13-20　泛水的做法
(a) 墙体为砖墙；(b) 墙体为钢筋混凝土墙

（2）檐口。檐口是屋面防水层的收头处，此处的构造处理方法与檐口的形式有关，檐口的形式由屋面的排水方式和建筑物的立面造型要求来确定，一般分为无组织排水檐口和有组织排水檐口等。

①无组织排水檐口是当檐口出挑较大时，常采用钢筋混凝土屋面板直接出挑，但出挑长度不宜过大，檐口处做滴水线。

②有组织排水檐口是将聚集在檐沟中的雨水分别由雨水口经水斗、雨水管（又称落水管）等装置通至室外明沟内。在有组织的排水中，通常可有檐沟排水和女儿墙排水两种情况。檐沟可采用钢筋混凝土制作，挑出墙外，挑出长度大时可用挑梁支承檐沟。檐沟内的水经雨水口流入雨水管，如图 13-21（a）所示。在女儿墙的檐口，檐沟也可设于外墙内侧，如图 13-21（b）所示，并在女儿墙上每隔一段距离设雨水口，檐沟内的水经雨水口流入雨水管中。也有不设檐沟，雨水顺屋面坡度直通至雨水口排出女儿墙外，或借弯头直接通至雨水管中。

有组织排水宜优先采用外排水，高层建筑、多跨及集水面较大的屋面应采用内排水。北方为防止排水管被冻结也常作内排水处理。外排水系根据屋面大小做成四坡、双坡或单坡排水。内排水也将屋面做成坡度，使雨水经埋置于建筑物内部的雨水管排到室外。

檐沟根据檐墙口构造不同，可设在檐墙内侧或出挑在檐墙外。檐沟设在檐墙内侧时，檐沟与女儿墙相连处要做好泛水处理，如图 13-22（a）所示，并应具有一定纵坡，一般为 0.5%～1%。挑檐檐沟用于防止暴雨时积水倒灌或排水外泄，沟深（减去起坡高度）不宜小于 150 mm。屋面防水层应包入沟内，以防止沟与外檐墙接缝处渗漏，沟壁外口底部要做滴水线，防止雨水顺沟底流至外墙面，如图 13-22（b）所示。

内排水屋面的落水管往往在室内，依墙或柱，一旦损坏，不易修理。雨水管应选用能抗腐蚀及耐久性好的铸铁管和铸铁排水口，也可采用镀锌钢管或 PVC 管。由于屋面的排水坡度在不同的坡面相交处就形成了分水线，将整个屋面明确地划分为一个个排水区。排水坡的底部应设屋面落水口。屋面落水口应布置均匀，其间距决定于排水量，有外檐天沟时不宜大于 24 m，无外檐天沟或内排水时不宜大于 15 m。

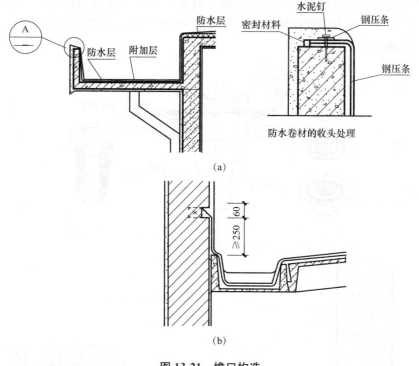

图 13-21　檐口构造

（a）檐沟排水；（b）女儿墙排水

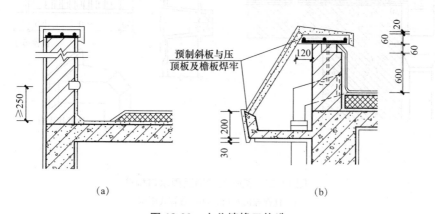

图 13-22　女儿墙檐口构造

（a）女儿墙内檐沟檐口；（b）女儿墙外檐沟檐口

（3）雨水口是屋面雨水排至落水管的连接构件，通常为定型产品，多用铸铁、钢板制作。雨水口分直管式和弯管式两大类。直管式用于内排水中间天沟、外排水挑檐等，弯管式只适用于女儿墙外排水天沟。

直管式雨水口根据降雨量和汇水面积选择型号，套管呈漏斗型，安装在挑檐板上，防水卷材和附加卷材均粘在套管内壁上，再用环形筒嵌入套管内，将卷材压紧，嵌入深度不小于 100 mm，环形筒与底座的接缝须用油膏嵌缝。雨水口周围直径 500 mm 范围内坡度不小于 5%，并用密封材料涂封，其厚度不小于 2 mm，雨水口套管与基层接触处应留宽为 20 mm、深为 20 mm 的凹槽，并嵌填密封材料，如图 13-23（a）所示。弯管式雨水口呈 90°

弯状，由弯曲套管和铸铁两部分组成。弯曲套管置于女儿墙预留的孔洞中，屋面防水卷材和泛水卷材应铺到套管的内壁四周，铺入深度至少 100 mm，套管口用铸铁遮挡，防止杂物堵塞水口，如图 13-23（b）所示。

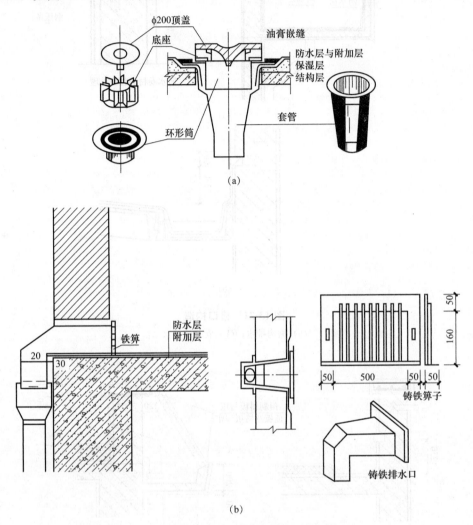

图 13-23　柔性卷材屋面雨水口构造
（a）直管式雨水口；（b）弯管式雨水口

13.2.5　涂料防水和粉剂防水屋面

除了刚性防水和柔性卷材防水屋面外，还有正在发展中的涂料防水和粉剂防水屋面。

1. 涂料防水屋面

涂料防水又称涂膜防水，是将可塑性和粘结力较强的高分子防水涂料，直接涂刷在屋面基层上，形成一层满铺的不透水薄膜层，以达到屋面防水的目的。一般有乳化沥青类、氯丁橡胶类、丙烯酸树脂类、聚氨酯类和酸性焦油类等，种类繁多。通常分两大类，一类是用水或溶剂溶解后在基层上涂刷，通过水或溶剂蒸发而干燥硬化；另一类是通过材料的化学反应而硬化。这些材料多数具有防水性好、粘结力强、延伸性大和耐腐蚀、耐老化、无毒、不延燃、冷作业、施工方便等优点，但涂膜防水价格较贵，且是以"堵"为主的防水方式，成膜后要加以保护，以防硬杂物碰坏。

涂膜的基层为混凝土或水泥砂浆，应平整干燥，含水率在 8%～9% 以下方可施工。空鼓、缺陷和表面裂缝应修整后用聚合物砂浆修补。在转角、雨水口四周、贯通管道和接缝处等，易产生裂缝，修整后须用纤维性的增强材料加固。涂刷防水材料须分多次进行。乳剂型防水材料，采用网状织布层如玻璃布等，可使涂膜均匀，一般手涂三遍可做成 1.2 mm 的厚度。溶剂型防水材料，首涂一次可涂 0.2～0.3 mm，干后重复涂 4～5 次，可做成 1.2 mm 以上的厚度。其节点构造如图 13-24 所示。

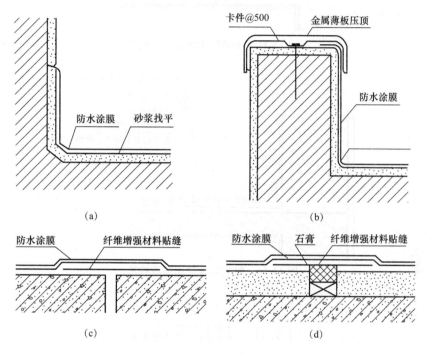

图 13-24 涂料防水屋面节点构造
（a）泛水构造；（b）女儿墙；（c）接缝；（d）分仓缝

涂膜的表面一般需撒细砂作保护层，为防太阳辐射影响及色泽需要，可适量加入银粉或颜料作着色保护涂料（图 13-25）。上人屋顶和楼地面，一般在防水层上涂抹一层 5～10 mm 厚粘结性好的聚合物水泥砂浆，干燥后再抹水泥砂浆面层。

涂膜防水只能提高表面的防水能力，而对温度和结构引起的较为严重的结构或基层开裂仍无能为力。因此，在预制屋面板或大面积钢筋混凝土现浇屋面基层中，前述分仓缝、浮筑层和滑动支座对涂料防水屋面仍是三种必要的辅助措施。

2. 粉剂防水屋面

粉剂防水又称拒水粉防水，是以硬脂酸为主要原料的憎水性粉末防水屋面。一般在平屋顶的基层结构上先抹水泥砂浆或细石混凝土找平层，铺上 3～5 mm 厚的建筑拒水粉，再覆盖保护层即成（图 13-26）。保护层不起防水作用，主要用于防止风雨的吹散和冲刷，一般可抹 20～30 mm 厚的水泥砂浆或浇 30～40 mm 厚的细石混凝土层，也可用预制混凝土板或大阶砖铺盖。

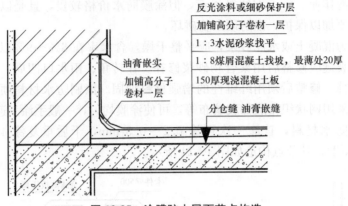

反光涂料或细砂保护层
加铺高分子卷材一层
1：3水泥砂浆找平
1：8煤屑混凝土找坡，最薄处20厚
150厚现浇混凝土板
油膏嵌实
加铺高分子卷材一层
分仓缝 油膏嵌缝

图 13-25　涂膜防水屋面节点构造

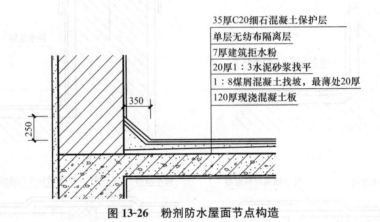

35厚C20细石混凝土保护层
单层无纺布隔离层
7厚建筑拒水粉
20厚1：3水泥砂浆找平
1：8煤屑混凝土找坡，最薄处20厚
120厚现浇混凝土板

350
250

图 13-26　粉剂防水屋面节点构造

13.3　坡屋顶构造

13.3.1　坡屋顶的形式

坡屋顶是排水坡度较大的屋顶，由各类屋面防水材料覆盖。根据坡面组织的不同，主要有双坡顶、四坡顶及其他形式屋顶。

（1）双坡顶。根据檐口和山墙处理的不同，双坡顶可分为悬山屋顶和硬山屋顶。

①悬山屋顶，即山墙挑檐的双坡屋顶。挑檐可保护墙身，有利于排水，并有一定遮阳作用，常用于南方多雨地区［图 13-2（c）］。山墙超出屋顶，可作为防火墙或装饰之用（消防规范规定，山墙超出屋顶 500 mm 以上，易燃体不砌入墙内者，可作为防火墙）。

②硬山屋顶，即山墙不出檐的硬山双坡屋顶。北方少雨地区采用较广［图 13-2（b）］。

（2）四坡顶。

①四坡顶也称四落水屋顶，古代宫殿庙宇中的四坡顶也称为庑殿顶［图 13-2（f）］。四面挑檐有利于保护墙身。

②四坡顶两面形成两个小山尖，古代称为歇山顶［图 13-2（g）］。山尖处可设百叶窗，有利于屋顶通风。

13.3.2　坡屋顶的坡面组织和名称

屋顶的坡面组织是由房屋平面和屋顶形式决定的，对屋顶的结构布置和排水方式均有一定的影响。在坡面组织中，由于屋顶坡面交接的不同而形成屋脊（正脊）、斜脊、斜沟、檐口、内天沟和泛水等不同部位和名称（斜面相交的阳角称为脊，斜面相交的阴角称为沟）（图 13-27）。水平的内天沟构造复杂，处理不慎容易漏水，一般应尽量避免。

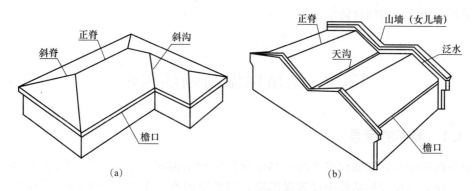

(a)　　　　　　　　　　　　　　　(b)

图 13-27　坡屋顶坡面组织和名称

（a）四坡屋顶；（b）并立双坡屋顶

13.3.3　坡屋顶的组成

坡屋顶一般由承重结构和屋面两部分组成，必要时还有顶棚、保温层或隔热层等（图 13-28）。

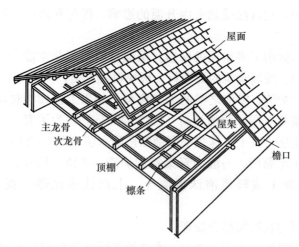

图 13-28　坡屋顶的组成

（1）承重结构。承重结构主要是承受屋面荷载并把它传递到墙或柱上，一般有椽子、檩条、屋架或大梁、山墙等。

（2）屋面。屋面是屋顶上的覆盖层，直接承受风雨、冰冻和太阳辐射等大自然气候的作用，它包括屋面盖料和基层如挂瓦条、屋面板等。

（3）顶棚。顶棚是屋顶下面的遮盖部分，可使室内上部平整，有一定光线反射，起保温隔热和装饰作用。

（4）保温层或隔热层。保温层或隔热层是屋顶对气温变化的围护部分，可设在屋面层或顶棚屋，视需要决定。

13.3.4　坡屋顶的屋面盖料

坡屋顶的屋面防水盖料种类较多，我国目前采用的有弧形瓦（或称小青瓦）、平瓦、波形瓦、平板金属皮、构件自防水等。

13.4　屋顶保温与隔热构造

13.4.1　屋顶的保温

冬季室内采暖时，气温较室外高，热量通过围护结构向外散失。为了防止室内热量散失过多、过快，须在围护结构中设置保温层，以使室内有一个适宜于人们生活和工作的环境。保温层的材料和构造方案是根据使用要求、气候条件、屋顶的结构形式、防水处理方法、材料种类、施工条件等综合考虑确定的。

1. 屋顶保温体系

按照结构层、防水层和保温层在屋顶中所处的地位不同，屋顶保温可归纳为以下三种体系：

（1）防水层直接设置在保温层上面的屋面。其从上到下的构造层次为防水层、保温层、结构层。在采暖房屋中，它直接受到室内升温的影响，因此有的国家把这种做法叫作"热屋顶保温体系"。

热屋顶保温体系多数用于平屋顶的保温。保温材料必须是空隙多、密度小、导热系数小的材料，一般有散料、现场浇筑的混合料、板块料三大类。

①散料保温层。如炉渣、矿渣之类的工业废料，如果上面做卷材防水层，就必须在散状材料上先抹水泥砂浆找平层，再铺卷材［图 13-29（a）］。为了有一过渡层，可用石灰或水泥胶结成轻料混凝土层，其上再抹找平层铺油毡防水层［图 13-29（b）］。

②现浇轻质混凝土保温层。一般为轻集料如炉渣、矿渣、陶粒、蛭石、珍珠岩与石灰或水泥胶结的轻质混凝土或轻质泡沫混凝土。上面抹水泥砂浆找平层再铺卷材防水层［图 13-29（c）］。

以上两种保温层可与找坡层结合处理。

③板块保温层。常见的有水泥、沥青、水玻璃等胶结的预制膨胀珍珠岩、膨胀蛭石板、加气混凝土块、泡沫塑料等块材或板材。上面做找平层再铺卷材防水层，屋面排水可用结构搁置坡度，也可用轻质混凝土在保温层的下面先做找坡层［图 13-29（d）］。

刚性防水屋面的保温层构造原则同上，只需将找平层以上的卷材防水层改为刚性防水层即可。

（2）防水层与保温层之间设置空气间层的保温屋面。由于室内采暖的热量不能直接影响屋面防水层，故把它称为"冷屋顶保温体系"。这种体系的保温屋顶，无论平屋顶或坡屋顶均

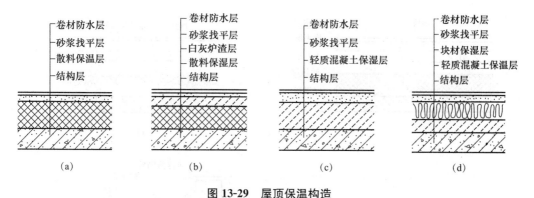

图 13-29 屋顶保温构造

(a) 散料保温层；(b) 散料炉渣抹灰保温层；(c) 轻质混凝土保温层；(d) 块材保温层

可采用。坡屋顶的保温层一般做在顶棚层上面，有些用散料，较为经济但不方便 [图 13-30（d）、(f)]。近来多采用松质纤维板或纤维毯成品铺在顶棚的上面 [图 13-30（e）]。为了使用上部空间，也有把保温层设置在斜屋面的底层，如果内部不通风极易产生内部凝结水 [图 13-30（b）]，便需要在屋面板和保温层之间设通风层，并在檐口及屋脊设通风口 [图 13-30（c）]。

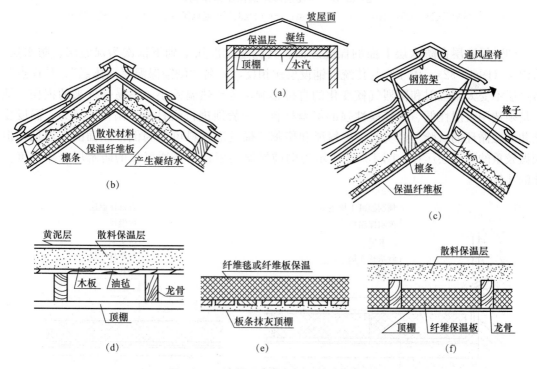

图 13-30 坡屋顶冷屋面保温体系和构造

(a) 冷屋面保温体系；(b) 非通风屋顶的水汽凝结；(c) 屋顶层通风；
(d) 散料保温顶棚；(e) 纤维毯或纤维板保温顶棚；(f) 纤维板与散料结合保温顶棚

平屋顶的冷屋面保温体系常用垫块架立预制小板，再在上面做找平层和防水层（图 13-31）。

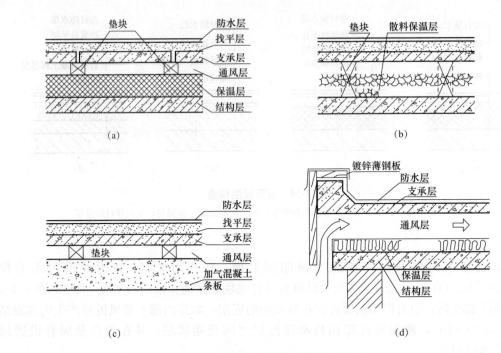

图 13-31 平屋顶冷屋面保温体系构造

(a) 带通风层平屋顶保温层；(b) 散料保温；(c) 加气混凝土通风保温平屋顶；(d) 檐口进风口

(3) 保温层在防水层上面的保温屋面。其构造层次从上到下依次为保温层、防水层、结构层（图 13-32）。由于它与传统的铺设层次相反，故名"倒铺保温屋面体系"。其优点是防水层不受太阳辐射和剧烈气候变化的直接影响，全年热温差小，不易受外来的损伤。缺点是须选用吸湿性低、耐气候性强的保温材料。一般须进行耐日晒、雨雪、风力、温度变化和冻融循环的试验。经实践，聚氨酯和聚苯乙烯发泡材料可作为倒铺屋面的保温层，但须做较重的覆盖层压住。图 13-33 所示为倒铺保温层屋顶与普通屋顶的防水层全年温度变化的比较。

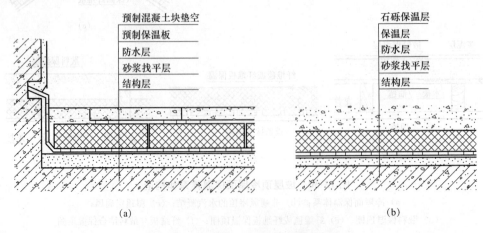

图 13-32 保温层在防水层上面的构造

(a) 上人倒铺保温层屋面；(b) 倒铺保温层屋面的构造层次

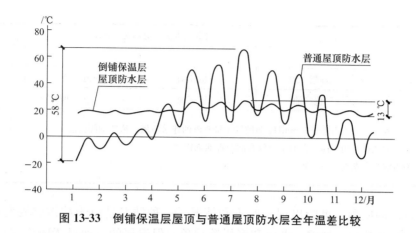

图 13-33　倒铺保温层屋顶与普通屋顶防水层全年温差比较

2. 屋顶层的蒸汽渗透

从热工原理中知道，建筑物室内外的空气中都含有一定量的水蒸气，当室内外空气中的水蒸气含量不相等时，水蒸气分子就会从高的一侧通过围护结构向低的一侧渗透。空气中含气量的多少可用蒸汽分压力来表示。当构件内部某处的蒸汽分压力（也叫作实际蒸汽压力）超过了该处最大蒸气分压力（也叫作饱和蒸汽压力）时，就会产生内部凝结。从而会使保温材料受潮而降低保温效果，严重的甚至会出现保温层冻结而使屋面破坏。图 13-34 是热屋顶保温体系中以室外气温为 −20 ℃，室内气温为 +20 ℃，室内外相对湿度均为 70% 为例子的示意图，从图中保温平屋顶中的蒸汽压力曲线的变化中可以看出出现露点的位置，以及保温层在露点以上部分形成凝结水的区域。

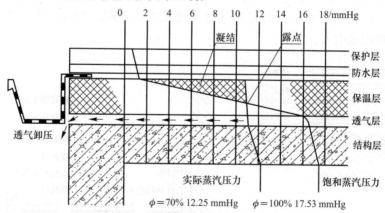

图 13-34　保温平屋顶内部蒸汽凝结示意图

为了防止室内湿气进入屋面保温层，可在保温层下做一层隔汽层。隔汽层的做法一般是在结构层上先做找平层，根据不同需要，可以只涂沥青层，也可以铺一毡二油或二毡三油，表 13-4 为可供选用隔汽层的参考。

表 13-4　保温屋面隔汽层的设置

冬季室外空气计算温度	室内空气水蒸气分压力/mmHg			
	<9	9～12	12～14	>14
>−20 ℃	不做隔汽层	玛琋脂二道	一毡二油	二毡三油

冬季室外空气 计算温度	室内空气水蒸气分压力/mmHg			
	<9	9~12	12~14	>14
−20 ℃~−30 ℃	玛琋脂二道	一毡二油	一毡二油	二毡三油
−30 ℃~−40 ℃	一毡二油	二毡三油	二毡三油	二毡三油

注：1. 室内空气水蒸气分压力小于 9 mmHg 会散发大量蒸汽的建筑应做一毡二油隔汽层。
　　2. 隔汽层的油毡也可用焦油沥青油毡或以石油沥青油纸代替。
　　3. 刷玛琋脂前均应先刷冷底子油。

　　设置隔汽层的屋顶，可能出现一些不利情况：一种情况是由于结构层的变形和开裂，隔汽层油毡会出现移位、裂隙、老化和腐烂等现象；保温层的下面设置隔汽层以后，保温层的上下两个面都被绝缘层封住，内部的湿气反而排泄不出去，均将导致隔汽层局部或全部失效的情况。另一种情况是冬季采暖房屋室内湿度高，蒸汽分压力大，有了隔汽层会导致室内湿气排不出去，使结构层产生凝结现象。要解决这两种情况凝结水的产生，有以下几种方法：

　　（1）隔汽层下设透气层。即在结构层和隔汽层之间，设一透气层，使室内透过结构层的蒸汽得以流通扩散，压力得以平衡，并设有出口，把余压排泄出去。透气层的构造方法可同前面讲的油毡与基层结合构造，如花油法及带石砾油毡等，也可在找平层中做透气道 [图 13-35（a）、（b）]。

　　透气层的出入口一般设在檐口或靠女儿墙根部处。房屋进深大于 10 m 者，中间也要设透气口，如图 13-35（c）所示。但是透气口不能太大，否则冷空气渗入，失去保温作用，更应防止由此把雨水引入。

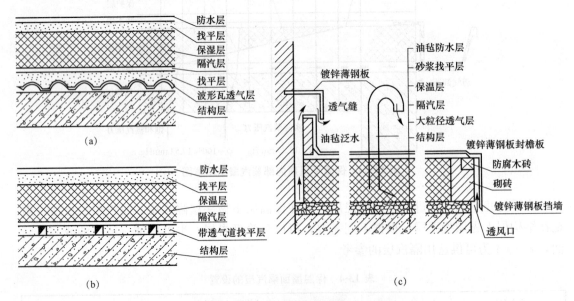

图 13-35　隔汽层下设透气层及出气口构造
(a) 隔汽层下找平层设波形瓦透气层；(b) 隔汽层下找平层内设透气道；
(c) 檐口、中间和墙边设透气口

（2）保温层设透气层。在保温层中设透气层是为了把保温层内湿气排出去。简单的处理方法，也可和前述一样把防水层的基层油毡用花油法铺贴或做带石砾油毡基层。严格一些，可在保温层上加一砾石或陶粒透气层（图13-36）。在保温层中设透气层也要做通风口，一般在檐口和屋脊设通风口。有的隔汽层下和保温层可共用通风口。

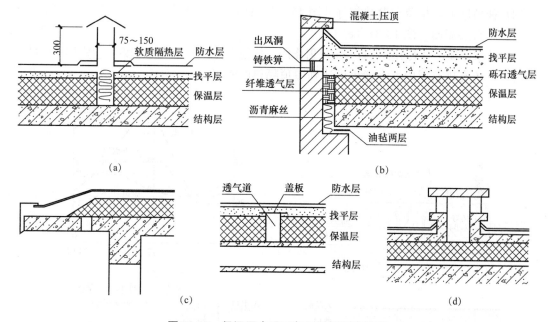

图13-36　保温层内设透气层及通风口构造
（a）保温层设透气道（内设软质保温材料，镀锌薄钢板通风）；
（b）砾石透气层及女儿墙出风口；（c）保温层设透气道及檐下出风口；（d）中间透气层

（3）保温层上设架空通风透气层。即上述冷屋顶保温体系，这种体系是把设在保温层上面的透气层扩大成为一个有一定空间的架空通风隔层，这样就有助于把保温层和室内透入保温层的水蒸气通过这层通风的透气层排出去。通风层在夏季还可以作为隔热降温层把屋面传下来的热量排走。这种体系在坡屋顶和平屋顶均可采用。在坡屋顶一般都是将保温层设置在顶棚层上面［图13-30（d）、（e）、（f）］。

13.4.2　屋顶的隔热和降温

夏季，特别在我国南方炎热地区，太阳的辐射热使得屋顶的温度急剧升高，影响室内的生活和工作。因此，要求对屋顶进行构造处理，以降低屋顶的热量对室内的影响。

隔热降温的形式如下。

1. 实体材料隔热屋顶

利用实体材料的蓄热性能及热稳定性、传导过程中的时间延迟、材料中热量的散发等性能，可以使实体材料的隔热屋顶在太阳辐射下，内表面温度比外表面温度有一定程度的降低。内表面出现高温的时间常会延迟 3～5 h［图13-37（a）、（b）］。一般材料密度越大，蓄热系数越大，这类实体材料的热稳定性也较好，但自重较大。晚间室内气温降低时，屋顶内的蓄热又要向室内散发，故只能适合于夜间不使用的房间；否则到了晚间，由实体材料所蓄存的热量将向室内散发出来，使得室内温度大大超过室外已降下来的气温，反而不如没有设置这层隔热层的房子。因此，晚间使用的房子如住宅等，万万不可采用实体材料隔热层。

实体材料隔热屋顶的做法有以下几种：

（1）大阶砖或混凝土板实铺屋顶，可作上人屋面［图13-37（c）］。

（2）种植屋面，植草后散热较好［图13-37（d）］。

（3）砾石层屋面［图13-37（e）］。

（4）蓄水屋顶，对太阳辐射有一定反射作用，热稳定性和蒸发散热也较好［图13-37（f）］。

另外，还有砾石层内灌水者也可达到屋顶隔热的效果。

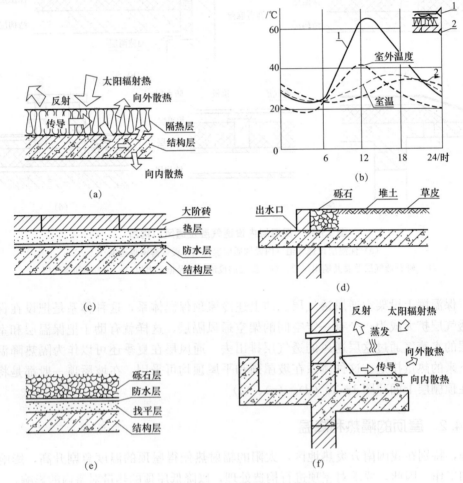

图13-37　实体材料隔热屋顶

（a）实体隔热屋顶的传热示意图；（b）实体屋顶的温度变化曲线；
（c）大阶砖实铺屋顶；（d）种植屋面；（e）砾石屋面；（f）蓄水屋面传热示意

2. 通风层降温屋顶

在屋顶中设置通风的空气间层，利用间层通风，散发一部分热量，使屋顶变成两次传热，以降低传至屋面内表面的温度［图13-38（a）］。实测表明，通风屋顶比实体屋顶的降温效果有显著的提高［图13-38（b）］。通风隔热屋顶根据结构层的地位不同分为以下两类：

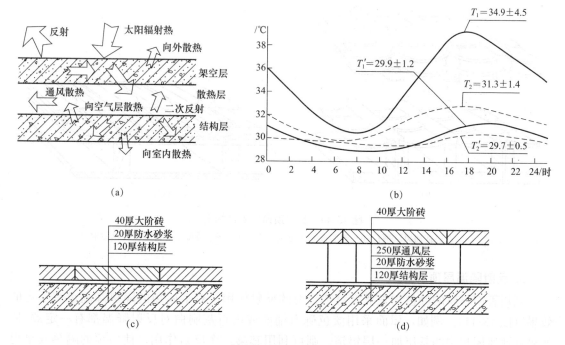

图 13-38　通风降温屋顶的传热情况和降温效果

（a）通风散热屋顶传热示意图；（b）通风降温效果比较曲线；（c）无通风层的降温屋顶；（d）有通风层的降温屋顶

T_1，T_1'—内表面平均温度；T_2，T_2'—空气平均温度

（1）通风层设在结构层下面（图 13-39）。即吊顶棚、檐墙须设通风口。平屋顶、坡屋顶均可采用。优点是防水层可直接做在结构层上面；缺点是防水层与结构层均易受气候直接影响而变形。

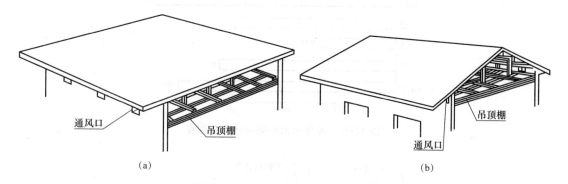

图 13-39　通风层设在结构层下面的降温屋顶

（a）平屋顶吊顶棚；（b）坡屋顶吊顶棚

（2）通风层设在结构层上面。瓦屋面可做成双层，屋檐设进风口，屋脊设出风口，可以把屋面的夏季太阳辐射热从通风中带走一些，使瓦底面的温度有所降低〔图 13-40（a）〕。

采用槽板上设置弧形大瓦，室内可得到较平整的平面，又可利用槽板空当通风，而且槽板还可把瓦间渗入雨水排泄出屋面〔图 13-40（b）〕。另外，还有采用椽子或檩下钉纤维板的隔热层顶〔图 13-40（c）〕。以上均须做通风屋脊方能有效。

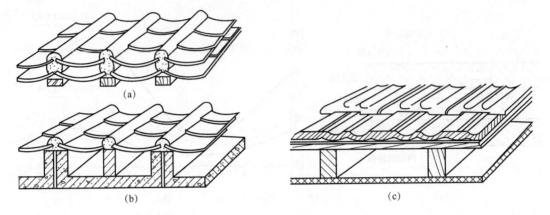

图 13-40　瓦屋顶通风隔热构造

（a）双层瓦通风屋顶；（b）槽形板大瓦通风屋顶；（c）椽子或檩下钉纤维板通风屋顶

3. 反射降温屋顶

利用表面材料的颜色和光滑度对热辐射的反射作用，对平屋顶的隔热降温也有一定的效果（图 13-41）。例如，屋面采用淡色砾石铺面或用石灰刷白对反射降温都有一定效果。如果在通风屋顶中的基层加一层铝箔，则可利用其第二次反射作用，使屋顶的隔热效果得到进一步的改善（图 13-42）。

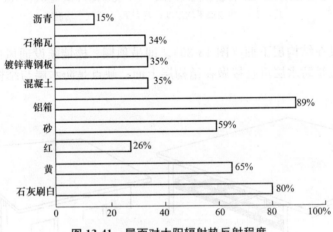

图 13-41　屋面对太阳辐射热反射程度

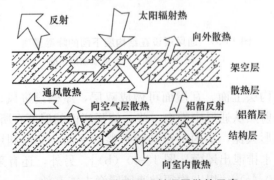

图 13-42　铝箔屋顶反射通风散热示意

4. 蒸发散热降温屋顶

（1）淋水屋面。屋脊处装水管，在白天温度高时向屋面上浇水，形成一层流水层，利用流水层的反射吸收和蒸发以及流水的排泄可降低屋面温度（图 13-43）。

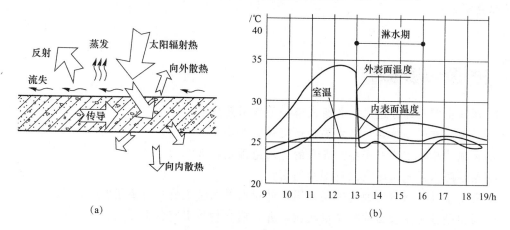

(a)   (b)

图 13-43　淋水屋顶的降温情况
（a）淋水屋顶散热示意；（b）淋水屋顶温度变化曲线

（2）喷雾屋面。在屋面上系统地安装排水管和喷嘴，夏日喷出的水在屋面上空形成细小水雾层，雾结成水滴落下又在屋面上形成一层流水层，水滴落下时，从周围的空气中吸取热量，又同时进行蒸发，因而降低了屋面上的气温并提高了它的相对湿度。另外，雾状水滴也吸收和反射一部分太阳辐射热；水滴落到屋面后，与淋水屋顶一样，再从屋面上吸取热量流走，进一步降低了表面温度，因此，它的隔热效果更好。

本章小结

1. 屋顶是建筑物顶部的覆盖构件，起承重和围护等作用，它由屋面、承重结构、保温隔热层和顶棚等部分组成。

2. 屋顶按其外形分为平屋顶、坡屋顶和其他形式屋顶。平屋顶坡度小于 5%，坡屋顶坡度一般大于 10%，其他形式屋顶的坡度随外形变化，形式多样。平屋顶的防水方式根据所用材料及施工方法的不同，可分为柔性防水和刚性防水。柔性防水是将柔性的防水卷材或片材用胶结材料粘贴而成的。这类屋面主要是处理好泛水、檐口、变形缝和雨水口等细部构造。刚性防水是指用配筋现浇细石混凝土做成的。这类屋面因热胀冷缩或弯曲变形的影响，常使刚性防水层出现裂缝，使屋面产生漏水，所以，构造上要求对这种屋面做隔离层或分隔层。

3. 平屋顶的保温材料常用多孔、轻质的材料，如苯板、膨胀珍珠岩、加气混凝土块等，其位置一般布置在结构层之上。平屋顶的隔热措施主要有通风隔热、蓄水隔热、植被隔热、反射隔热等。

4. 平屋顶的排水方式分为无组织排水和有组织排水两类。有组织排水又分为内排水和外排水，平屋顶的屋面坡度主要采用材料找坡。

5. 坡屋顶的屋面坡度主要采用结构找坡，它的承重结构形式有墙体承重、梁架承重、屋架承重、钢筋混凝土斜板承重等。屋面防水层常采用平瓦、琉璃瓦、波形瓦等。坡屋顶的保温材料可以铺设在屋面板与屋面面层之间，也可以铺设在吊顶棚上。它的隔热常采用通风隔热等方式。

复习思考题

1. 屋顶由哪几部分组成？各组成部分的作用是什么？
2. 平屋顶有哪些特点？其主要构造组成有哪些？
3. 屋顶的排水方式有哪些？各自的适用范围是什么？
4. 柔性防水层施工时应注意哪些问题？
5. 画出柔性防水屋面的构造层次图，并说明其构造上有什么要求？
6. 画出刚性防水屋面的构造层次图，并说明其构造上有什么要求？
7. 柔性防水屋面上人时如何做保护层？
8. 提高刚性防水层防水性能的措施有哪些？
9. 坡屋顶的承重方式有哪几种？各自有什么特点？
10. 坡屋顶在檐口、山墙等处有哪些形式？
11. 坡屋顶在檐口处如何进行防水及泛水处理？
12. 平屋顶的隔热措施有哪些？

第 14 章　楼梯与电梯

本章要点

本章主要介绍楼梯的类型、组成和尺度及设计的基本要求，重点介绍钢筋混凝土楼梯的类型及细部构造做法和要求，简单介绍电梯与自动扶梯及室外台阶和坡道构造。

建筑物不同楼层之间的联系，需要有上、下交通设施，此类设施有楼梯、电梯、自动扶梯、爬梯以及坡道等。电梯用于层数较多或有特种需要的建筑物中，即使以电梯或自动扶梯为主要交通设施的建筑物，也必须同时设置楼梯，以便紧急疏散时使用。楼梯设计要求坚固、耐久、安全、防火；做到上下通行方便，能搬运必要的家具物品，有足够的通行宽度和疏散能力；另外，楼梯尚应有一定的美观要求。

在建筑物入口处，因室内外地面的高差而设置的踏步段，称为台阶。为方便车辆、轮椅通行，也可增设坡道。

14.1　楼梯的类型、组成和尺度

楼梯是联系建筑上下层的垂直交通设施。楼梯应满足正常时垂直交通、紧急时安全疏散的要求，其数量、位置、平面形式应符合有关规范和标准的规定，并应考虑楼梯对建筑整体空间效果的影响。

14.1.1　楼梯的类型

建筑中楼梯的形式多种多样，应当根据建筑及使用功能的不同进行选择。按照楼梯的位置，有室内楼梯和室外楼梯之分；按照楼梯的材料，可以将其分为钢筋混凝土楼梯、钢楼梯、木楼梯及组合材料楼梯；按照楼梯的使用性质，可以分为主要楼梯、辅助楼梯、疏散楼梯及消防楼梯。

工程中，常按楼梯的平面形式进行分类。根据楼梯的平面形式，可以将其分为单跑直楼梯、双跑直楼梯、平行双跑楼梯、三跑楼梯、转角楼梯、双分平行楼梯、双合平行楼梯、双分转角楼梯、剪刀楼梯、螺旋楼梯、交叉楼梯等，如图 14-1 所示。

（1）直跑式（又称直上式）楼梯。直跑式楼梯指行人在楼梯段上下时不转换方向的楼梯，常用于层数较少的住宅或大型公共建筑的主要出入口处，如住宅的户内楼梯和大型体育馆的疏散楼梯。

（2）双跑（或称平行双跑）楼梯。它由两个平行（在水平投影上）的楼梯段和一个中间平台组成，由于第二跑楼梯段转向 180°。故所占长度较小，但宽度较大。这种楼梯应用最广泛。

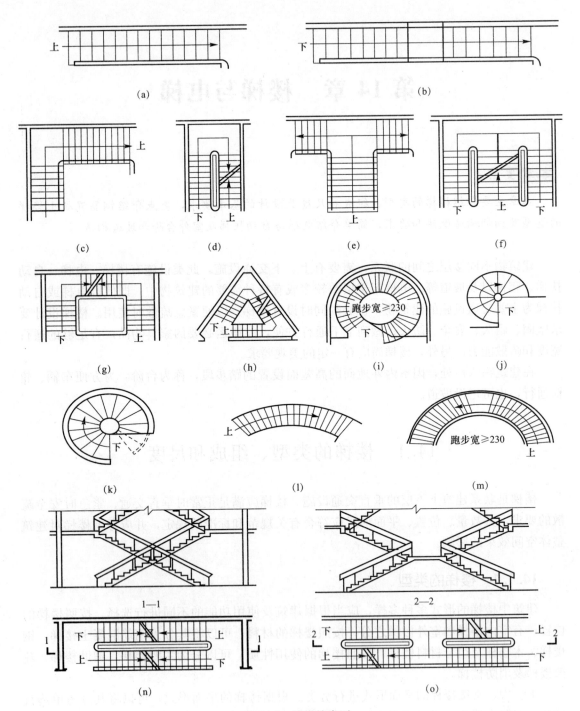

图 14-1　楼梯的类型

(a) 直行单跑楼梯；(b) 直行多跑楼梯；(c) 折行双跑楼梯；(d) 平行双跑楼梯；(e) 折行双分楼梯；
(f) 双分平行楼梯；(g) 设电梯的折行三跑楼梯；(h) 折行三跑楼梯；(i)、(j)、(k) 螺旋形楼梯；
(l)、(m) 弧形楼梯；(n) 交叉跑楼梯；(o) 剪刀楼梯

（3）三跑楼梯。它由三段围成Ⅱ形的梯段组成，一般用于楼梯间平面接近方形且层高相对较高的公共建筑。由于它有较大的楼梯井，因而不宜用于中、小学校及幼儿园等儿童经常使用的建筑中；但有时可将楼梯井设置为电梯井。

（4）转角式（或称曲尺式）楼梯。这种楼梯的两个梯段，转换方向小于180°（常用90°），多用作住宅户内楼梯，两梯段可沿墙设置，且楼梯下部中间可充分利用。某些公共建筑，如旅馆、影剧院等的底层大厅也常用这种楼梯。

（5）双分式、双合式楼梯和剪刀楼梯。双分式和双合式楼梯相当于两个双跑楼梯并联在一起，剪刀楼梯相当于两个双跑楼梯在平台处对接。这三种楼梯多用于人流量较大的公共建筑。

（6）弧形和螺旋式楼梯。弧形楼梯的踏步，围绕着一个中心布置，每个踏步内窄外宽呈扇形。这两种楼梯造型优美、流畅，可起到丰富空间的效果，多用于宾馆等公共建筑和园林建筑。

楼梯形式的选择主要取决于其所处的位置、楼梯间的平面形状与大小、楼层高低与层数、人流多少与缓急等因素，设计时需综合权衡这些因素。目前，在建筑中采用较多的是平行双跑楼梯（又简称为双跑楼梯或两段式楼梯），其他诸如三跑楼梯、双分平行楼梯、双合平行楼梯等均是在平行双跑楼梯的基础上变化而成的。螺旋楼梯对建筑室内空间具有良好的装饰性，适用于在公共建筑的门厅等处。由于其踏步是扇面形的，交通能力较差，如果用于疏散目的，踏步尺寸应满足有关规范的要求。

14.1.2　楼梯的组成

楼梯一般由楼梯段、楼梯平台、栏杆（板）和扶手三部分组成，如图14-2所示。

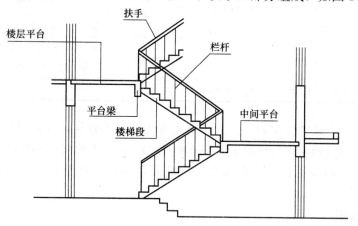

图 14-2　楼梯的组成

1. 楼梯段

楼梯段是指两平台之间带踏步的斜板，是由若干个踏步构成的。每个踏步一般由两个相互垂直的平面组成，供人行走时踏脚的水平面称为踏面，其宽度为踏步宽。踏面的垂直面称为踢面，其数量称为级数，高度称为踏步高。为了消除疲劳，每一楼梯段的级数一般不应超过18级，同时，考虑人们行走的习惯，楼梯段的级数也不应少于3级，这是因为级数太少不易为人们察觉，容易摔倒。

2. 楼梯平台

楼梯平台是两楼梯段之间的水平连接部分。根据位置的不同分为中间平台和楼层平台。中间平台的主要作用是楼梯转换方向和缓解人们上楼梯的疲劳感，故又称休息平台。楼层平台与楼层地面标高平齐，除起着中间平台的作用外，还用来分配从楼梯到达各层的人流，解决楼梯段转折的问题。

3. 栏杆（板）和扶手

栏杆（板）和扶手是设在梯段及平台边缘的安全保护构件。当梯段宽度不大时，可只在梯段临空面设置。当梯段宽度较大时，非临空面也应加设靠墙扶手。当梯段宽度很大时，则需在楼梯中间加设中间扶手。

14.1.3 楼梯的设置与尺度

由于楼梯是建筑中重要的垂直交通设施，对建筑的正常使用和安全性具有不可替代的作用。因此，不论是建设管理部门、消防部门还是设计者，都对楼梯的设计给予了足够的重视。

1. 楼梯的设置

楼梯在建筑中的位置应当标志明显、交通便利、方便使用。楼梯应与建筑的出口关系紧密、连接方便，楼梯间的底层一般均应设置直接对外出口。当建筑中设置数部楼梯时，其分布应符合建筑内部人流的通行要求。除个别的高层住宅之外，高层建筑中至少要设两个或两个以上的楼梯。普通公共建筑一般至少要设两个或两个以上的楼梯，如符合表 14-1 的规定，也可以只设一个楼梯。

表 14-1 设置一个疏散楼梯的条件

耐火等级	层数	每层最大面积/m²	人数
一、二级	三层	200	第二、三层人数之和不超过 50 人
三级	三层	200	第二、三层人数之和不超过 25 人
四级	二层	200	第二层人数之和不超过 15 人
注：本表不适用于医院、疗养院、托儿所、幼儿园。			

设有不少于两个疏散楼梯的一、二级耐火等级的公共建筑，如顶层局部升高时，其高出部分的层数不超过两层，每层建筑面积不超过 200 m²，人数之和不超过 50 人时，高出部分可设一个楼梯。但应另设一个直通平屋面的安全出口，且上人屋面应符合人员疏散的要求。

2. 楼梯的坡度

楼梯的坡度即楼梯段的坡度，可以采用两种方法表示：一种是用楼梯段与水平面的夹角表示；另一种是用踏步的高宽比表示。普通楼梯的坡度范围一般为 20°～45°，合适的坡度一般为 30°左右，最佳坡度为 26°34′。当坡度小于 20°时采用坡道；当坡度大于 45°时采用爬梯。

确定楼梯的坡度应根据房屋的使用性质、行走方便程度和节约楼梯间的面积等多方面的因素综合考虑。楼梯、爬梯及坡道的坡度范围如图 14-3 所示。对于使用人员情况复杂且使用较频繁的楼梯，其坡度应比较平缓，一般可采用 1：2 的坡度；反之，坡度可以较大些，一般采用 1：1.5 左右的坡度。

3. 楼梯段及平台尺寸

楼梯段和平台构成了楼梯的行走通道，是楼梯设计时需要重点解决的核心问题。由于楼梯的尺度比较精细，因此应当严格按设计意图进行施工。

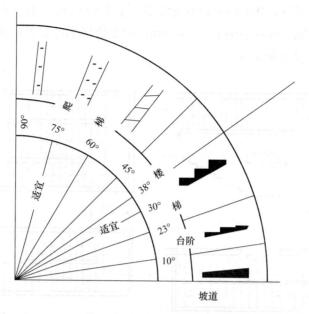

图 14-3　楼梯、爬梯及坡道的坡度范围

（1）楼梯段尺度。梯段尺度分为梯段宽度和梯段长度。梯段宽度应根据紧急疏散时要求通过的人流股数确定。作为主要通行用的楼梯，楼梯段宽度应至少满足两个人相对通行。计算通行量时，每股人流应按 0.55 m＋（0～0.15）m 计算，其中 0～0.15 m 为人在行进中的摆幅。非主要通行的楼梯，应满足单人携带物品通过的需要。另外，梯段的净宽一般不应小于 900 mm（图 14-4）。住宅套内楼梯的梯段净宽应满足以下规定：当梯段一边临空时，不应小于 0.75 m；当梯段两侧有墙时，不应小于 0.9 m。

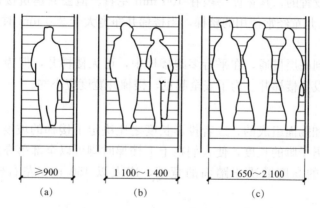

图 14-4　楼梯段的宽度

（a）单人通行；（b）双人通行；（c）三人通行

梯段长度 L 则是每一梯段水平投影长度，其值为 $L=b(N-1)$，其中 b 为踏面水平投影步宽，N 为梯段踏步数。

（2）平台宽度。平台宽度分为中间平台宽度和楼层平台宽度。平台宽度与楼梯段宽度的关系如图 14-5 所示。对于平行和折行多跑等类型楼梯，其转向后的中间平台宽度应不小于梯段宽度，以保证通行和梯段同股数人流。同时，应便于家具搬运，医院建筑还应保证担架在平台处能转向通行，其中间平台宽度应不小于 1 800 mm。对于直行多跑楼梯，其中间平台宽度等于梯段宽，或者不小于 1 000 mm。对于楼层平台宽度，则应比中间平台更宽松一些，以利于人流分配和停留。

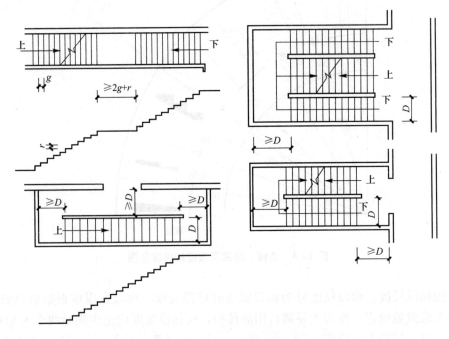

图 14-5　平台宽度与楼梯段宽度的关系

（3）楼梯井宽度。两段楼梯之间的空隙，称为楼梯井。楼梯井一般是为楼梯施工方便和安置栏杆扶手而设置的，其宽度一般在 100 mm 左右。但公共建筑楼梯井的净宽一般不应小于 150 mm。有儿童经常使用的楼梯，当楼梯井净宽大于 200 mm 时，必须采取安全措施，防止儿童坠落。

楼梯井从顶层到底层贯通，在平行多跑楼梯中，可无楼梯井，但为了楼梯段安装和平台转弯缓冲，也可设置楼梯井。为了安全起见，楼梯井宽度应小些。

4. 踏步尺寸

踏步是由踏面和踢面组成的，二者投影长度之比决定了楼梯的坡度。一般认为，踏面的宽度应大于成年男子脚的长度，使人们在上下楼梯时脚可以全部落在踏面上，以保证行走时的舒适。踢面的高度取决于踏面的宽度，成人以 150 mm 左右较适宜，不应高于 175 mm。

通常，踏步尺寸按下列经验公式确定：

$$2h+b=600\sim620 \text{（mm）} \tag{14-1}$$

或

$$h+b=450 \text{（mm）} \tag{14-2}$$

式中　h——踏步高度（mm）；

　　　b——踏步宽度（mm）。

踏步的尺寸应根据建筑的功能、楼梯的通行量及使用者的情况进行选择，具体规定见表 14-2。

表 14-2　常用适宜踏步尺寸

mm

名称	住宅	学校、办公楼	剧院、食堂	医院（病人用）	幼儿园
踏步高度	156~175	140~160	120~150	150	120~150
踏步宽度	250~300	280~340	300~350	300	260~300

由于踏步的宽度往往受到楼梯间进深的限制，可以在踏步的细部进行适当变化来增加踏面的有效尺寸，如采取加做踏步檐或使踢面倾斜（图 14-6）。踏步檐的挑出尺寸一般为 20~30 mm，使踏步的实际宽度大于其水平投影宽度。

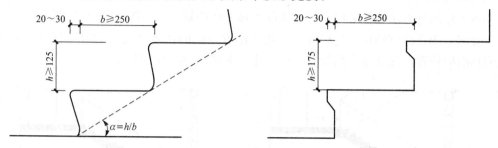

图 14-6　踏步出挑形式

螺旋楼梯的踏步平面通常是扇形的，对疏散不利。因此，螺旋楼梯不宜用于疏散。只有踏步上下两级所形成的平面角度不超过 10°，而且离扶手250 mm 处的踏步宽度超过 220 mm 时，螺旋楼梯才可以用于疏散（图 14-7）。

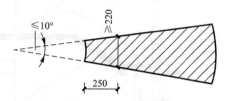

图 14-7　螺旋楼梯的踏步

5. 楼梯的净空高度

（1）楼梯净空高度的要求。楼梯的净空高度是指楼梯平台上部和下部过道处的净空高度，以及上下两层楼梯段间的净空高度。为保证人流通行和家具搬运，我国规定楼梯段之间的净高不应小于 2 200 mm，平台过道处净高不应小于 2 000 mm。

起止踏步前缘与顶部凸出物内边缘线的水平距离不应小于 300 mm（图 14-8）。通常，楼梯段之间的净高与房间的净高相差不大，一般均可满足不小于 2 200 mm 的要求。

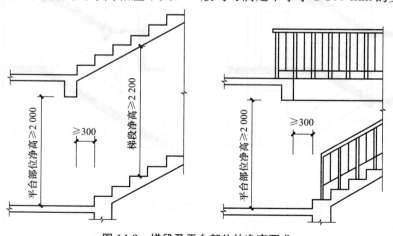

图 14-8　梯段及平台部位的净高要求

（2）楼梯间入口处的净空高度。当采用平行双跑楼梯且在底层中间平台下设置供人进出的出入口时，为保证中间平台下的净高，可采用以下措施加以解决：

①将底层第一楼梯段加长，第二楼梯段缩短，变成长短跑楼梯段。这种方法只有楼梯间进深较大时采用，但不能把第一楼梯加得过长，以免减少中间平台上部的净高，如图 14-9（a）所示。

②将楼梯间地面标高降低。这种方法楼梯段长度保持不变，构造简单，但降低后的楼梯间地面标高应高于室外地坪标高 100 mm 以上，以保证室外雨水不致流入室内，如图 14-9（b）所示。

③将上述两种方法综合采用，可避免前两种方法的缺点，如图 14-9（c）所示。

④底层采用直跑道楼梯。这种方法常用于南方地区的住宅建筑，此时应注意入口处雨篷底面标高的位置，保证净空高度在 2 m 以上，如图 14-9（d）所示。

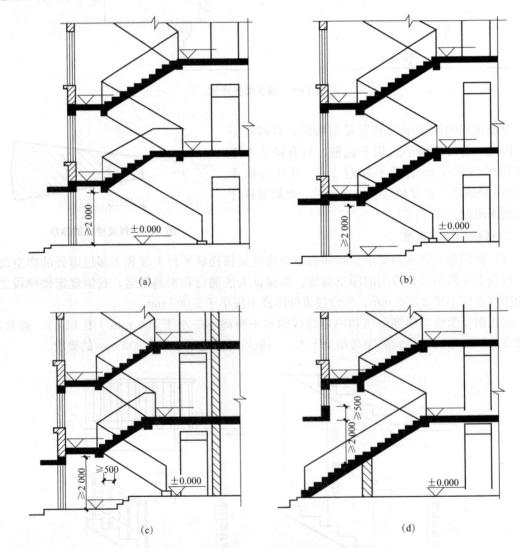

图 14-9 底层中间平台下作出入口时的处理方式

（a）底层长短跑；（b）局部降低地坪；（c）底层长短跑并局部降低地坪；（d）底层直跑

6. 栏杆与扶手的设置及高度

楼梯的栏杆是楼梯的安全设施。当楼梯段的垂直高度大于 1.0 m 时，应当在梯段的临空一侧设置栏杆。楼梯至少应在梯段临空一侧设置扶手，梯段净宽达三股人流时应两侧设扶手，四股人流时应加设中间扶手。要合理确定栏杆的高度，即确定踏步前缘至上方扶手中心线的垂直距离。一般室内楼梯栏杆高度不应小于 0.9 m；室外楼梯栏杆高度不应小于 1.05 m；高层建筑室外楼梯栏杆高度不应小于 1.1 m。如果靠楼梯井一侧水平栏杆长度超过 0.5 m，其高度不应小于 1.0 m。

楼梯栏杆应用坚固、耐久的材料制作，并具有一定的强度和抵抗侧向推力的能力。同时，还应充分考虑到栏杆对建筑室内空间的装饰效果，应具有美观的形象。扶手应选用坚固、耐磨、光滑、美观的材料制作。

14.2　钢筋混凝土楼梯

楼梯按照构成材料的不同，可以分为钢筋混凝土楼梯、木楼梯、钢楼梯和组合材料楼梯。楼梯是建筑中重要的安全疏散设施，对其耐火性能的要求较高，由于钢筋混凝土的耐火和耐久性能均好于木材和钢材，因此民用建筑大量地采用钢筋混凝土楼梯。

14.2.1　钢筋混凝土楼梯的分类

钢筋混凝土楼梯具有坚固耐久、节约木材、防火性能好、可塑性强等优点，目前已得到广泛应用。钢筋混凝土楼梯按其施工方式，可分为现浇整体式和预制装配式两种。

1. 现浇整体式钢筋混凝土楼梯

现浇整体式钢筋混凝土楼梯结构整体性好，刚度大，能适应各种楼梯间平面和楼梯形式，可以充分发挥钢筋混凝土的可塑性。但由于需要现场支模，模板耗费较大，施工周期较长，并且抽孔困难，不便做成空心构件，所以混凝土用量和自重较大。

2. 预制装配式钢筋混凝土楼梯

装配式钢筋混凝土楼梯是将组成楼梯的各个部分分成若干个小构件，在预制厂或现场预制，再到现场组装。装配式钢筋混凝土楼梯能够提高建筑工业化程度，具有施工进度快、受气候影响小、构件由工厂生产、质量容易保证等优点，但施工时需要配套起重设备，投资较多，灵活性差。

14.2.2　现浇整体式钢筋混凝土楼梯

根据楼梯段的传力特点及结构形式，现浇整体式钢筋混凝土楼梯可分为板式楼梯和梁式楼梯两种。

1. 板式楼梯

板式楼梯是将楼梯段做成一块板底平整、板面上带有踏步的板，与平台、平台梁现浇在一起。楼梯段相当于是一块斜放的现浇板，平台梁是支座，其作用是将在楼梯段和平台上的荷载同时传给平台梁，再由平台梁传到承重横墙或柱上。

从力学和结构角度要求，梯段板的跨度大或梯段上的使用荷载大，都将导致梯段板的截面高度加大。这种楼梯构造简单，施工方便，但自重大，材料消耗多，适用于荷载较小、楼梯跨度不大的房屋，如图 14-10（a）所示。

有时为了保证平台过道处的净空高度，可以在板式楼梯的局部位置取消平台梁，这种楼梯称为折板式楼梯，如图 14-10（b）所示。此时，板的跨度应为梯段水平投影长度与平台宽度尺寸之和。

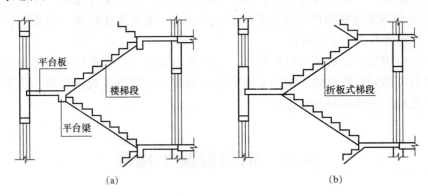

图 14-10 板式楼梯

（a）板式；（b）折板式

2. 梁式楼梯

梁式楼梯是指在板式楼梯的梯段板边缘处设有斜梁，斜梁由上下两端平台梁支承的楼梯。作用在楼梯段上的荷载通过楼梯段斜梁传至平台梁，再传到墙或柱上。根据斜梁与楼梯段位置的不同，分为明步楼梯段和暗步楼梯段两种。这种楼梯的传力线路明确，受力合理，适用于荷载较大、楼梯跨度较大的房屋。梁式楼梯的斜梁一般设置在梯段的两侧，由上下两端平台梁支承，如图 14-11（a）所示。有时为了节省材料在梯段靠承重墙一侧不设斜梁，而由墙体支承踏步板。此时，踏步板一端搁置在斜梁上，另一端搁置在墙上 [图 14-11（b）]。个别楼梯的斜梁设置在梯段的中部，形成踏步板向两侧悬挑的受力形式 [图 14-11（c）]。

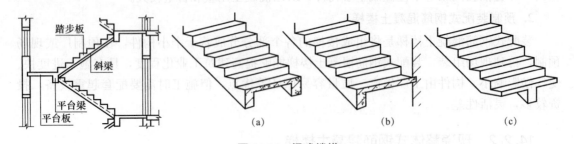

图 14-11 梁式楼梯

（a）梯段两侧设斜梁；（b）梯段一侧设斜梁；（c）梯段中间设斜梁

梁式楼梯的斜梁一般暴露在踏步板的下面，从梯段侧面就能够看见踏步，这种楼梯俗称为明步楼梯 [图 14-12（a）]。明步楼梯在梯段下部形成梁的暗角容易积灰，梯段侧面经常被清洗踏步的脏水污染，影响美观。若把斜梁反设到踏步板上面，此时，梯段下面是平整的斜面，俗称为暗步楼梯 [图 14-12（b）]。暗步楼梯弥补了明步楼梯的缺陷，但斜梁宽度要满足结构的要求，导致梯段的净宽变小。

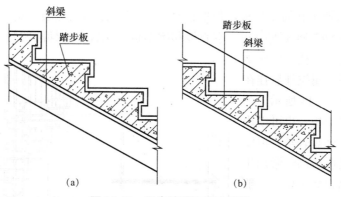

图 14-12　明步楼梯和暗步楼梯

(a) 明步楼梯；(b) 暗步楼梯

14.2.3　装配式钢筋混凝土楼梯

装配式钢筋混凝土楼梯按其构件尺寸和施工现场吊装能力的不同，可分为小型构件装配式楼梯和中型及大型构件装配式楼梯。

1. 小型构件装配式楼梯

常用的小型构件包括踏步板、斜梁、平台梁、平台板等单个构件，一般把踏步板作为基本构件。小型构件装配式楼梯具有构件生产、运输、安装方便的优点，但也存在着施工难度大、施工进度慢、需要现场湿作业配合等缺点。这种楼梯主要有悬挑式、墙承式和梁承式三种。

（1）悬挑式楼梯。悬挑式楼梯有悬臂式和悬挂式两种。

①悬臂式楼梯。悬臂式楼梯又称悬臂踏板楼梯，是将单个踏步板的一端嵌固于楼梯间侧墙中，另一端自由悬空而形成的楼梯段。踏步板的悬挑长度一般在 1.2 m 左右，最大不超过 1.8 m。踏步板的断面一般呈 L 形或倒 L 形，其伸入墙体长度应不小于 240 mm，伸入墙体部分截面通常为矩形。这种构造的楼梯不宜在地震区使用，如图 14-13 所示。

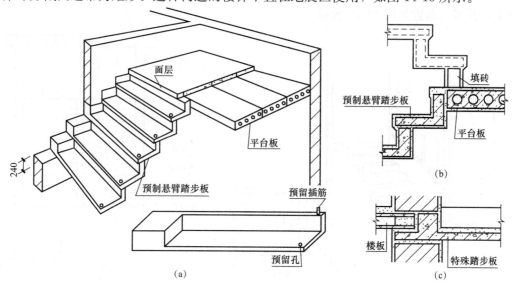

图 14-13　悬臂式钢筋混凝土楼梯

(a) 安装示意图；(b) 平台转弯处节点；(c) 遇楼板处节点

悬臂式楼梯是把预制的踏步板，根据设计依次砌入楼梯间侧墙，组成楼梯段。楼梯的平台板可以采用钢筋混凝土实心板、空心板和槽形板，搁置在楼梯间两侧墙体上。

②悬挂式楼梯。悬挂式楼梯踏步板的另一端是用金属拉杆悬挂在上部结构上，如图14-14所示。踏步板采用钢筋混凝土板，也可以用金属或木材制作，外观轻巧，但安装较复杂，要求精度较高；常用于单跑直楼梯和双跑直楼梯中，一般为小型建筑或非公共区域的楼梯所采用。

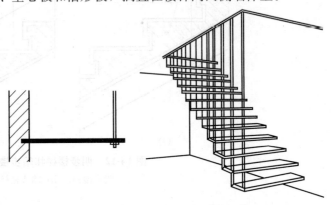

图14-14 悬挂式楼梯

（2）墙承式楼梯。墙承式楼梯是把预制的踏步板搁置在两侧的墙上，并按事先设计好的布置方案，依次升降、移动，最后形成楼梯段。此时，踏步板相当于一块简支板，摆脱了对平台梁的依赖，可以不设平台梁，以增加平台下面的净高。通常，可将墙承式楼梯踏步板做成L形，也可做成三角形。平台板常采用实心板，也可采用空心板和槽形板。为了确保行人的通行安全，应在楼梯间侧墙上设置扶手。

墙承式楼梯主要适用于两层建筑的直跑楼梯或中间设有电梯井道的三跑楼梯。平行双跑楼梯如果采用墙承式，必须在原楼梯井处设置承重墙，作为踏步板的支座，如图14-15所示。但楼梯间中部设墙之后，使楼梯间的空间感觉发生了很大的变化，阻挡了视线、光线，感觉空间狭窄了，在搬运大件家具设备时会感到不方便。为了解决梯段直接通视的问题，可以在楼梯井处墙体的适当部位开设若干洞口。

（3）梁承式楼梯。梁承式楼梯是装配而成的梁式楼梯，由踏步板、斜梁、平台梁和平台板等基本构件组成。一般是将踏步板搁置在斜梁上，而将斜梁搁置在平台梁上，平台梁搁置在两边侧墙上；平台板可以搁置在两边侧墙上，也可以一边搁在墙上，另一边搁在平台梁上，其平面布置如图14-16所示。

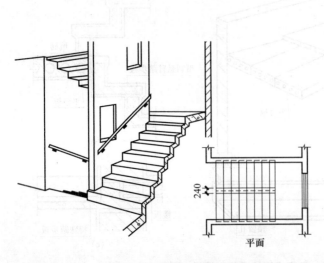

图14-15 墙承式楼梯

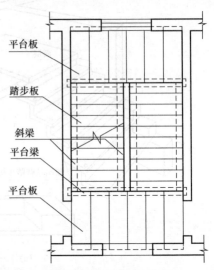

平台板
踏步板
斜梁
平台梁
平台板

图14-16 梁承式楼梯平面

梁承式楼梯的踏步板截面形式有三角形、正L形、反L形和一字形四种，斜梁截面形式有矩形、L形、锯齿形三种。

三角形踏步板配合矩形斜梁，拼装之后形成明步楼梯［图14-17（a）］，三角形踏步板配合L形斜梁，拼装之后形成暗步楼梯［图14-17（b）］。采用三角形踏步板的梁承式楼梯具有梯段底面平整的优点。一字形和L形踏步板应与锯齿形斜梁配合使用，当采用一字形踏步板时，一般用砖砌墙作为踏步的踢面［图14-17（c）］；当采用L形踏步板时，要求斜梁锯齿的尺寸和踏步板尺寸应相互配合、协调，避免出现踏步架空和倾斜的现象［图14-17（d）］。

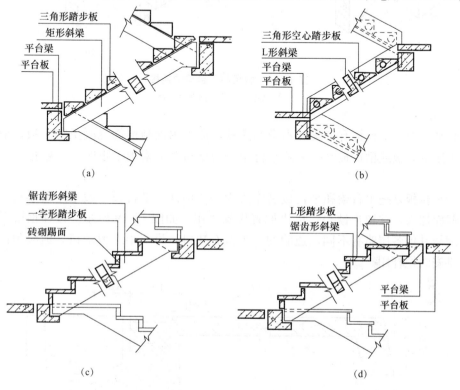

图14-17 梁承式楼梯

（a）三角形踏步板矩形斜梁；（b）三角形踏步板L形斜梁；
（c）一字形踏步板锯齿形斜梁；（d）L形踏步板锯齿形斜梁

预制踏步板与斜梁之间应由水泥砂浆铺垫，逐个叠置。锯齿形斜梁应预设插铁并与一字形及L形踏步板的预留孔插接。为了使平台梁下能留有足够的净高，平台梁一般做成L形截面。为确保二者连接牢固，斜梁搁置在平台梁挑出的翼缘部分，可以用插铁插接，也可以利用预埋件焊接，如图14-18所示。

梁承式楼梯的荷载由斜梁承担和传递，可适应梯段宽度较大、荷载较大、建筑层高较大的情况，适合在公共建筑中使用。

2. 中型及大型构件装配式楼梯

中型构件装配式楼梯一般由楼梯段、平台梁、中间平台板几个构件组合而成。大型构件装配式楼梯是将楼梯段与中间平台板一起组成一个构件，从而可以减少预制构件的种类和数量，简化施工过程，减轻劳动强度，加快施工速度，但施工时需用中型及大型吊装设备。大型构件装配式楼梯主要用于装配工业化建筑中。

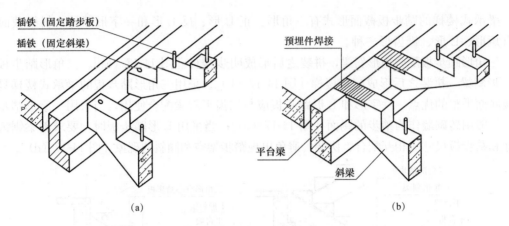

图 14-18　斜梁与平台梁的连接
(a) 插铁连接；(b) 预埋件焊接

（1）平台板。平台板有带梁和不带梁两种，常采用预制钢筋混凝土空心板、槽形板或平板。采用空心板或槽形板时，一般平行于平台梁布置；采用平板时，一般垂直于平台梁布置。

带梁平台板是把平台梁和平台板制作成为一个构件。平台板一般采用槽形板，其中一个边肋截面加大，并留出缺口，以供搁置楼梯段用，如图 14-19 所示。楼梯顶层平台板的细部处理与其他各层略有不同，边肋的一半留有缺口，另一半不留缺口。但应预留埋件或插孔，供安装栏杆用。

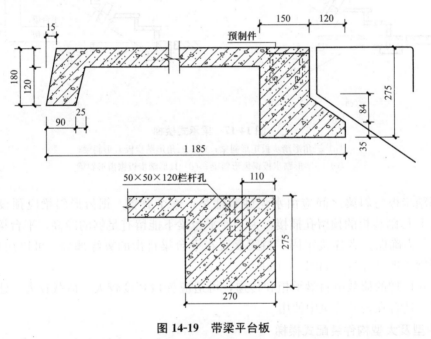

图 14-19　带梁平台板

（2）楼梯段。楼梯段按其构造形式的不同可分为板式和梁板式两种。

①板式楼梯段。板式楼梯段为一整块带踏步的单向板，有实心和空心之分。为了减轻楼梯的自重，一般沿板的横向抽孔，孔形可为圆形或三角形，形成空心楼梯段。板式楼梯

段类似于明步楼梯，底面平整，适用于住宅、宿舍建筑。

②梁板式楼梯段。梁板式楼梯段是在预制梯段的两侧设斜梁，梁板形成一个整体构件，一般比板式楼梯段节省材料。为了进一步节省材料、减轻构件自重，一般需设法对踏步截面进行改造，常用的方法有：在踏步板内留孔，或把踏步板踏面和踢面相交处的凹角处理成小斜面。

（3）踏步板与梯斜梁的连接。一般在梯斜梁支承踏步板处用水泥砂浆坐浆连接。如需加强，可在梯斜梁上预埋插筋，与踏步板支承端预留孔插接，用高强度水泥砂浆填实，如图 14-20 所示。

（4）楼梯段与平台梁的连接。楼梯段与平台梁的连接通常采用先坐浆，然后将楼梯段与平台梁内的预埋钢板焊接，以保证接缝处的密实牢固；也可采用承插式连接，将平台或平台梁上的预埋筋插入楼梯段的预留孔内，然后再灌浆（图 14-21）。

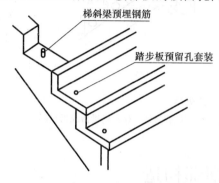

图 14-20　踏步板与梯斜梁的连接

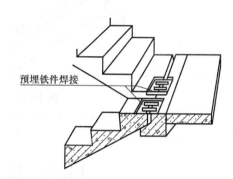

图 14-21　楼梯段与平台梁的连接

（5）楼梯段与楼梯基础的连接。房屋底层第一梯段的下部应设基础，其基础的形式一般为条形基础，可采用砖石砌筑或浇筑混凝土，也可采用平台梁代替，如图 14-22 所示。

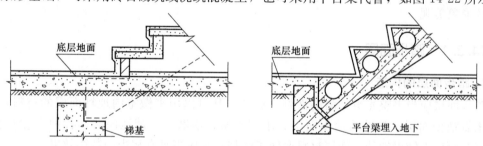

图 14-22　楼梯段与楼梯基础的连接

14.2.4　钢筋混凝土楼梯起止步的处理

为了节省楼梯所占空间，上行和下行梯段最好在同一位置起步和止步。由于现浇钢筋混凝土楼梯是在现场绑扎钢筋的，因此可以顺利地做到这一点，如图 14-23（a）所示。预制装配式楼梯为了减少构件的类型，往往要求上行和下行梯段应在同一高度进入平台梁，容易形成上、下梯段错开一步或半步起止步的局面［图 14-23（b）］，对节省面积不利。为了解决这个问题，可以把平台梁降低［图 14-23（c）］或把斜梁做成折线形［图 14-23（d）］。在处理此处构造时，应根据工程实际选择合适的方案，并与结构专业配合好。

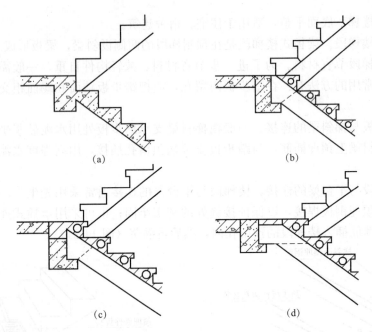

图 14-23　楼梯起止步的处理
（a）现浇楼梯同时起止步；（b）踏步错开一步；（c）平台梁位置降低；（d）斜梁做成折线形

14.3　楼梯的细部构造

楼梯是建筑中与人体接触频繁的构件，最易受到人为因素的破坏。施工时，应对楼梯的踏步面层、踏步细部、栏杆和扶手进行适当的构造处理，以保证楼梯的正常使用和保持建筑的形象美观。

14.3.1　踏步面层

1. 踏步面层的构造

踏步面层应当平整光滑，耐磨性好。通常，凡可以用来做室内地坪面层的材料，均可以用来做踏步面层，常见的踏步面层有水泥砂浆、水磨石、铺地面砖、各种天然石材等，还可以在面层上铺设地毯。面层材料要便于清扫，并应当具有相当的装饰效果。

中型、大型装配式钢筋混凝土楼梯，如果是用钢模板制作的，由于其表面比较平整光滑，为了节省造价，一般直接使用，不再另做面层。

2. 踏步面层的防滑处理

因为踏步面层比较光滑且尺度较小，行人容易滑跌，在人流集中的建筑或紧急情况下，发生这种现象是非常危险的，因此，在踏步前缘应有防滑措施，以提高踏步前缘的耐磨程度。

在踏步板上设置防滑条可避免行人滑倒，并起到保护阳角的作用。在人流量较大的楼梯中均应设置，其位置应靠近踏步阳角处。常用的防滑条材料有水泥铁屑、金刚砂、金属条、陶瓷马赛克及带防滑条缸砖等，如图 14-24 所示。防滑条应凸出踏步面 2～3 mm，但不能太高。

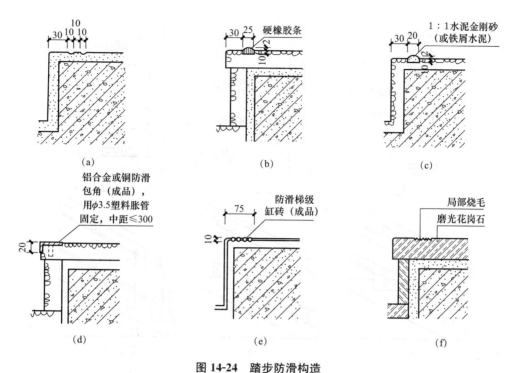

图 14-24　踏步防滑构造

（a）水泥砂浆踏步留防滑槽；（b）橡胶防滑；（c）水泥金刚砂防滑条；
（d）铝合金或铜防滑包角；（e）缸砖面踏步防滑砖；（f）花岗石踏步烧毛防滑条

14.3.2　栏杆与扶手

1. 栏杆的形式与构造

栏杆的形式可分为空花式、栏板式、混合式等类型。

（1）空花式栏杆。多采用扁钢、圆钢、方钢及钢管等金属型材焊接而成，其杆件形成的空花尺寸不宜过大，通常控制在 120～150 mm，供少年儿童使用的楼梯尤应注意。在住宅、幼儿园、小学等建筑中不宜做易攀爬的横向栏杆。

（2）栏板式栏杆。取消了杆件，一般采用砖钢丝网水泥、钢筋混凝土、有机玻璃或钢化玻璃等材料制作。当采用砖砌栏板时，宜采用高强度等级的水泥砂浆砌筑 1/2 砖、1/4 砖栏板，并在适当部位加设拉筋，在顶部浇筑钢筋混凝土把它连成整体，以加强强度。

（3）混合式栏杆。它是指空花式和栏板式两种栏杆的组合（图 14-25）。栏杆作为主要的抗侧力构件，常采用钢材或不锈钢等材料。栏板则作为防护和美观装饰构件，常采用轻质美观材料制作，如木板、塑料贴面、铝板、有机玻璃或钢化玻璃等。

2. 扶手的类型与设置

扶手可以用优质硬木、金属型材（钢管、不锈钢、铝合金等）、工程塑料及水泥砂浆抹灰、水磨石、天然石材等材料制作，常见的扶手类型如图 14-26 所示。室外楼梯不宜使用木扶手，以免淋雨后变形和开裂。不论何种材料的扶手，其表面必须光滑、圆顺，便于使用者扶持。绝大多数扶手是连续设置的，接头处应当仔细处理，使之平滑过渡。

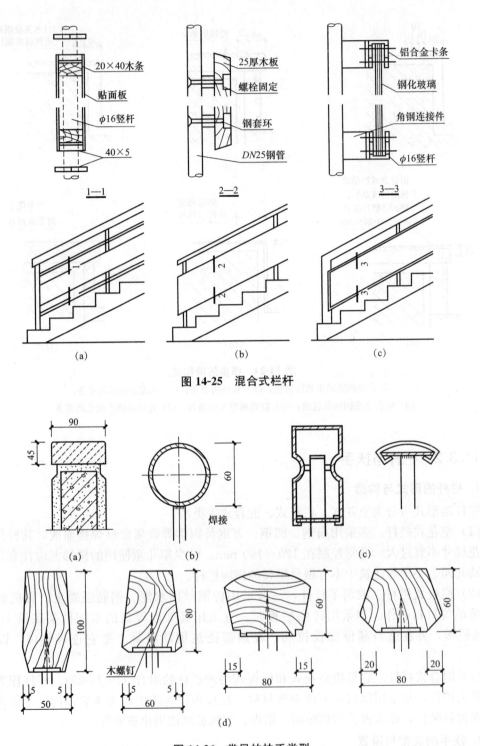

图 14-25 混合式栏杆

图 14-26 常见的扶手类型

(a) 石材扶手；(b) 金属管扶手；(c) 塑料扶手；(d) 木扶手

金属扶手通常与栏杆焊接，抹灰类扶手是在栏板上端直接饰面。木扶手和塑料扶手在安装之前应事先在栏杆顶部设置通长的斜倾扁铁，扁铁上预留安装钉孔，然后把扶手安放在扁铁上，并固定好。托儿所、幼儿园等以儿童为主要使用对象的建筑，为了满足成人与儿童共用楼梯的要求，一般在距踏步 600 mm 处再加设一道扶手，如图 14-27 所示。

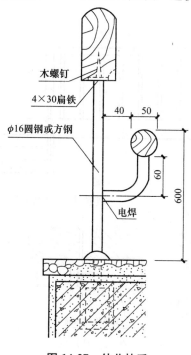

图 14-27　幼儿扶手

3. 栏杆、扶手的连接

（1）栏杆与扶手的连接。当采用金属栏杆与金属扶手时，一般采用焊接或铆接的方法；当采用金属栏杆，扶手为木材或硬塑料，一般在栏杆顶部设通长扁铁与扶手底面或侧面槽口连接，用木螺钉固定。

（2）栏杆与梯段及平台的连接。栏杆与梯段、平台的连接方式一般是在梯段和平台上预埋钢板焊接或预留孔插接。为了保护栏杆免受锈蚀和增强美观，常在竖杆下部装设套环，覆盖住栏杆与梯段或平台的接头处，如图 14-28 所示。

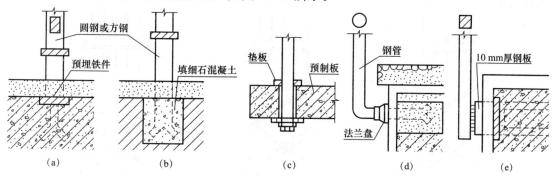

图 14-28　栏杆与梯段、平台连接

（a）梯段内预埋铁件；（b）梯段预留孔砂浆固定；（c）预留孔螺栓固定；（d）踏步两侧预留孔；（e）踏步两侧预埋铁件

（3）扶手与墙面的连接。当直接在墙上装设扶手时，扶手应与墙面保持 100 mm 左右的距离。一般在砖墙上留洞，将扶手连接杆件伸入洞内，用细石混凝土嵌固。当扶手与钢筋混凝土墙或柱连接时，一般采取预埋钢板焊接。在扶手结束处与墙、柱面相交，也应有可靠连接，如图 14-29 所示。

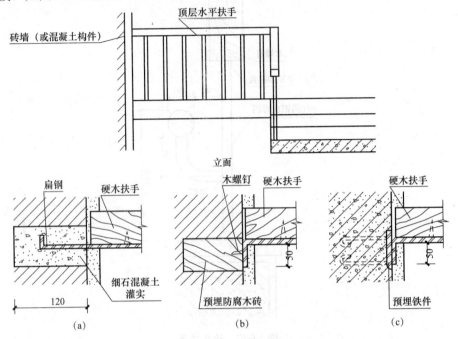

图 14-29 扶手端部与墙（柱）的连接

（a）预留孔洞插接；（b）预埋防腐木砖用木螺钉连接；（c）预埋铁件焊接

4. 楼梯转弯处扶手高差的处理

上行和下行梯段的扶手在平台转弯处往往存在高差，应进行调整和处理。当上行和下行梯段在同一位置起止步时，可以把楼梯井处的横向扶手倾斜设置，并连接上下两段扶手 [图 14-30（a）]，如果把平台处栏杆外伸约 1/2 踏步或将上下梯段错开一个踏步，就可以使扶手顺利连接 [图 14-30（b）、（c）]。但这种做法栏杆占用平台尺寸较多，楼梯的占用面积也要增加。

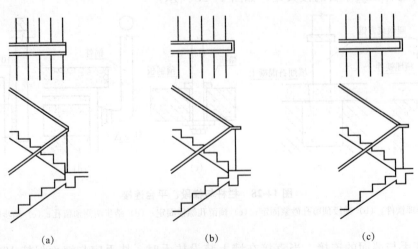

图 14-30 楼梯转弯处扶手高差的处理

（a）设横向倾斜扶手；（b）栏杆外伸；（c）上、下梯段错开一个踏步

14.4 电梯及自动扶梯

电梯、自动扶梯是目前房屋建筑工程中常用的建筑设备。电梯多用于多层及高层建筑中，但有些建筑虽然层数不多，由于建筑级别较高或使用的特殊需要，往往也设置电梯，如高级宾馆、医院、多层仓库等。部分高层及超高层建筑，为了满足疏散和救火的需要，还要设置消防电梯。自动扶梯主要用于人流集中的大型公共建筑，如大型商场、展览馆、火车站、航空港等。

14.4.1 电梯的分类与组成

1. 电梯的分类

（1）按照电梯的用途分类。根据用途的不同，电梯可以分为乘客电梯、住宅电梯、消防电梯、病床电梯、客货电梯、载货电梯、杂物电梯等。

（2）按照电梯的拖动方式分类。根据动力拖动方式的不同，电梯可以分为交流拖动（包括单速、双速、调速）电梯、直流拖动电梯、液压电梯等。

（3）按照电梯的消防要求分类。根据消防要求，电梯可以分为普通乘客电梯和消防电梯。

目前，多采用载重量作为划分电梯的规格标准，如 400 kg、1 000 kg、2 000 kg 等，而不用载客人数来划分电梯规格。电梯的载重量和运行速度等技术指标，在生产厂家的产品说明书中均有详细指示。

2. 电梯的组成

电梯通常由电梯井道、电梯轿厢和运载设备三部分组成，如图 14-31 所示。不同的厂家提供的设备尺寸、运行速度及对土建的要求都不同，在设计时应按厂家提供的产品尺寸进行设计。电梯按照构造，分为井道、门套和机房三部分。

（1）电梯井道。电梯井道是电梯轿厢运行的通道。井道内部设置电梯导轨、平衡配重等电梯运行配件，并设有电梯出入口。电梯井道可以用砖砌筑，也可以采用现浇钢筋混凝土井道。砖砌井道在竖向一般每隔一段距离设置钢筋混凝土圈梁，供固定导轨等设备用。井道的净宽、净深尺寸应当满足电梯生产厂家提出的安装要求。

井道是高层建筑穿通各层的垂直通道，其围护构件应根据有关防火规定设计，较多采用钢筋混凝土墙。高层建筑的电梯井道内，超过两部电梯时应用墙隔开。为了减轻机器运行时对建筑物产生振动和噪声，应采取适当的隔振及隔声措施。一般情况下，只在机房和机座设置弹性垫层以达到隔振和隔声的目的。电梯运行速度超过 1.5 m/s 者，除设弹性垫层外，还应在机房与井道间设隔声层，高度为 1.5～1.8 m，如图 14-32 所示。电梯井道应设排烟通风口，考虑到电梯运行中井道内空气的流向，运行速度在 2 m/s 以上的乘客电梯，应在井道的顶部和底坑设不小于 300 mm×600 mm 的通风孔，上部可以和排烟孔相结合；层数较高的建筑，中间可酌情增加通风孔。

为便于井道内安装、检修和缓冲，井道的上下均须留有必要的空间。井道底坑壁及坑底均须考虑防水处理。消防电梯的井道底坑还应有排水设施。为便于检修，须考虑坑壁设置爬梯和检修灯槽，坑底位于地下室时，宜从侧面开一检查用小门，坑内预埋件按电梯厂家要求确定。

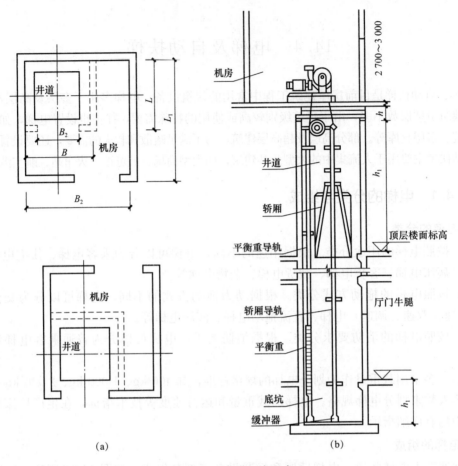

图 14-31 电梯组成示意

(a) 平面；(b) 剖面

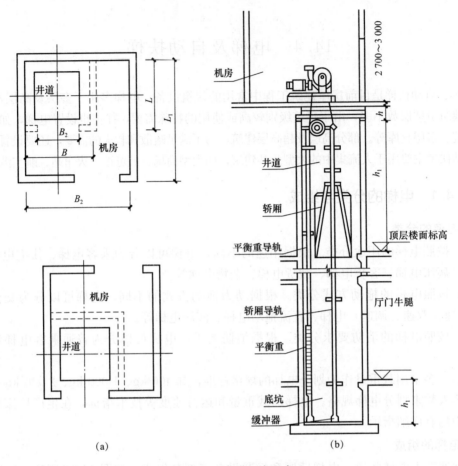

图 14-32 机房隔声层

　　另外，电梯井道应只供电梯使用，不允许布置无关的管线。速度超过 2 m/s 的载客电梯，应在井道顶部和底部设置不小于 600 mm×600 mm 带百叶窗的通风孔。

　　（2）电梯门套。电梯井道出入口的门套应当进行装修，其做法应与电梯厅的装修统一考虑，可用水泥砂浆抹灰、水磨石或木板装修；高级的可采用大理石或金属装修，如图 14-33 所示。

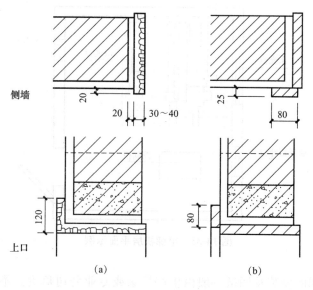

图 14-33　电梯门套的构造

（a）水磨石门套；（b）大理石门套

　　电梯门一般为双扇推拉门，宽为 800～1 500 mm，有中央分开推向两边和双扇推向同一边两种。电梯出入口地面应设置地坎，并向电梯井道内挑出牛腿。推拉门的滑槽通常安置在门套下楼板边梁处如牛腿状挑出部分，如图 14-34 所示。

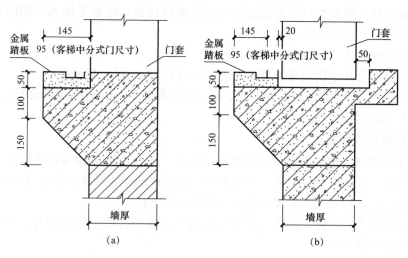

图 14-34　电梯井地面的牛腿

（a）预制钢筋混凝土；（b）现浇钢筋混凝土

　　（3）电梯机房。电梯机房一般设置在电梯井道的顶部，也有少数设在底层井道旁边。机房平面尺寸须根据机械设备尺寸的安排及管理、维修等需要决定，一般至少有两个面每边扩出 600 mm 以上的宽度，高度多为 2.7～3.0 m。通往机房的通道、楼梯和门的宽度应不小于 1.2 m。

　　机房围护构件的防火要求应与井道一样；为了便于安装和修理，机房的楼板应按机器设备要求的部位预留孔洞。电梯机房平面示例，如图 14-35 所示。

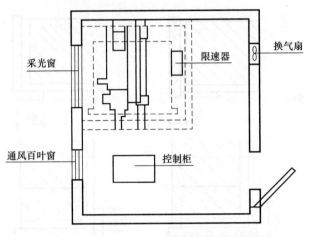

图 14-35 电梯机房平面示例

电梯及自动扶梯的安装及调试一般由生产厂家或专业公司负责。不同厂家提供的设备尺寸、规格和安装要求均有所不同，土建专业应按照厂家的要求预留出足够的安装空间和设备的基础设施。

14.4.2 消防电梯

1. 消防电梯的设置条件

消防电梯是在火灾发生时供运送消防人员及消防设备，抢救受伤人员用的垂直交通工具。下列建筑应设置消防电梯：

（1）建筑高度大于 33 m 的住宅建筑。

（2）一类高层公共建筑和建筑高度大于 32 m 的二类高层公共建筑。

（3）设置消防电梯的建筑地下或半地下室，埋深大于 10 m，且总建筑面积大于 3 000 ㎡的其他地下或半地下建筑（室）。

2. 消防电梯的设置要求

消防电梯的数量与建筑主体每层建筑面积有关，多台消防电梯在建筑中应设置在不同的防火分区之内。消防电梯的布置、动力系统、运行速度和装修及通信等均有特殊的要求。

（1）符合消防电梯要求的客梯或货梯可兼作消防电梯。

（2）除设置在仓库连廊、冷库穿堂或谷物筒仓工作塔内的消防电梯外，消防电梯应设置前室，并符合下列规定：

①前室宜靠外墙设置，并应在首层直通室外或经过长度不大于 30 m 的通道向室外；

②前室的使用面积不应小于 6 ㎡；与防烟楼梯间合用的前室，应符合《建筑设计防火规范》（GB 50016—2014）的相关规定；

③除前室的出入口、前室内设置的正压送风口和《建筑设计防火规范》（GB 50016—2014）中规定的户门外，前室内不应开设其他门、窗、洞口；

④前室或合用前室的门应采用乙级防火门，不应设置卷帘。

（3）消防电梯井、机房与相邻电梯井、机房之间应设置耐火极限不低于 2 h 的防火隔墙，隔墙上的门应采用甲级防火门。

（4）消防电梯的井底应设置排水设施，排水井的容量不应小于 2 ㎥，排水泵的排水量不应小于 10 L/s。消防电梯间前室的门口宜设置挡水设施。

（5）消防电梯应符合下列规定：

①应能每层停靠；

②电梯的载重量不应小于 800 kg；

③电梯从首层至顶层的运行时间不宜大于 60 s；

④电梯的动力与控制电缆、电线、控制面板应采取防水措施；

⑤在首层的消防电梯入口处应设置供消防员专用的操作按钮；

⑥电梯轿厢的内部装修应采用不燃材料；

⑦电梯轿厢内部应设置专用消防对讲电话。

14.4.3　自动扶梯

自动扶梯是人流集中的大型公共建筑常用的建筑设备。在大型商场、展览馆、火车站、航空港等建筑设置自动扶梯，会对方便使用者、疏导人流起到很大的作用。有些占地面积大、交通量大的建筑还要设置自动人行道，以解决建筑内部的长距离水平交通问题。

1. 自动扶梯的构造

自动扶梯由电动机械牵引，机房悬挂在楼板的下方，踏步与扶手同步，可以正向、逆向运行，在机械停止运转时，自动扶梯可作为普通楼梯使用。

2. 自动扶梯的尺寸

自动扶梯的电动机械装置设置在楼板下面，需占用较大的空间；底层需设置地坑，以供安放机械装置用，并作防水处理。自动扶梯在楼板上应预留足够的安装洞，图 14-36 所示是自动扶梯的基本尺寸。具体尺寸应查阅电梯生产厂家的产品说明书。不同的生产厂家，自动扶梯的规格尺寸也不相同。

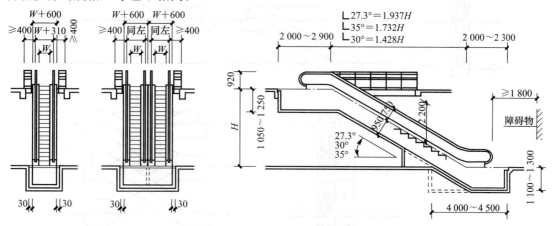

图 14-36　自动扶梯的基本尺寸

3. 自动扶梯的布置

（1）布置要求。自动扶梯应设在大厅最为明显的位置。自动扶梯的角度有 27.3°、30°、35°三种，但是，30°是优先选用的角度，布置扶梯时，应尽可能采用这种角度。

（2）布置方式。自动扶梯一般设在室内，也可以设在室外。根据自动扶梯在建筑中的位置及建筑平面布局，自动扶梯的布置方式主要有以下几种：

①并联排列式。楼层交通乘客流动可以连续，升降两个方向交通均分离清楚，外观豪华，但安装面积大，如图14-37（a）所示。

②平行排列式。安装面积小，但楼层交通不连续，如图14-37（b）所示。

③串联排列式。楼层交通乘客流动可以连续，如图14-37（c）所示。

④交叉排列式。乘客流动升降两方向均为连续，且搭乘场地相距较远，升降客流不发生混乱，安装面积小，如图14-37（d）所示。

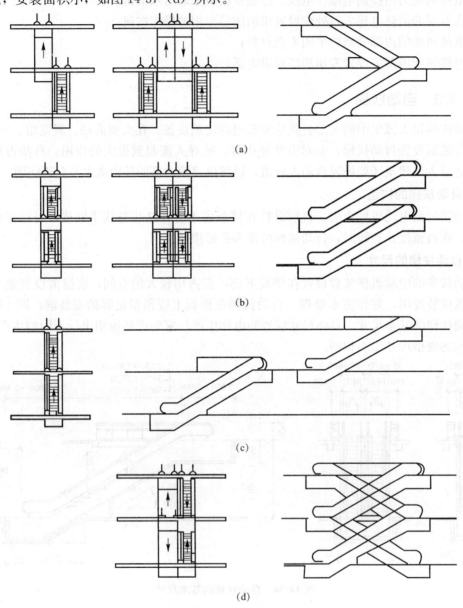

(a)

(b)

(c)

(d)

图14-37　自动扶梯布置方式

（a）并联排列式；（b）平行排列式；（c）串联排列式；（d）交叉排列式

　　由于自动扶梯在安装及运行时，需要在楼板上开洞，此处楼板已经不能起到分隔防火分区的作用。如果上下两层建筑面积总和超过防火分区面积要求，应按照防火要求用防火卷帘封闭自动扶梯井。

14.5 室外台阶和坡道

建筑入口处解决室内外的高差问题主要靠台阶与坡道。若为人流交通，则应设台阶和残疾人坡道；若为机动车交通，则应设机动车坡道或台阶和坡道相结合。

台阶和坡道通常位于建筑的主入口处。台阶和坡道除了适用以外，还要求造型优美，如图 14-38 所示。

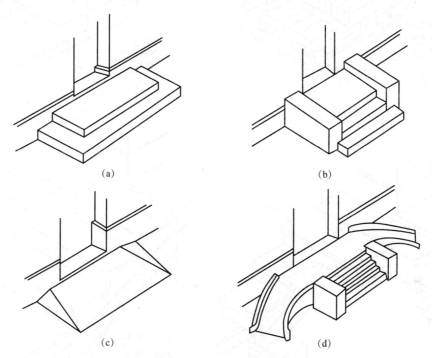

图 14-38 台阶与坡道

（a）三面踏步式；（b）单面踏步式；（c）坡道式；（d）踏步坡道结合式

14.5.1 台阶

台阶由踏步和平台组成，室外台阶有单面踏步、三面踏步等形式，有时也会和坡道一起组合，用于医院、旅馆、办公楼等建筑；若是室内台阶，其踏步数不应少于两级。

室外台阶的坡度比楼梯平缓，踏步尺寸一般为踏面宽 300～400 mm，踏步高 100～150 mm；平台设置在出入门和踏步之间，起缓冲之用，深度一般不小于 1 000 mm。为防止雨水积聚并溢入室内，平台标高应比室内地面低 30～500 mm，并向外找坡 1%～4%，以利于排水。

室外台阶应坚固耐磨，具有良好的耐久性、抗冻性、抗水性。台阶按材料不同有混凝土台阶、石台阶、钢筋混凝土台阶和砖砌台阶等，如图 14-39 所示。室外台阶由面层和结构层组成，台阶基础有就地砌筑、勒脚挑出、桥式三种；面层常见的有水泥砂浆、水磨石、地砖以及天然石材等。为防止建筑物沉降时拉裂台阶，应在建筑物主体沉降趋于基本均匀后再做台阶。

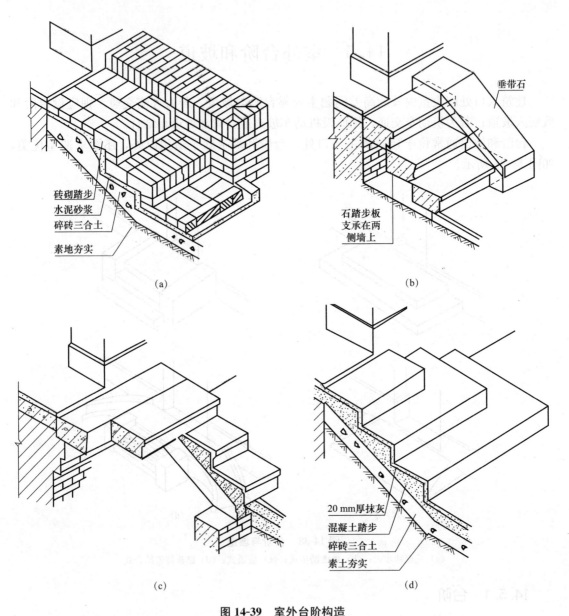

砖砌踏步
水泥砂浆
碎砖三合土
素地夯实

垂带石

石踏步板
支承在两
侧墙上

(a)

(b)

20 mm厚抹灰
混凝土踏步
碎砖三合土
素土夯实

(c)

(d)

图 14-39　室外台阶构造

(a) 砖砌台阶；(b) 料石砌台阶；(c) 钢筋混凝土架空台阶；(d) 混凝土台阶

14.5.2　坡道

建筑入口处有车通行或要求无障碍设计时应采用坡道，如图 14-40 所示。

坡道多为单坡式，有时也有三坡，但不常见。坡道的坡度设置应以有利于车辆通行为依据。一般是 1/12～1/6；供轮椅使用的坡道坡度不应大于 1/12，且两侧应设 0.85 m 及 0.65 m 高扶手，地面平整且能防滑。

坡道也应采用坚固耐磨，具有良好的耐久性、抗冻性、抗水性的材料制作，一般采用混凝土或石材做面层，混凝土做结构层。坡道的坡度相对较大或对防滑要求较高时，坡道上应设防滑措施，如设锯齿形坡道、设防滑条、压防滑槽等。

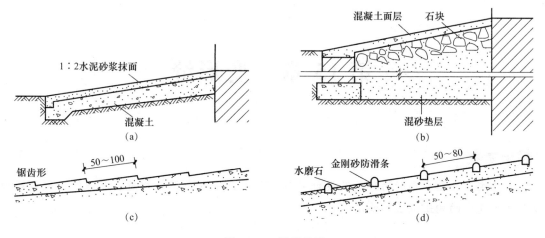

图 14-40 坡道构造

(a) 混凝土坡道；(b) 石坡道；(c) 锯齿混凝土防滑坡道；(d) 防滑条坡道

本章小结

1. 楼梯是建筑物中的垂直交通部分，由楼梯段、楼梯平台及栏杆和扶手三部分组成。楼梯中最常见的形式是平行双跑楼梯。

2. 楼梯段、平台的宽度按人流股数确定；踏步尺寸与人的步距有关，一般取值为 $b+h=450$（mm），或 $b+2h=600\sim620$（mm）。

3. 钢筋混凝土楼梯按施工方法不同，主要有现浇整体式和预制装配式两类。现浇钢筋混凝土楼梯按梯段的结构形式不同，可分为板式楼梯和梁式楼梯两种。装配式楼梯分为小型构件装配式和中型及大型构件装配式。

4. 电梯是高层建筑不可缺少的重要垂直交通设施。电梯一般由电梯井道、电梯轿厢、运载设备三个主要的部分组成。

5. 台阶和坡道通常位于建筑的主入口处。台阶由踏步和平台组成。建筑入口处有车通行或要求无障碍设计时应采用坡道。坡道上的防滑措施可采取设锯齿形坡道、设防滑条、压防滑槽等。

复习思考题

1. 楼梯的组成部分有哪些？各组成部分的要求及作用是什么？

2. 常见的楼梯主要形式有哪些？其适用范围有哪些？

3. 楼梯的设计要求主要有哪些？如何进行楼梯设计？

4. 钢筋混凝土楼梯常见的形式有哪些？各自有什么特点？

5. 电梯的组成部分有哪些？常用的电梯类型有哪些？

6. 台阶与坡道的形式有哪些？

7. 某住宅楼的层高为 3.0 m，楼梯间开间 2.7 m，进深 5.4 m。试设计一平行双跑楼梯，要求在休息平台下作出入口。

第15章 变形缝

本章主要介绍变形缝的种类及设计的基本要求，重点介绍伸缩缝、沉降缝、抗震缝以及施工后浇带的构造做法和要求。

由于受到气温变化、荷载及地基承载能力不均、地震等外界因素的影响，建筑物结构内部产生附加应力和变形，往往会导致建筑物产生裂缝，甚至倒塌破坏的现象。为了减少这些不利因素的影响，通常采用预留缝的办法。这种将建筑物分为几个独立部分的预留缝即变形缝。变形缝因其功能的不同，可分为伸缩缝、沉降缝和抗震缝三种。

目前，在现浇钢筋混凝土建筑中。为了简化构造做法，防止缝对建筑立面外观的影响，常采用"后浇带"的做法代替变形缝。

15.1 伸缩缝

15.1.1 伸缩缝的设置

建筑物因热胀冷缩而在结构内产生附加应力，其大小与建筑物的长度呈正比。当建筑物的长度超过一定限度时，建筑物就会因应力过大而产生裂缝，甚至破坏，为避免出现这种现象，设计和施工中，用缝将建筑物沿长度方向分成几个独立的区段，并使每一段的长度都不超过允许的限值，这种为适应温度变化而设置的缝称为伸缩缝或温度缝。

建筑物的基础由于埋在地下，温度变化不大，因此，不需要设伸缩缝，伸缩缝要求从基础顶面开始将墙体、楼地层、屋顶全部断开。

伸缩缝的最大间距，可以根据砌体结构和钢筋混凝土结构设计规范查得，参见表 15-1 或表 15-2。

表 15-1　砌体房屋伸缩缝的最大间距　　　　　　　　　　　　　　　　　m

屋盖或楼盖类别		间距
整体式或装配整体式钢筋混凝土结构	有保温层或隔热层的屋盖、楼盖	50
	无保温层或隔热层的屋盖	40
装配式无檩体系钢筋混凝土结构	有保温层或隔热层的屋盖	60
	无保温层或隔热层的屋盖	50

屋盖或楼盖类别		间距
装配式有檩体系钢筋混凝土结构	有保温层或隔热层的屋盖	70
	无保温层或隔热层的屋盖	60
瓦材屋盖、木屋盖或楼盖、轻钢屋盖		100

注：1. 对烧结普通砖、烧结多孔砖、配筋砌块砌体房屋，取表中数值，对石砌体、蒸压灰普通砖、蒸压粉煤灰普通砖、混凝土砌体、混凝土普通砖和混凝土多孔砖房屋，取表中数值乘以 0.8 的系数，当墙体有可靠外保温措施时，其间距可取中数值；
　　2. 在钢筋混凝土屋面上挂瓦的屋盖应按钢筋混凝土屋盖采用；
　　3. 层高大于 5 m 的烧结普通砖、烧结多孔砖、配筋砌体砌体结构单层房屋，其伸缩缝间距可按表中数值乘以 1.3；
　　4. 温差较大且变化频繁地区和严寒地区不采暖的房屋及构筑物墙体的伸缩缝的最大间距，应按表中的数值予以适当减小；
　　5. 墙体的伸缩缝应与结构的其他变形缝相重合，缝宽度应满足各种变形缝的变形要求；在进行立面处理时，必须保证缝隙的变形作用。

表 15-2　钢筋混凝土结构伸缩缝的最大间距　　　　　　　　　　　　　　m

结构类别		室内或土中	露天
排架结构	装配式	100	70
框架结构	装配式	75	50
	现浇式	55	35
剪力墙结构	装配式	65	40
	现浇式	45	30
挡土墙、地下室墙壁等类结构	装配式	40	30
	现浇式	30	20

注：1. 装配整体式结构的伸缩缝间距，可根据结构的具体情况取表中装配式结构与现浇结构之间的数值；
　　2. 框架-剪力墙结构或框架-核心筒结构房屋的伸缩间距，可根据结构的具体情况取表中框架结构与剪力墙结构之间的数值；
　　3. 当屋面无保温或隔热措施时，框架结构、剪力墙结构的伸缩缝间距宜按表中露天栏的数据取用；
　　4. 现浇挑檐、雨罩等外露结构的局部伸缩缝间距不宜大于 12 m。

15.1.2　伸缩缝的宽度

伸缩缝及其他变形缝的宽度见表 15-3。

表 15-3　变形缝宽度　　　　　　　　　　　　　　mm

名称	适用情况		宽度
伸缩缝	一般工业与民用建筑砖墙承重梁板		20~30
	一般民用建筑框架结构		20~30
沉降缝	一般地基	$H<5$ m	30
		$5<H<10$ m	50
		$10<H<15$ m	70
	软弱地基	2~3 层	50~80
		4~5 层	80~120
		5 层以上	>120
	湿陷性黄土地基		≥50

名称	适用情况		宽度
抗震缝	混合结构多层房屋		50～90
	单层钢筋混凝土及砖柱厂房、空旷砖房		50～70
	多层框架	$H \leqslant 15$ m	70
		$H > 15$ m 在 $B=70$ 的基础上：	
		设计烈度7度，每增高4 m增	20
		设计烈度8度，每增高3 m增	20
		设计烈度9度，每增高2 m增	20

注：H 为建筑物高度。

15.1.3 伸缩缝的构造

1. 墙体伸缩缝构造

为保证伸缩缝两侧的房屋在水平方向自由伸缩，并避免风、雨对室内的影响，外墙伸缩缝内应填塞经防腐处理过的有弹性而不渗水的材料，如沥青麻丝、沥青木丝板、泡沫塑料、橡胶条或油膏等。伸缩缝一般做成平口缝、错口缝或企口缝的形式，外墙面的缝应用镀锌薄钢板盖缝，内墙面则用木制或金属盖缝条盖缝，如图15-1所示。

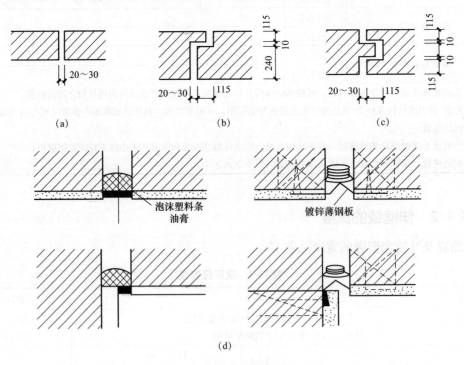

图 15-1 伸缩缝构造
(a) 平缝；(b) 错口缝；(c) 凹凸缝；(d) 外墙伸缩缝构造

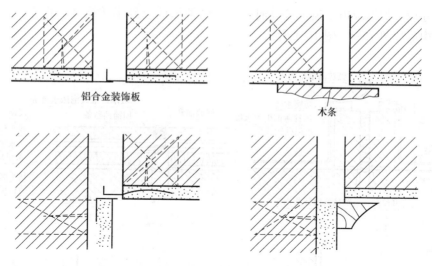

铝合金装饰板

木条

图 15-1 伸缩缝构造（续）

（e）内外墙伸缩缝构造

2. 楼地层、顶棚的伸缩缝构造

在楼地层的伸缩缝处，结构层和面层均要断开，并在面层边用角钢将两边端头封挡；再用可压缩变形材料，如油膏、橡胶、金属或塑料调节片等作封缝处理，最后在缝上铺活动钢板或硬橡胶盖板。楼地面、顶棚处伸缩缝构造，如图 15-2 所示。

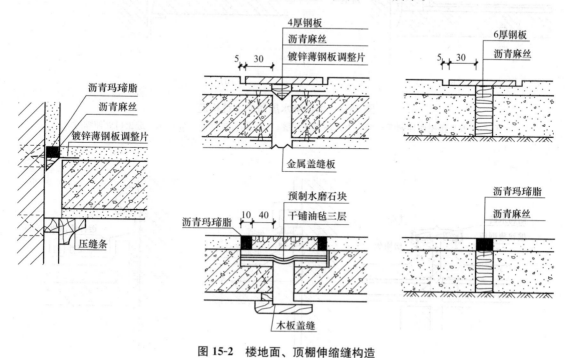

图 15-2 楼地面、顶棚伸缩缝构造

3. 屋面伸缩缝构造

当屋面伸缩缝的两侧等高时，在缝两侧屋面上砌筑≥250 mm 高的半砖矮墙，并做好防水、泛水处理。如缝两边屋顶不等高时，应在低侧屋面上砌半砖矮墙，再作泛水处理。屋面伸缩缝构造如图15-3、图15-4所示。

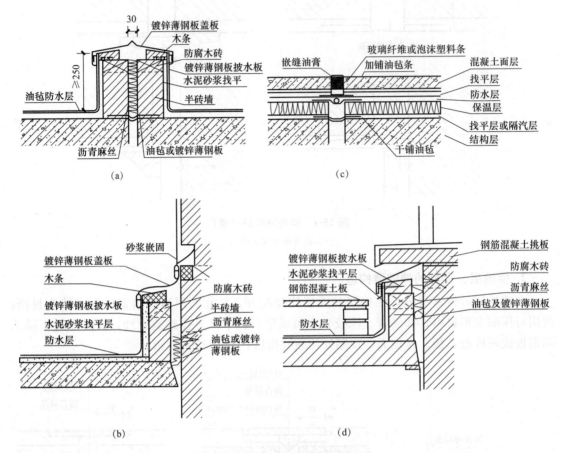

图 15-3　柔性防水屋面伸缩缝构造

（a）一般平接屋面伸缩缝；（b）上人屋面伸缩缝；（c）高低缝处伸缩缝；（d）进出口处伸缩缝

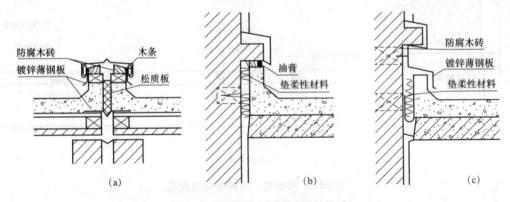

图 15-4　刚性防水屋面伸缩缝构造

（a）刚性屋面伸缩缝；（b）高低缝处伸缩缝；（c）高低缝处伸缩缝

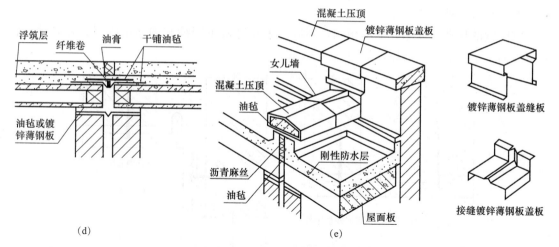

图 15-4 刚性防水屋面伸缩缝构造（续）

(d) 上人屋面伸缩缝；(e) 伸缩缝立体图

15.2 沉降缝

15.2.1 沉降缝的设置

为防止不均匀沉降对建筑物的影响所设置的缝称为沉降缝。沉降缝应设在建筑物的下列部位：

(1) 建筑物的高差、荷载差异较大处；

(2) 建筑物平面的转折处；

(3) 地基土的压缩性较大或有显著不均匀处；

(4) 新、旧建筑物毗邻处，分期建设相连处；

(5) 结构形式不同处。

当采用以下措施时，高层部分与裙房之间可连接为整体而不设沉降缝：

(1) 采用桩基、桩支承在基岩上；或采取减少沉降的有效措施并经计算，沉降差控制在允许范围内。

(2) 主楼与裙房采用不同的基础形式，并宜先施工主楼，后施工裙房，调整土压力使后期二者沉降基本接近。

(3) 地基承载力较高、沉降计算较为可靠时。主楼与裙房的标高预留沉降差，先施工主楼，后施工裙房，使最后两者标高基本一致。

在上述三种情况下，施工时应在主楼与裙房之间先留出后浇带，待沉降基本稳定后再连为整体；设计中应考虑后期沉降差的不利影响。

15.2.2 沉降缝的宽度

沉降缝的宽度与地基情况和建筑物的高度有关，一般为 70 mm 左右，详见表 15-3。

15.2.3 沉降缝的构造

沉降缝应保证建筑物垂直方向自由变形，所以应从建筑物的基础到屋顶全部断开，沉降缝两侧是各自独立的单元。

沉降缝的构造与伸缩缝基本相同,不同之处是基础沉降缝和墙面沉降缝处,必须保证垂直方向上下移动而不破坏,如图 15-5 所示。

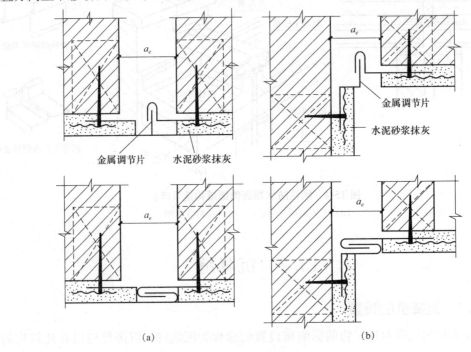

图 15-5 墙身沉降缝构造

沉降缝处的基础处理有悬挑式、双墙式和交叉式三种方法,如图 15-6 所示。

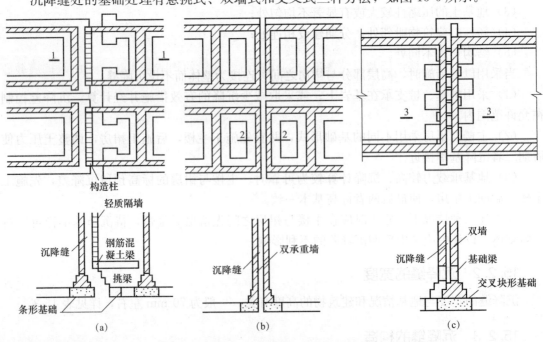

图 15-6 沉降缝处的基础处理

(a) 悬挑式;(b) 双墙式;(c) 交叉式

15.3 抗震缝

15.3.1 抗震缝的设置

在地震烈度为 7～9 度的地震区，当建筑物体型比较复杂（如"L"形、"T"形、"工"字形等），或者当建筑物各部分的结构刚度相差较大以及建筑物各部分的高差较大时，必须用缝将建筑物分成若干个体型简单、结构刚度均匀的独立单元，防止建筑物因各部分地震荷载、刚度不同而被破坏，这种考虑地震影响而设置的缝称为抗震缝。

抗震缝应设在建筑物的下列部位：

（1）房屋立面高差在 6 m 以上处；

（2）房屋有错层，且楼板高差较大处；

（3）各部分刚度、质量截然不同处；

（4）平面变化处。

抗震缝应同伸缩缝、沉降缝结合布置。在地震设防地区，当建筑物需设置伸缩缝或沉降缝时，三者应合而为一，统一按抗震缝来处理。

15.3.2 抗震缝的宽度

抗震缝的宽度与建筑物的高度、结构类型和设置、设防烈度有关，一般为 50～100 mm，详见表 15-3。

15.3.3 抗震缝的构造

抗震缝一般从基础顶面至屋顶断开，缝的两侧均应设置墙。但当平面较复杂时，基础也应断开。当与沉降缝合设时，基础必须断开。

抗震缝在墙身、楼地层及屋顶各部分的构造与沉降缝的构造基本相同。由于抗震缝较宽，在楼地层处抗震缝可采用混凝土盖板或金属盖板。墙身的抗震缝应做成平缝，不能将抗震缝做成错口缝或企口缝而失去抗震缝的作用，如图 15-7 所示。

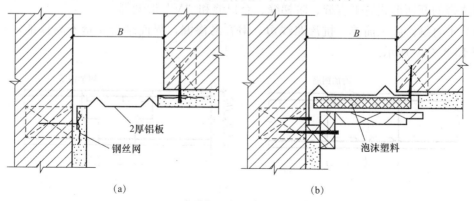

图 15-7 墙身抗震缝构造

（a）外墙转角；（b）内墙转角

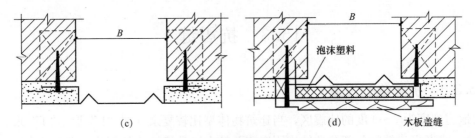

(c)

图 15-7 墙身抗震缝构造（续）

（c）外墙平缝；（d）内墙平缝

15.4 施工后浇带

施工后浇带，简称后浇带，是建筑物的基础及上部结构在施工过程中的预留缝，待主体结构完成两个多月后，再将后浇带混凝土补齐，这种"缝"即不存在。后浇带既在整个结构中解决了高层建筑主体与低层裙房的差异沉降，又达到了不设永久变形缝、立面美观的目的。由于这种缝很宽，故称为带。

15.4.1 后浇带的种类

后浇带不仅用于高层主楼与低层裙房连接处，对于超长的多层或高层框架结构，虽不存在差异沉降问题，但为解决钢筋混凝土的收缩变形或混凝土的温度应力，也采用后浇收缩带或后浇温度带。后浇带按其作用分可分为以下三种：

（1）后浇沉降带。其主要用于解决高层建筑主体与低层裙房的差异沉降。

（2）后浇收缩带。其主要用于解决钢筋混凝土的收缩变形。

（3）后浇温度带。其主要用于解决混凝土的温度应力。

15.4.2 后浇带的断面形式

后浇带的断面形式有平直缝、阶梯缝、企口缝和"V"形缝等。

（1）平直缝。施工简单，抗渗路线短，但容易渗漏，界面结合质量不易保证，断面形式如图 15-8（a）所示。

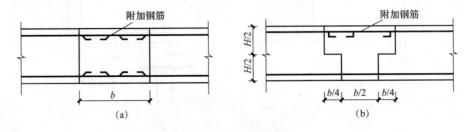

图 15-8 后浇带的断面形式

（a）平直缝；（b）阶梯缝

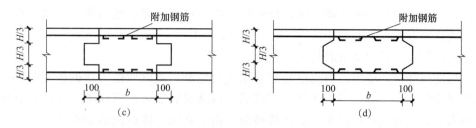

图 15-8　后浇带的断面形式（续）

（c）企口缝；（d）"V"形缝

（2）阶梯缝。支、拆模容易，抗渗路线长，混凝土结合面垂直于水压方向，界面结合质量容易保证，抗渗性能好，断面形式如图 15-8（b）所示。

（3）企口缝。混凝土结合面垂直于水压方向，界面结合较好、抗渗路线长，但支、拆模较麻烦，成型后需注意保护边角，断面形式如图 15-8（c）所示。

（4）"V"形缝。抗渗路线长，界面结合好，但支、拆模也较麻烦，成型后也需注意保护边角，断面形式如图 15-8（d）所示。

15.4.3　后浇带的构造

后浇带处钢筋的配置可采用直接贯通式，也可采用搭接贯通式，或者前期先断开、后期再焊接贯通的方式。对于后浇伸缩带和后浇温度带处的钢筋可以采用直通加弯的方式，以消除因混凝土温度变化而引起的影响，如图 15-9（a）所示。后浇沉降带处的钢筋一般采用搭接的方式，或先采用搭接的方式留出焊接位置，待结构沉降基本稳定以后，再进行焊接，使沉降变形产生的影响降到最小，如图 15-9（b）所示。

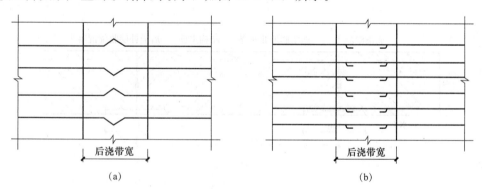

图 15-9　后浇带处钢筋的配置方式

（a）直接贯通式；（b）搭接贯通式

后浇带的同一截面处应避免钢筋焊接接头过多，以满足结构受力要求。另外，在后浇带处还应该设置附加钢筋。以弥补因混凝土干缩而引起的缺陷，附加钢筋的直径为 12～16 mm，长度一般为 500～600 mm，间距为 500 mm，或按原配筋的 50% 插入；也可按设计要求在后浇带上补插。

后浇带应设置在受力和变形较小的部位，间距一般为 30～60 m。后浇带的宽度应考虑便于施工操作，并按结构构造要求而定，一般以 700～1 000 mm 为宜。

后浇带浇筑前应将表面清理干净，将钢筋加以整理和施焊，然后浇筑无收缩水泥配制的混凝土或膨胀混凝土。

后浇带应按规定时间浇筑混凝土。

（1）后浇沉降带的浇筑。当高层建筑采用天然地基，或以摩擦为主的桩基时，由于高层主体沉降量较大，应等高层主体结构完成后，再浇筑后浇带；当高层主体的基础座在卵石层或基岩上，或是以端承桩为主的摩擦桩时，由于高层主体的沉降量较小，这时可根据施工期间的沉降量，确定在高层主体结构施工到一定高度时，浇筑后浇带。

（2）后浇收缩带的浇筑。如果后浇收缩带单独设置，浇筑混凝土的时间宜在设带后的两个月之后，这样可以完成混凝土收缩的 60% 以上，如确有困难，可缩短时间但不宜少于一个月。

（3）后浇温度带的浇筑。如果后浇温度带单独设置，浇筑混凝土的时间宜选择在温度较低时，不要在热天补齐冷天留下来的后浇温度带。

后浇带混凝土浇筑后需要加强养护，养护时间一般不少于 28 天。后浇带的防水可通过在后浇带部位混凝土中增加遇水膨胀止水条或外贴式止水带来解决，如图 15-10 所示。后浇带如需要超前止水，后浇带部位的混凝土应局部加厚，并增设外贴式或中埋式止水带，如图 15-11 所示。

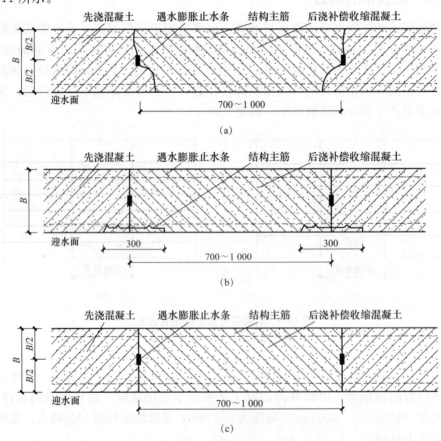

图 15-10 后浇带防水构造

（a）后浇带防水构造（一）；（b）后浇带防水构造（二）；（c）后浇带防水构造（三）

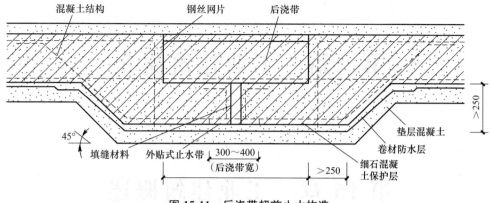

图 15-11　后浇带超前止水构造

图中标注文字：
混凝土结构　钢丝网片　后浇带
垫层混凝土
卷材防水层
填缝材料　外贴式止水带　300~400　细石混凝土保护层
（后浇带宽）
45°
>250　>250

➤ 本章小结

1. 变形缝是为避免建筑由于受到温度变化、地基不均匀沉降和地震等作用的破坏，人为地将建筑物分为若干相对独立单元的构造措施。变形缝包括伸缩缝、沉降缝和抗震缝。

2. 伸缩缝、沉降缝和抗震缝应尽可能合并设置，并分别满足不同缝隙的功能要求。

3. 建筑材料与结构类型不同，变形缝的结构处理方式也不相同。变形缝的构造处理方法要同时考虑墙体内外、屋面以及楼地面的有关部分。

4. 变形缝的嵌缝和盖缝处理，要满足防风、防雨、保温、隔热和防火等要求，还要考虑室内外的美观。

5. 施工后浇带，简称后浇带，是建筑物的基础及上部结构在施工过程中的预留缝，待主体结构完成两个多月后，再将后浇带混凝土补齐，这种"缝"即不存在。后浇带既在整个结构中解决了高层建筑主体与低层裙房的差异沉降，又达到了不设永久变形缝、立面美观的目的。由于这种缝很宽，故称为带。

➤ 复习思考题

1. 变形缝的作用是什么？它有哪几种类型？

2. 不同类型变形缝的设置依据是什么？怎样确定其宽度？

3. 伸缩缝、沉降缝和防震缝各有什么特点？试比较其构造上的异同。

4. 基础沉降缝的结构处理方法有哪几种？试绘制其构造图。

5. 在什么情况下可将伸缩缝、沉降缝和防震缝合并设置？合并设置时应注意什么问题？

6. 后浇带的断面形式有哪几种？

第三篇 工业建筑简介

第 16 章 工业建筑概述

本章要点

本章主要介绍工业建筑的类型及工业建筑的特点，简单介绍了工业建筑设计的任务和要求。

工业建筑是指从事各类工业生产及直接为生产服务的房屋，是工业建设必不可少的物质基础。从事工业生产的房屋主要包括生产厂房、辅助生产用房以及为生产提供动力的房屋，这些房屋称为"厂房"或"车间"。直接为生产服务的房屋是指为工业生产存储原料、半成品和成品的仓库，以及存储与修理车辆的用房，这些房屋均属工业建筑的范畴。

工业建筑物既为生产服务，也要满足广大工人的生活要求。随着科学技术及生产力的发展，工业建筑的类型越来越多，工业生产工艺对工业建筑提出的一些技术要求更加复杂，为此，工业建筑要符合安全适用、技术先进、经济合理的原则。

16.1 工业建筑的类型

16.1.1 按建筑层数分类

工业建筑按建筑层数可分为单层厂房、多层厂房和层数混合的厂房。

（1）单层厂房。单层厂房是指层数为一层的厂房，它主要用于重型机械制造工业、冶金工业等重工业，如图 16-1 所示。这类厂房的特点是生产设备体积大、质量重，厂房内以水平运输为主。

（2）多层厂房。多层厂房常见的层数为 2～6 层，如图 16-2 所示。其中，两层厂房广泛应用于化纤工业、机械制造工业等。多层厂房多应用于电子工业、食品工业、化学工业、精密仪器工业等轻工业。这类厂房的特点是生产设备较轻、体积较小，工厂的大型机床一般放在底层，小型设备放在楼层上，厂房内部的垂直运输以电梯为主，水平运输以电瓶车为主。建筑在城市中的多层厂房，能满足城市规划布局的要求，可丰富城市景观，节约用地面积，在厂房面积相同的情况下，4层厂房的造价最为经济。

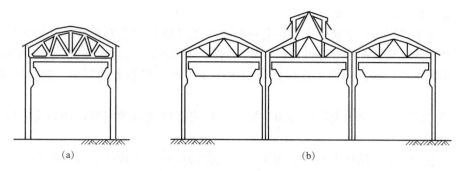

图 16-1 单层厂房剖面图

（a）单跨厂房；（b）多跨厂房

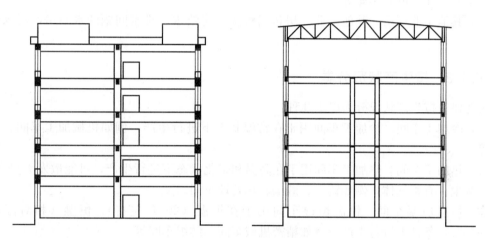

图 16-2 多层厂房剖面图

（3）层数混合的厂房。层数混合的厂房由单层跨和多层跨组合而成，适用于竖向布置工艺流程的生产项目，多用于热电厂、化工厂等。高大的生产设备位于中间的单跨内，边跨为多层，如图 16-3 所示。

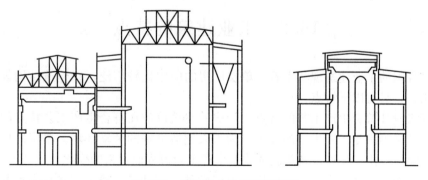

图 16-3 层数混合的厂房剖面图

16.1.2 按用途分类

工业建筑按用途分为以下几种：

（1）主要生产厂房。主要生产厂房是进行生产工艺流程的全部生产活动的场所，一般包括从备料、加工到装配的全部过程，例如，钢铁厂的烧结、焦化、炼铁、炼钢车间。

（2）辅助生产厂房。辅助生产厂房是指为主要生产厂房服务的厂房，例如机械修理、工具等车间。

（3）动力用厂房。动力用厂房是为主要生产厂房提供能源的场所，例如发电站、锅炉房、煤气站等。

（4）储存用房屋。储存用房屋是为生产提供存储原料、半成品、成品的仓库，例如炉料、油料、半成品、成品库房等。

（5）运输用房屋。运输用房屋是为生产或管理用车辆提供存放与检修的房屋，例如汽车库、消防车库、电瓶车库等。

（6）其他工业厂房。其他工业厂房包括解决厂房给水、排水问题的水泵房，污水处理站等。

16.1.3 按生产状况分类

工业建筑按生产状况分为以下几种：

（1）冷加工车间。冷加工车间用于在常温状态下进行生产，例如机械加工车间、金工车间等。

（2）热加工车间。热加工车间用于在高温和熔化状态下进行生产，可能散发大量余热、烟雾、灰尘、有害气体，例如铸工、锻工、热处理车间。

（3）恒温恒湿车间。恒温恒湿车间用于在恒温（20 ℃左右）、恒湿（相对湿度为50％～60％）条件下进行生产，例如精密机械车间、纺织车间等。

（4）洁净车间。洁净车间要求在保持高度洁净的条件下进行生产，防止大气中灰尘及细菌对产品的污染，例如集成电路车间、精密仪器加工及装配车间等。

（5）其他特种状况的车间。其他特种状况指生产过程中有爆炸可能性、有大量腐蚀物、有放射性散发物、防微振、防电磁波干扰等情况。

16.2　工业建筑的特点

从世界各国的工业建筑现状来看，单层厂房的应用比较广泛，在建筑结构等方面与民用建筑相比较，具有以下特点：

（1）厂房设计符合生产工艺的特点。厂房的建筑设计在符合生产工艺特点的基础上进行，厂房设计必须满足工业生产的要求，为工人创造良好的劳动环境。单层厂房具有一定的灵活性，能适应由于生产设备更新或改变生产工艺流程而带来的变化。

（2）厂房内部空间较大。由于厂房内生产设备多而且尺寸较大，并有多种起重运输设备，有的若加工巨型产品，需有各类交通运输工具进出车间，因而厂房内部大多具有较大的开敞空间。例如，有桥式吊车的厂房，室内净高应在 8 m 以上；万吨水压机车间，室内净高应在 20 m 以上，有些厂房高度可达 40 m 以上。

（3）厂房的建筑构造比较复杂。大多数单层厂房采用多跨的平面组合形式，内部有不同类型的起吊运输设备，由于采光通风等缘故，采用组合式侧窗、天窗，使屋面排水、防水、保温、隔热等建筑构造的处理复杂化，技术要求比较高。

（4）厂房骨架的承载力比较大。单层厂房常采用体系化的排架承重结构，多层厂房常采用钢筋混凝土或钢框架结构。

16.3　工业建筑设计的任务和要求

建筑设计人员应根据设计任务书和工艺设计人员提出的生产工艺资料，设计厂房的平面形状、柱网尺寸、剖面形式、建筑体型；合理选择结构方案和围护结构的类型，进行细部构造设计；协调建筑、结构、水、暖、电、气、通风等各工种；正确贯彻"坚固适用、经济合理、技术先进"的原则。工业建筑设计应满足如下要求。

16.3.1　满足生产工艺的要求

生产工艺是工业建筑设计的主要依据，生产工艺对建筑提出的要求就是该建筑使用功能上的要求。因此，建筑设计在建筑面积、平面形状、柱距、跨度、剖面形式、厂房高度以及结构方案和构造措施等方面，必须满足生产工艺的要求。同时，建筑设计还要满足厂房所需的机械设备的安装、操作、运转、检修等方面的要求。

16.3.2　满足建筑技术的要求

（1）工业建筑的坚固性及耐久性应符合建筑的使用年限。由于厂房的永久荷载和可变荷载比较大，建筑设计应为结构设计的经济合理性创造条件，使结构设计更利于满足安全性、适用性和耐久性的要求。

（2）由于科技发展日新月异，生产工艺不断更新，生产规模逐渐扩大，因此，建筑设计应使厂房具有较大的通用性和改建、扩建的可能性。

（3）应严格遵守《厂房建筑模数协调标准》（GB/T 50006—2010）及《建筑模数协调标准》（GB/T 50002—2013）的规定，合理选择厂房建筑参数（柱距、跨度、柱顶标高、多层厂房的层高等），以便采用标准的、通用的结构构件，使设计标准化、生产工厂化、施工机械化，从而提高厂房工业化水平。

16.3.3　满足建筑经济的要求

（1）在不影响卫生、防火及室内环境要求的条件下，将若干个车间（不一定是单跨车间）合并成联合厂房，对现代化连续生产极为有利。因为联合厂房占地较少，外墙面积相应减小，缩短了管网线路，使用灵活，能满足工艺更新的要求。

（2）建筑的层数是影响建筑经济性的重要因素。因此，应根据工艺要求、技术条件等，确定采用单层或多层厂房。

（3）在满足生产要求的前提下，设法缩小建筑体积，充分利用建筑空间，合理减少结构面积，增加使用面积。

（4）在不影响厂房的坚固、耐久、生产操作、使用要求和施工速度的前提下，应尽量降低材料的消耗，从而减轻构件的自重，降低建筑造价。

（5）设计方案应便于采用先进的、配套的结构体系及工业化施工方法。但是，必须结合当地的材料供应情况，施工机具的规格和类型，以及施工人员的技能来选择施工方案。

16.3.4　满足卫生及安全的要求

工业建筑应满足以下卫生及安全方面的要求：

（1）应有与厂房所需采光等级相适应的采光条件，以保证厂房内部工作面上的照度；应有与室内生产状况及气候条件相适应的通风措施。

（2）能排除生产余热、废气，提供正常的卫生、工作环境。

（3）对散发出的有害气体、有害辐射、严重噪声等应采取净化、隔离、消声、隔声等措施。

（4）美化室内外环境，注意厂房内部的水平绿化、垂直绿化及色彩处理。

（5）总平面设计时将有污染的厂房放在下风位，如图 16-4 所示。

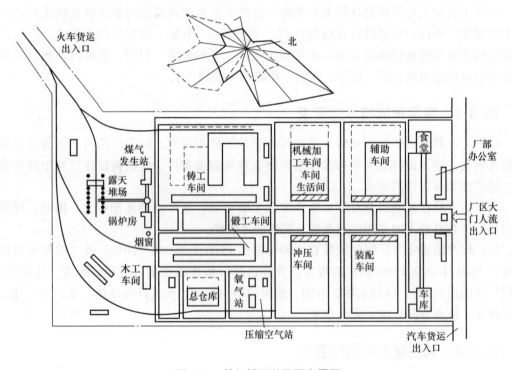

图 16-4　某机械厂总平面布置图

➤ 本章小结

1. 工业建筑是指从事各类工业生产及直接为生产服务的房屋，是工业建设必不可少的物质基础。从事工业生产的房屋主要包括生产厂房、辅助生产用房以及为生产提供动力的房屋，这些房屋称为"厂房"或"车间"。

2. 工业建筑的类型可以按建筑层数、用途和生产状况进行分类。

3. 工业建筑设计应满足生产工艺、建筑技术、建筑经济和卫生及安全的要求。

➤ 复习思考题

1. 什么叫作工业建筑？工业建筑有哪些特点？

2. 工业建筑有哪些类型？

3. 工业建筑与民用建筑的区别是什么？

4. 工业建筑的设计要求有哪些？

参 考 文 献

[1] 陈文建．房屋建筑学［M］．成都：西南交通大学出版社，2011.

[2] 何培斌．民用建筑设计与构造［M］．北京：北京理工大学出版社，2010.

[3] 裴丽娜，王连威，陈翔．建筑识图与房屋构造［M］．北京：北京理工大学出版社，2009.

[4] 赵毅．房屋建筑学［M］．重庆：重庆大学出版社，2011.

[5] 许传华，贾莉莉．房屋建筑学［M］．合肥：合肥工业大学出版社，2005.

[6] 林小松，舒光学．房屋建筑构造与设计［M］．北京：冶金工业出版社，2009.

[7] 栾景阳．建筑节能［M］．郑州：黄河水利出版社，2006.

[8] 赵妍．房屋建筑学［M］．2 版．北京：高等教育出版社，2013.

[9] 舒秋华．房屋建筑学［M］．4 版．武汉：武汉理工大学出版社，2011.

[10] 李必瑜．房屋建筑学［M］．5 版．武汉：武汉理工大学出版社，2014.

[11] 聂洪达．房屋建筑学［M］．北京：北京大学出版社，2007.

[12] 王立群，许文芬．房屋构造与识图［M］．北京：机械工业出版社，2010.

[13] 魏明．建筑构造与识图［M］．北京：机械工业出版社，2011.